大型渠道工程下伏采空区勘察设计与治理

司富安　李永新　李现社　闫汝华　等　著

中国水利水电出版社
www.waterpub.com.cn
·北京·

内 容 提 要

本书对南水北调中线一期工程禹州段渠道工程采空区注浆方案优化及现场施工关键技术研究成果进行了总结和提炼，主要内容包括采空区勘察、渠道设计、注浆方案优化及现场施工关键技术等，提出的采空区勘察及"三带"鉴别方法，注浆方案优化方法与注浆工艺，注浆质量检验标准及现场施工关键技术等，为南水北调中线采空区段工程建设和高效安全运行提供了技术支撑。本书具有较强的科学性、知识性、方法性和应用性，对类似渠道工程具有重要的借鉴价值。

本书可供水利水电相关勘察、设计和施工单位以及科研院所和大专院校使用和参考。

图书在版编目（ＣＩＰ）数据

大型渠道工程下伏采空区勘察设计与治理 / 司富安等著． -- 北京 ： 中国水利水电出版社，2018.1
ISBN 978-7-5170-6262-2

Ⅰ．①大… Ⅱ．①司… Ⅲ．①渠道－水利工程－采空区－地质勘探－设计②渠道－水利工程－采空区－施工管理 Ⅳ．①TV68

中国版本图书馆CIP数据核字(2018)第011322号

书　　名	大型渠道工程下伏采空区勘察设计与治理 DAXING QUDAO GONGCHENG XIAFU CAIKONGQU KANCHA SHEJI YU ZHILI
作　　者	司富安　李永新　李现社　闫汝华　等　著
出版发行	中国水利水电出版社 （北京市海淀区玉渊潭南路1号D座　100038） 网址：www.waterpub.com.cn E-mail：sales@waterpub.com.cn 电话：(010) 68367658（营销中心）
经　　售	北京科水图书销售中心（零售） 电话：(010) 88383994、63202643、68545874 全国各地新华书店和相关出版物销售网点
排　　版	中国水利水电出版社微机排版中心
印　　刷	北京博图彩色印刷有限公司
规　　格	184mm×260mm　16开本　15.25印张　362千字
版　　次	2018年1月第1版　2018年1月第1次印刷
印　　数	0001—1200册
定　　价	**70.00元**

序

　　煤矿采空区治理与我国经济社会发展特别是工程建设关系密切，在产煤地区进行工程建设经常遇到采空区问题。目前，我国煤炭、公路、铁路等行业有丰富的在采空区进行工程建设的经验和相对成熟的技术标准，出版了大量的专著、手册和科技论文。然而，在采空区进行大型水利工程建设的实例尚少，相关的论著则几乎近于空白。

　　南水北调中线一期工程从南向北依次经过河南省禹州矿区、郑州矿区、焦作矿区及河北省邢台矿区等多个矿区。经过前期方案比选，渠线避开了郑州矿区、焦作矿区及邢台矿区的煤矿采空区，但禹州矿区的采空区无论是隧洞方案还是绕山明渠方案均无法避开，是南水北调中线一期工程直接穿过的唯一一段采空区，包括原新峰煤矿等5个采空区，涉及渠段总长约3.11km。这些采空区所涉及的煤矿规模大小不一，形态复杂，埋深各异，停采时间有长有短，有1965年已停采的国营大矿，也有21世纪初才停采的村镇级煤矿。在前期勘察设计阶段，有关的勘察、设计及科研单位围绕该采空区选线、稳定性评价及采空区治理方案等做了大量的勘察、设计和分析研究工作，最后选定采用绕山明渠方案过采空区。勘察结论认为禹州段采空区基本符合"三带"型变形规律，治理前总体已基本稳定，处于残余变形期，残余变形量不大，但考虑到南水北调中线工程规模巨大，对地基稳定性要求极高，对采空区进行治理是必要的。采用的处理方案是对采空区进行注浆加固处理。工程开工建设后，为了进一步优化注浆方案和注浆工艺，开展了"南水北调中线一期工程禹州段渠道工程采空区注浆方案优化及现场施工关键技术"专题研究，取得了一系列成果，为工程顺利施工和安全运行提供了重要技术支撑。

　　本书是南水北调中线禹州段采空区勘察、设计、科研成果及施工经验的系统总结。全书包括：采空区基本地质条件；上覆岩层"三带"鉴别及治理前采空区稳定性评价，治理方案研究与确定；注浆工艺与相关技术指标；注浆材料、注浆方案优化设计及质量检验标准研究；注浆方案数值模拟与计算、注浆全过程仿真与可视化初步研究；施工技术，设备选型、造孔技术及灌浆工艺研究；特殊问题处理；采空区变形监测设计，监测成果分析及治理后采空区稳定性评价等，内容丰富、全面。其中采空区勘察及"三带"鉴别、采空区治理方案优化、现场注浆工艺及技术指标、质量检验标准是本书的重点和亮点。经过中线工程通水运行3年多的实践检验，采空区的勘察、设计及工程处理都是成功的。

本书是地面水利工程建筑物穿越下伏煤矿采空区有关勘察、设计与工程治理方面的第一部专著，也是一项与生产紧密结合的科研成果。相信本书对从事相关水利工程建设和采空区研究的广大技术人员有很高的参考和借鉴价值，特此作序。

中国工程勘察大师　教授级高级工程师

陈祖煜

2017 年 10 月

前　言

禹州段煤矿采空区是南水北调中线一期工程直接穿过的唯一一段采空区，主要包括原新峰煤矿、禹州市梁北镇郭村煤矿、梁北镇工贸煤矿、梁北镇福利煤矿和梁北镇刘垌村一组煤矿等 5 个煤矿采空区，穿越采空区渠段长度约 3.11km。渠道下伏采空区的稳定性给工程的顺利施工和安全运行带来严重的安全隐患，下伏采空区的稳定性评价及采空区治理问题是南水北调中线工程一期总干渠工程的重大工程技术问题之一。

在采空区上修建大型水利工程，国内外还没有先例，之前还没有水利工程特别是大型引调水工程穿过采空区的工程实践经验及勘察、设计和施工技术标准。为满足方案论证、线路比选及工程建设的需要，勘察设计及相关科研机构在项目立项与论证阶段做了大量的工作。2011 年 4 月，南水北调中线工程一期禹州段开工建设后，在采空区治理过程中面临着如何进一步弄清采空区及其"三带"（垮落带、断裂带、弯曲带）的特征、如何确定控制性的设计指标、如何根据施工情况优化采空区注浆方案、如何解决现场施工遇到的技术难题并保证施工质量和进度等一系列工程技术问题，迫切需要技术论证。为了在施工过程中及时解决这些技术难题，受河南省南水北调中线工程建设管理局委托，由江河水利水电咨询中心牵头联合河南省水利勘测有限公司、河南省水利勘测设计研究有限公司及相关施工单位，开展了"南水北调中线一期工程禹州段渠道工程采空区注浆方案优化及现场施工关键技术"专题研究。在前期工作的基础上，结合现场采空区注浆生产性试验和正式施工，进一步研究采空区的分布特征，研究采空区"三带"，特别是垮落带、断裂带的特征及现场鉴别方法；根据生产性注浆试验、现场注浆施工、取样试验及地质条件等，通过数值分析计算，进一步优化注浆方案，包括注浆范围、孔、排距及注浆材料选择等；现场施工关键技术研究，内容包括设备选型，深孔钻进技术和工艺，灌浆工艺，灌浆材料配置工艺及性能验证，覆盖层钻进护壁方法，深井巷道封堵技术，特殊情况处理及注浆效果检验等。专题研究于 2014 年结束，取得了丰硕的成果，满足了工程建设需要。本书是在全面总结南水北调中线一期工程禹州段采空区历年来勘察设计成果及专题研究成果的基础上编写而成的，主要内容包括与下伏采空区治理有关的勘察、设计施工技术及变形监测等，不包括渠道工程勘察与施工。

全书共分 6 章，第 1 章概述，由司富安、李坤、段世委负责编写；第 2 章采空区基本地质条件，由李永新负责编写；第 3 章采空区勘察与稳定性评价，由李永新、司富安负责编写；第 4 章采空区治理方案与注浆技术，由闫汝华、吉刚、曹会彬、李现社负责编写；第 5 章采空区治理施工技术，由司富安、郝海军、朱品安、李现社等负责编写；第 6 章采空区变形监测，由李永新、李现社负责编写。各章初稿完成后，由司富安对全书进行修改和定稿，李坤参与了部分统稿工作。

在本书编写过程及采空区专题研究过程中，得到了河南省南水北调中线工程建设管理局的大力支持和技术指导，得到了专题研究承担单位江河水利水电咨询中心、河南省水利勘测有限公司、河南省水利勘测设计研究有限公司以及中国水电基础局禹州长葛段第三标项目部和葛洲坝集团禹州长葛段第四标项目部等单位领导、专业技术人员的技术支持及资料提供。水利部水利水电规划设计总院沈凤生院长、陈伟副院长鼓励并大力支持作者完成本书编写工作，为本书出版提供经费支持。中国工程勘察大师陈德基为本书作序。在此一并表示感谢！

由于缺少采空区治理工程的实践经验，再加上作者水平所限，书中一定会有不足甚至错误之处，敬请读者批评指正。

作者

2017 年 10 月

目　录

第1章

概述

1.1 采空区勘察综述

狭义的采空区是指矿产开采形成的地下空间。工程建设中所指的采空区还包括由于地下矿产开采空间围岩位移、开裂、破碎、垮落，上覆岩体下沉、弯曲所引起的地表变形和破坏的区域。采空区垮塌、地表变形对采空区内建筑物安全影响较大，因此，当拟建工程场地或附近分布有不利于场地稳定或工程安全的采空区时，需要对采空区进行勘察，其目的是查明采空区工程地质条件，评价采空区的稳定性及采空区作为工程建设场地的适宜性，提出采空区工程处理措施的建议。目前，我国各行业针对采空区的勘察工作制定的技术标准有《煤矿采空区岩土勘察规范》（GB 51044—2014）和《采空区公路设计与施工技术细则》（JTG/T D31-03—2011），此外，《岩土工程勘察规范》（GB 50021—2001）、《铁路工程特殊岩土勘察规程》（TB 10038—2012）等也对采空区的勘察做出了相应的规定。

1.1.1 采空区勘察内容

采空区的勘察工作应根据基本建设程序分阶段进行，工业与民用建筑工程采空区勘察分为可行性勘察、初步勘察、详细勘察和施工勘察；公路工程采空区勘察分为预可阶段勘察、工可阶段勘察、初步勘察、详细勘察；水利水电工程采空区勘察分为项目建议书勘察、可行性研究勘察、初步设计勘察和技施阶段勘察。尽管各行业对采空区勘察设计阶段的划分并不完全一致，但对采空区勘察内容的要求基本一致，采空区勘察主要包括以下内容：

（1）采空区地形地貌、地层岩性、地质构造、物理地质现象等基本地质条件。

（2）采空区水文地质条件，包括地下水的赋存类型、补给排泄条件、水质、水位动态变化规律。

（3）矿产开采历史、开采现状和开采规划以及开采方法、开采范围和深度。

（4）采空区井巷分布、断面尺寸及相应的地表对应位置，采掘方式和顶板管理方法。

（5）采空区覆岩岩性组合、垮落类型及发育规律。

（6）采空区地表移动变形盆地的范围和特征，裂缝、台阶、塌陷分布特征和规律。

（7）有害气体的类型、分布特征和危害程度等。

（8）采空区已有建筑物的变形情况和治理经验。

（9）对采空区的稳定性以及采空区作为工程建设场地的适宜性进行评价。

（10）提出采空区治理措施的建议。

1.1.2 采空区勘察方法及技术要求

目前，国内外针对采空区的勘察方法，主要有资料搜集、工程地质调查与测绘、物探、钻探、测试与试验、变形监测等。

1. 资料搜集

资料搜集是采空区勘察的重要手段，当收集的资料齐全、真实可靠时，可以减少勘探工作量，提高勘察工作效率，缩短勘察周期。采空区勘察主要收集以下3个方面的资料。

（1）区域地质和水文地质资料，包括区域地质报告、区域水文地质报告、区域矿产分布资料等。

（2）矿产开采资料，包括矿产勘察设计资料，开采历史、开采方法，矿层的开采范围、深度、层数、开采边界，顶板处置管理方法，巷道平面展布方向、断面尺寸，顶板的稳定情况、塌落、支撑、回填、积水情况，洞壁完整性和稳定程度、远景开采规划等。

（3）采空区地表变形观测资料，包括地表最大下沉值、最大倾斜值、最小曲率半径，陷坑、台阶、裂缝的位置、形状、大小、深度、延伸方向及其与地质构造、开采边界、工作面推进方向等的关系，建筑物变形情况和防治措施等。

2. 工程地质调查与测绘

工程地质调查与测绘是采空区勘察的基本方法和基础工作，包括采空区专项调查和工程地质测绘。

采空区专项调查包括采矿调查、现场踏勘测量、地表变形情况以及建筑物变形情况调查等。具体的调查内容见表1.1-1～表1.1-3。

表1.1-1　　　　　　　　　　　采 矿 调 查 内 容

开采方法	顶板管理方式	开采时间及其他
（1）巷道式：巷道分布、主巷道位置、走向；巷道切面形状、尺寸、有无支护。 （2）长壁式：平面分布、采高；工作面长度、开采掘进方向。 （3）房柱式：开采顺序，平面分布、采高	（1）垮落法：垮落后顶板破坏情况。 （2）矿柱支撑法：矿柱截面尺寸、分布，垮落区分布。 （3）填充法：充填区分布及充填效果	（1）开采起止时间。 （2）各时间段产量及回采率。 （3）开采规模及未来开采计划。 （4）采空区位置及面积。 （5）地表变形特征及与采空区的关系等。 （6）开采中发现的断层、裂隙等地质构造情况。 （7）采掘工程图及井上、井下对照图

表1.1-2　　　　　　　　　　　采空区现场踏勘测量内容

采空区成因	采空区分布	采空区稳定性
（1）地质作用成因：碳酸盐岩溶洞，黄土溶洞。 （2）人类活动成因：采矿，地下设施	采空区埋深、高度、宽度、空间形态、平面分布	顶板支护情况，顶板垮落情况、规模、平面分布，采空区内垮落物质充填情况、有无近期垮落痕迹，采空区内地下水滴漏情况

调查方法：现场踏勘，走访，工程测绘，绘制采空区平面图

表 1.1－3　　　　　　　　　　　　采空区地表变形情况调查内容

地表变形特征值	地表变形特征及分布规律	地表移动盆地特征
（1）最大下沉值。 （2）最大倾斜值。 （3）最大曲率值。 （4）最大水平移动值。 （5）最大水平变形值	（1）地表陷坑、台阶和裂缝的形状、宽度、深度、分布规律。 （2）地面建（构）筑物地基不均匀下沉情况，裂缝性质、形态、分布规律与采空区的关系等。 （3）地表变形分布与地质构造（岩层产状、主要节理、断层、软弱层）的关系。 （4）地表变形分布与采空区发展的（开采边界、工作面的推进方向、巷道分布）的关系	（1）均匀下沉区。 （2）移动区。 （3）轻微变形区。 （4）测量地表移动盆地相关数值
调查方法：收集资料，现场踏勘、走访，测绘，变形观测、统计、航片、卫片解译		

工程地质测绘的主要内容包括：①地形地貌，地层岩性，地质构造，岩层产状、矿层的分布范围、开采深度、厚度等；②滑坡、崩塌、泥石流等不良地质现象的类型，分布位置、规模，与采空区地表变形的相互关系；③地下水类型、水位，与地表水的补排关系，透水层与隔水层或相对隔水层的分布及其与采空区分布的关系。

工程地质调查与测绘的范围应包括场地及周边有影响的采空区。地质测绘的比例尺一般采用 1：1000～1：5000，采空区分布复杂的地段或为了解决某一特殊的地质问题时，可采用更大的比例尺。

3. 物探

物探主要用于探测采空区的范围、埋深、空间大小、上覆岩、土层厚度等。物探工作需在收集资料和工程地质调查与测绘的基础上，根据采空区预估埋深、可能的平面分布位置、垮落及充水状态、覆岩类型和特征、周围介质物性差异等，选择有效的方法。采空区勘察常用的物探方法及使用条件见表 1.1－4。地面物探方法一般用于探测采空区范围和深度，井内物探方法一般用于探测采空区覆岩破坏现状、垮落带及断裂带高度、采空区充填情况及密实程度、充水状态、地下巷道的分布等。对于单一物探方法不易判定的采空区，需要采用多种方法综合判定。对于资料缺乏或资料可靠性较差的采空区，应选用至少两种物探方法且至少一种物探方法完全覆盖全部拟建工程场地。当采用两种以上物探方法时，先选择一种物探方法大面积扫面，再用第二种方法在异常区加密探测。

物探探测范围应超出建设场地一定范围，并应满足采空区稳定性评价的要求。物探测线一般平行建筑物轴线布置，每个测区一般布置 2～3 条物探测线。物探点、线距的选择应根据回采率、开采深厚比等综合确定，点距一般不大于 15m，线距一般不大于 20m。物探解译深度一般要达到采空区底板以下 15～20m，公路工程要求达到采空区底板以下 30～50m。

4. 钻探

钻探工作应在地质调查、测绘和物探工作的基础上进行，用于查明采空区覆岩性状、结构特征、采空区的分布范围、顶底板高程，垮落带、断裂带、弯曲带的分布、埋深和密实程度和变形破坏状况，以及有害气体的赋存状况，地下水类型和水位。

表 1.1-4　　　　　　　　　　　工程物探方法及使用条件

方法名称		成果形式	使用条件	有效深度	干扰及缺陷
地面物探	电法勘探 高密度电阻率法	平面、剖面	目标层上方没有极高阻或极低阻屏蔽层，地形平缓，覆盖层薄	≤200	高压电线、地下管线、有散电流、电磁干扰
	电法勘探 电剖面法	平面、剖面	目标层有足够厚度，岩层倾角小于20°，相邻层电性差异显著，水平方向电性稳定，地形平缓	≤500	
	电法勘探 充电法	平面	充电体相对围岩是良导体，有一定规模，且埋深大	≤200	
	电磁法 瞬变电磁法	平面、剖面	目标层规模相对较大，且相对围岩呈低阻，上方没有极低阻屏蔽层	50~600	
	电磁法 大地电磁法	平面、剖面	目标层有足够的厚度和显著的电性差异，电磁噪声较平静，地形开阔、平缓	500~1000	
	电磁法 探地雷达	剖面	目标层与周围介质有一定的电性差异，埋深不大或基岩裸露	≤30或钻孔等效深度	极低阻屏蔽层、地下水、较浅的电磁场源
	地震法 折射波法	平面、剖面	目标层波速大于上覆岩层波速	深部采空区探测	黄土覆盖层较厚、古河道砾石、潜水埋深大的区域
	地震法 反射波法	平面、剖面	地层具有一定波阻抗差异，采空区面积大	100~1000	
	地震法 瑞雷波法	平面、剖面	覆盖层较薄，采空区埋深浅，地形平坦、无积水	≤40	
	地震法 地震影像	剖面	覆盖层较薄，采空区埋深浅	≤150	
	重力法 微重力勘探	平面	地形平坦，无植被，透视条件好	≤150	地形、地物
	放射法 放射性勘探	平面、剖面	探测对象具有放射性		

方法名称		成果形式	使用条件	有效深度	干扰及缺陷
井（孔）内（间）物探	井（孔）地CT层析成像	平面、剖面	井（孔）况良好，井（孔）径合理，激发与接收配合良好	2/3等效井（孔）深度	游散电流、电磁干扰
	测井（孔）	剖面	无套管，有井（孔）液	等效井（孔）深度	
	井（孔）间CT层析成像	剖面	井（孔）况良好，井（孔）径合理，激发与接收配合良好		
	孔内电视	视频	无套管		孔液污浊干扰
	孔内光学成像	柱状			
	孔内声波成像	柱状	无套管，有孔液		

钻孔布置应根据所收集资料的完整性和可靠性、物探成果、采空区的影响程度、建筑物布置及建筑物重要程度等确定。对于资料丰富、可靠的采空区场地，当采空区对场地的影响较大时，钻孔数量不少于5个，当采空区对场地影响较小时，钻孔数量不少于3个；对于资料缺乏、可靠性差的采空区场地，还需要根据物探成果，对异常地段加密布置。对于需要进行地基变形验算的建筑物，应该根据平面布置加密布设，单体建筑物不少于1个钻孔。钻孔间距要满足孔间测试的要求。钻孔深度一般要比采空区底板深3m以上，且需要满足孔内测试的需求。

钻孔孔径需要根据采空区埋深、覆岩岩性以及取样、测试的要求确定，一般不小于90mm。需根据不同的地层，选择合适的钻具和钻进工艺，对于需要查明采空区覆岩破坏类型特征层位的重点部位，需采取有效措施，提高岩芯采取率。

钻进过程中需要准确记录采空区顶、底板的深度，并应描述采空区内垮落物成分、性质、粒径以及充水情况等。钻孔地质描述除进行一般工程地质描述外，还需要重点描述钻进过程中冲洗液耗损、钻进速度、掉钻情况以及岩芯采取率等反映采空区覆岩特征的相关要素。

5. 原位测试与室内试验

原位测试方法需要根据岩土条件、工程特点、测试方法的适用性等因素综合确定。当需要查明浅部岩土层的工程特性，确定地基承载力时，可进行载荷试验、动力触探、静力触探、标贯试验、旁压试验、十字板试验以及现场直剪等原位测试。当有害气体对工程有威胁时，需要进行有害气体的采集与测试。应采用代表性样品进行岩土室内物理力学性质试验，对于覆岩破坏范围内的岩土试样，室内试验项目应根据工程需要确定。

6. 地表变形监测

地表变形监测的目的是查明采空区变形特征、规律和发展趋势，当采空区对建筑物影响较大时，需要对建筑物进行长期变形监测。变形监测的内容包括地表水平位移、地表垂直位移、地表裂缝监测、建筑物变形监测和深部位移监测。

采空区变形监测点需要根据煤层开采深度、开采方式、地层特征和工程建设需要进行布设。

观测线宜结合建筑物平面位置，平行和垂直移动盆地主断面布置，数量一般不少于2

条，并应满足场地稳定评价的需要。变形监测点要考虑煤层开采深度、开采方式、地层特征、采空区特征和建筑物布置等因素等距离布设，间距不宜超过 50m。在移动盆地边缘、拐点和最大下沉点附近、地质条件变化、变形异常以及地貌单元分界处、建筑物等重点部位，应根据具体情况加密布设。观测控制点应设在不受采空区影响的稳定区域，冻土地区控制点基底应在冰冻线以下不小于 0.5m。

观测周期根据开采深度、覆岩性质、变形速率、观测时间等综合确定。对于长壁垮落法采空区，观测周期一般按表 1.1-5 确定，并可以根据变形速率、工程重要性等加密或延长；其他非长壁垮落法采空区，其观测周期可以根据开采方式和回采率延长。

表 1.1-5　　　　　　　　　　　采空区地表移动观测周期

开采深度/m	≤50	50～100	100～200	≥200
观测周期/d	10～20	20～30	30～60	60

当采空区对拟建工程影响较大时，对建筑物或不良地质作用应开展长期变形监测，长期变形监测可以结合矿区地表移动变形监测进行。

1.2　采空区稳定性评价主要方法和标准

1.2.1　采空区稳定性评价方法

采空区如果不稳定，地面将产生规律、连续或不确定的变形。因此在采空区进行生产或工程建设，须进行采空区稳定性评价。目前，常用的采空区稳定性评价方法有开采条件判别法、地表移动变形预计法、地表移动变形观测法、极限平衡分析法及数值模拟法等。

1. 开采条件判别法

该方法是通过对采空区资料收集、采空区专项调查、参照邻区或相似地质条件采空区评价及治理经验，掌握影响采空区稳定性的相关因素，综合考虑上覆岩层性质、开采方式、开采深厚比、回采率、停采时间等因素进行评价。

2. 地表移动变形预计法

针对计划进行开采的一个或多个工作面，根据地质及采矿条件，合理选用预计函数、参数，预先计算出受矿产开采影响而产生地表移动变形的工作，称为地表移动变形预计法。主要的预计方法有：①经验方法，包括典型曲线法、剖面函数法、布尔分布法；②理论模型法，包括有限元法、边界元法、离散元法、非线性力学法；③影响函数法，即概率积分法。

相关公式可参照《建筑物、水体、铁路及主要井巷煤柱留设与压煤开采规程》。

3. 地表移动变形观测法

地表移动的过程十分复杂，它是许多地质采矿因素综合影响的结果。目前，研究地表移动的主要方法是实地观测。通过地表变形观测，对观测成果进行及时整理分析，计算各测点下沉、位移计相邻点间的倾斜、曲率值和水平变形值；绘制地表下沉、倾斜、曲率、水平变形曲线和最大沉降过程曲线；计算地表下沉速率，分析地表变形发展趋势和剩余移动变形量，以做出稳定性评价。

4. 极限平衡分析法

极限平衡分析法是根据刚体极限平衡理论评价采空区场地稳定性的方法。该方法适用于开采范围较小、上覆岩层可形成冒落拱的近水平单一巷道采空区。

在道路下伏采空区地基稳定性评价时，通过计算在路堤自重荷载及行车荷载作用下，维持巷道顶板稳定的临界埋藏深度 H_{cr}，判断采空区稳定性。

5. 数值模拟法

根据采空区特征、工程地质条件和物理力学指标，依靠计算机，结合有限元或有限容积的概念，通过数值计算和图像显示的方法，达到对采空区稳定性进行分析的目的。数值模拟法适用于多层采空区，以及桥梁基础、隧道等重要工程穿越或压覆采空区等复杂工况条件下的采空区稳定性评价。主要采用的方法有：有限元法、离散元法、边界元法或两种以上方法耦合使用。

1.2.2　采空区稳定性评价标准

在采空区地基稳定性评价问题上，国内外都将地表残余变形值作为衡量构筑物安全使用的评价标准，采取控制开采后的地表残余变形的曲率和水平变形两个指标作为评价的主要标准。我国不同行业部门根据不同情况制定了相应的行业规范和规程，提出了采空区稳定标准。

1.2.2.1　煤矿行业采空区稳定标准

据《建筑物、水体、铁路及主要井巷煤柱留设与压煤开采规程》和《煤矿采空区岩土工程勘察规范》（GB 51044—2014），采空区场地稳定性评价，应根据采空区类型、开采方法及顶板管理方式、终采时间、地表移动变形特征、采深、顶板岩性及松散层厚度、煤（岩）柱稳定性等，采用定性与定量评价相结合的方法划分为稳定、基本稳定和不稳定。

采空区场地稳定性方法包括开采条件判别法、地表移动变形判别法和煤（岩）柱稳定分析法。一般来说，可行性研究勘察阶段采用开采条件判别法对采空区场地稳定性进行初步评价；初步勘察阶段在可研阶段初步评价基础上，根据采空区类型及特点，预估采空区地表剩余变形量，并应结合地表移动变形观测资料，综合采用开采条件判别法、地表移动变形判别法、煤（岩）柱稳定分析法等方法对场地稳定性进行定性和定量评价；详细勘察阶段应根据地表移动变形观测结果，验证、评价采空区场地稳定性。

1. 开采条件判别法

开采条件判别法可用于各种类型采空区场地稳定性评价，特别适用于不规则、非充分采动等顶板垮落不充分、难以进行定量计算的采空区场地。

开采条件判别法以工程类比和本区经验为主，并应综合各类评价因子进行判别。无类似经验时，宜以采空区终采时间为主要因素，结合地表移动变形特征、顶板岩性及松散层厚度等因素，按表1.2-1综合判别。

表1.2-1中 T 为地表移动延续时间，按以下方法确定：

（1）根据最大下沉点的下沉量、下沉速率与时间关系曲线确定地表移动延续时间 T（图1.2-1）。从地表移动期开始到结束的整个时间段为地表移动延续时间 T，其中最大下沉点下沉10mm时为地表移动期开始时间，连续6个月累计下沉值不超过30mm时为地表移动期结束时间。

表 1.2－1 采空区场地稳定性等级

稳定性等级 评价因子	不稳定	基本稳定	稳定
采空区终采时间 t/d	$t<0.8T$ 或 $t\leqslant365$	$0.8T\leqslant t\leqslant1.2T$ 且 $t>365$	$t>1.2T$ 且 $t>730$
地表变形特征	非连续变形	连续变形	连续变形
	抽冒型或切冒型	盆地边缘区	盆地中间区
	地面有塌陷坑、台阶	地面倾斜、有地裂缝	地面无地裂缝、台阶、塌陷坑
顶板岩性	无坚硬岩层分布或为薄层或软硬岩层互层状分布	有厚层状坚硬岩层分布，且层厚小于 15.0m、大于 5.0m	有厚层状坚硬岩层分布且层厚不小于 15.0m
松散层厚度 h/m	$h<5$	$5\leqslant h\leqslant30$	$h>30$

在地表移动期内，地表下沉速率大于 $50mm/$月（$1.7mm/d$）（煤层倾角 $\alpha<55°$），或大于 $30mm/$月（$1.0mm/d$）（煤层倾角 $\alpha\geqslant55°$）的时间段称为活跃期（T_h）。从地表移动期开始到活跃期开始的阶段为初始期（T_c），从活跃期结束到移动期结束的阶段为衰退期（T_s）。

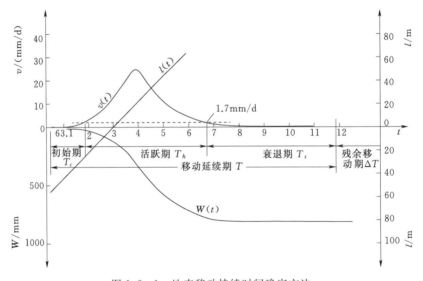

图 1.2－1 地表移动持续时间确定方法

（2）当无实测资料时，地表移动延续时间 T 可按采空区平均采深（H_0）用下列公式确定：

当 $H_0\leqslant400m$ 时，$T=2.5H_0$；

当 $H_0>400m$ 时，$T=1000\exp(1-400/H_0)$。

2. 地表移动变形判别法

地表移动变形判别法可用于顶板垮落充分、规则开采的采空区场地稳定性定量评价。对顶板垮落不充分且不规则开采的采空区场地稳定性，也可采用等效法等计算结果判别评价。

使用地表移动变形判别法进行场地稳定性等级评价时，宜以地面下沉速率为主要指标，并应结合其他参数按表 1.2-2 进行综合判别。

表 1.2-2　　　　　　　按地表移动变形值确定场地稳定性等级

稳定性等级	评价因子				备注
	下沉速率 V_w	倾斜 Δi /(mm/m)	曲率 ΔK /(10^{-3}/m)	水平变形 $\Delta \varepsilon$ /(mm/m)	
稳定	＜1.0mm/d，且连续 6 个月累计下沉小于 30mm	＜3	＜0.2	＜2	同时具备
基本稳定	＜1.0mm/d，但连续 6 个月累计下沉不小于 30mm	3～10	0.2～0.6	2～6	具备其一
不稳定	≥1.0mm/d	＞10	＞0.6	＞6	具备其一

表 1.2-2 中，评价因子最好以场地实际监测结果为依据，有成熟经验的地区也可采用经现场核实与验证后的地表变形预测结果作为判别依据。

3. 煤（岩）柱稳定分析法

煤（岩）柱稳定分析法适用于穿巷、房柱及单一巷道等类型采空区场地的稳定性定量评价。

场地稳定性等级评价应按表 1.2-3 判别。

表 1.2-3　　　　　按煤（岩）柱安全稳定性系数确定场地稳定性等级

稳定性等级	不稳定	基本稳定	稳定
煤（岩）柱安全稳定性系数 K_p	$K_p < 1.2$	$1.2 \leq K_p \leq 2$	$K_p > 2$

关于煤（岩）柱安全稳定性系数 K_p，分下面两种情况进行计算：

（1）当采用条带式开采时，煤（岩）柱安全稳定系数可按下式计算

$$K_p = \frac{\gamma_0 H_1 (A + B)}{A \sigma_m}$$

式中　γ_0——上覆岩层的平均重度，kN/m^3；

　　　H_1——煤（岩）柱埋深，m；

　　　A——保留煤柱条带的宽度，m；

　　　B——采出条带宽度，m；

　　　σ_m——煤柱的极限抗压强度，kPa。

（2）当采用充填条带式开采或条带煤（岩）柱有核区存在时，煤（岩）柱安全稳定性系数可按下式计算

$$K_P = \frac{P_U}{P_Z}$$

式中　P_U——煤（岩）柱能承受的极限荷载，kN；

　　　P_Z——煤（岩）柱实际承受的荷载，kN。

4. 采空区不稳定地段划分

下列地段宜划分为不稳定地段：

（1）采空区垮落时，地表出现塌陷坑、台阶状裂缝等非连续变形的地段。

（2）特厚煤层和倾角大于55°的厚煤层浅埋及露头地段。

（3）由于地表移动和变形引起边坡失稳、山崖崩塌及坡脚隆起地段。

（4）非充分采动顶板垮落不充分、采深小于150m，且存在大量抽取地下水的地段。

1.2.2.2　铁路行业采空区稳定标准

目前，我国尚未正式出台铁路下伏采空区稳定性评价统一标准，铁道第三勘察设计院集团有限公司根据《岩土工程勘察规范》（GB 50021—2001）和《岩土工程手册》（1994）编写了《采空区工程地质勘察设计实用手册》（2004），根据地表移动所处阶段、地表移动盆地特征、地表变形值的大小和煤层上覆岩层的稳定性确定建筑物场地的适宜性。

1. 不宜作为建筑场地的地段

下列地段为不稳定地段，不宜作为建筑场地。

（1）在开采过程中可能出现非连续变形地段（地表产生台阶、裂缝、塌陷坑等）。

开采深厚比 $H/M<25\sim30$ 或 $H/M>25\sim30$，但地表覆盖层很薄且采用高落式等非正规开采方法或上覆岩层受地质构造破坏时，地表将出现大的裂缝或塌陷坑，易出现非连续的地表移动和变形。

（2）处于地表移动活跃地段。

（3）对于易造成矿层抽冒的特厚矿层和倾角大于55°的厚矿层露头地段。

（4）由于地表移动和变形，可能引起边坡失稳和山崖崩塌的地段。

（5）地下水位深度小于建筑物可能下沉量与基础埋深之和的地段。

（6）地表倾斜大于10mm/m、地表水平变形大于6mm/m，或地表曲率大于0.6mm/m^2 的地段。

2. 作为建筑场地需要专门研究的地段

下列地段是否可以作为建筑场地，需要专门研究后确定。

（1）采空区开采深厚比 $H/M<30$ 的地段。

（2）采深小于50m地段，上覆岩层极坚硬，并采用非正规开采方法的采空地段。

（3）地表倾斜为3～10mm/m，地表曲率为0.2～0.6mm/m^2 或地表水平变形为2～6mm 的地段。

（4）老采空区可能活化或有较大残余影响的地段。

3. 可以作为建筑场地的地段

下列地段为相对稳定地段，可以作为建筑场地。

（1）已达充分采动，无重复开采可能的地表移动盆地的中间区。

（2）预计的地表变形值满足下列要求的地段，即地表倾斜小于3mm/m，地表曲率小于0.2mm/m^2，地表水平变形小于2mm/m 的地段。

1.2.2.3　公路行业采空区稳定性评价标准

1. 采空区公路场地稳定性评价标准

根据《采空区公路设计与施工技术细则》（JTG/T D31-03—2011），采空区公路场地稳定性评价标准，应根据采空区地表剩余移动变形量、采空区停采时间及其对公路工程可能造成的危害程度，划分为稳定、基本稳定、欠稳定和不稳定4个等级。

(1) 长壁式垮落法采空区。

1) 在工程可行性研究阶段，宜根据工作面停采时间评价采空区场地稳定性，应按表 1.2-4 划分场地稳定性等级。

表 1.2-4　　　　按停采时间确定长壁式采空区场地稳定性等级评价标准

稳定性等级	场地影响范围内工作面停采时间/a		
	软弱覆岩 (单轴抗压强度大于60MPa)	中硬覆岩 (单轴抗压强度为30～60MPa)	坚硬覆岩 (单轴抗压强度小于30MPa)
稳定	≥2.0	≥3.0	≥4.0
基本稳定	1.0～2.0	2.0～3.0	3.0～4.0
欠稳定	0.5～1.0	1.0～2.0	2.0～3.0
不稳定	≤0.5	≤1.0	≤2.0

2) 在勘察设计阶段，应根据地表剩余移动变形量评价采空区场地稳定性，按表 1.2-5 确定场地稳定性等级。

表 1.2-5　　　按地表移动变形值确定长壁式采空区场地稳定性等级评价标准

稳定性等级	地表移动变形值			
	下沉值 W/mm	倾斜值 $i/(mm/m)$	水平变形值 $\varepsilon/(mm/m)$	曲率值 $K/(mm/m^2)$
稳定	≤100	≤3.0	≤2.0	≤0.2
基本稳定	100～200	3.0～6.0	2.0～4.0	0.2～0.4
欠稳定	200～400	6.0～10.0	4.0～6.0	0.4～0.6
不稳定	≥400	≥10.0	≥6.0	≥0.6

表 1.2-5 中的地表移动变形值为建 (构) 筑物场地平整后的地表剩余移动变形值。

3) 有条件时，应对采空区场地进行半年以上的高精度地表沉降观测，按表 1.2-6 确定场地稳定性等级。

表 1.2-6　　　按地表沉降观测确定长壁式采空区场地稳定性等级评价标准

稳定性等级	地表下沉量/mm			
	1 个月	3 个月	6 个月	12 个月
稳定	≤5	≤15	≤30	≤60
基本稳定	5～10	15～30	30～60	60～120
欠稳定	10～30	30～60	60～120	120～240
不稳定	≥30	≥60	≥120	≥240

(2) 不规则柱式采空区。对于不规则柱式采空区，应根据其开采深厚比进行稳定性评价，具体依据表 1.2-7 确定稳定性等级。

表 1.2 - 7   不规则柱式采空区场地稳定性评价标准

稳定性等级	开采深厚比（H/M）		
	软弱覆岩	中硬覆岩	坚硬覆岩
稳定	≥120	≥100	≥80
基本稳定	120～100	100～80	80～60
欠稳定	100～80	80～60	60～40
不稳定	≤80	≤60	≤40

（3）单一巷道式采空区。采用极限平衡分析方法计算顶板临界深度 H_{cr} 及稳定系数 F_s，按表 1.2 - 8 规定评价场地稳定性。

表 1.2 - 8   不规则柱式采空区场地稳定性评价标准

稳定系数 F_s	$F_s \geqslant 2.0$	$1.5 \leqslant F_s < 2.0$	$1.0 \leqslant F_s < 1.5$	$F_s < 1.0$
稳定性等级	稳定	基本稳定	欠稳定	不稳定

2. 采空区公路地基稳定性评价标准

不同等级的公路和不同类型的公路工程对地基的稳定性要求是不同的，当采空区的地表剩余变形量不大于公路工程的容许变形值时，对公路工程不构成威胁。公路工程地基容许变形值见表 1.2 - 9，表中不包括对变形有严格要求的复杂结构桥梁和隧道工程。

表 1.2 - 9   采空区地基容许变形值

公路工程类型		地基容许变形指标	倾斜值 $i/(mm/m)$	水平变形值 $\varepsilon/(mm/m)$	曲率值 $K/(mm/m)$
路基	高速公路、一级公路	高级路面	4.0	3.0	0.3
	二级及二级以下公路	高级及次高级路面	4.0～6.0	3.0～4.0	0.3～0.4
		简易路面	10.0	6.0	0.6
桥梁	简支结构		3.0	1.0	0.15
	非简支结构		2.0	1.0	0.15
隧道			3.0	2.0	0.20
砖混结构建筑物			3.0	2.0	0.20

据《高速公路采空区（空洞）勘察设计与施工治理手册》（2005），公路采空区地表稳定性评价标准应根据采空区开采方法确定。

（1）对于长壁式陷落法开采的采区中部和超充分采动区以及其他便于进行地表移动预计的采空区，地表的稳定性应按拟建公路及其附属建（构）筑物的允许变形值确定。

1）如果预计公路路基建成时的地表移动变形值小于公路的允许移动变形值，则地表属稳定型，采空区不治理即可进行公路建设。

2）如果预计公路路基建成时的地表移动变形值大于公路的允许移动变形值，则地表属不稳定型，采空区必须经过适当治理之后方可进行公路建设。

3）山地采空区的稳定性除按照地表预计的移动变形值判定外，还应按预测采动坡体的稳定性进行判定：如预测采动坡体不会发生滑坡或坍塌，则坡体不需治理；如采动坡体可能发生滑坡或坍塌，则不仅要治理采空区，还需治理采动坡体，否则不能进行公路建设。

（2）如果工程期限允许，对于长壁式陷落法开采或经特殊设计开采的采空区中部和充分采动区，也可通过一年以上高精度沉降观测确定其地表的稳定性。

1）如果采空区地表年沉降量小于 24mm（年平均沉降速度小于 0.066mm/d），则地表属稳定型，采空区不经治理即可进行公路建设。

2）如果采空区地表年沉降量大于 24mm（年平均沉降速度大于 0.066mm/d），则地表属不稳定型，采空区必须经过适当治理之后方可进行公路建设。

（3）对于古窑采空区、不规则的柱式采空区以及长壁陷落法采空区的边缘区和其他难以进行地表移动预计的采空区或地下空洞区，其地表的稳定性应根据采空区的开采条件、停采时间（地下空洞的形成时间）和开采深厚比（H/M）等因素确定：

1）停采 5 年以上，周围无新的开采扰动，开采深厚比 $H/M > 200$；或开采厚度小于 1m 的薄矿层开采深度大于 200m 的采空区，地表应属于稳定型，采空区可不经治理。

2）停采 3～5 年，开采深厚比 $40 \leqslant H/M \leqslant 200$，或薄矿层开采深度 100～200m 的采空区，其地表为过渡稳定型，采空区应在勘察、评价的基础上重点工程应处理。

3）停采时间少于 3 年，或停采时间 3 年以上又有新的开采扰动，开采深厚比 $H/M < 40$，或薄矿层开采深度小于 100m 的采空区，其地表属不稳定型，采空区必须治理。

1.3 采空区治理的基本经验

无论在矿山开采还是在工程建设中，一旦遇到采空区，就可能影响工程安全和正常运行。我国自 1951 年峰峰煤矿矿区开始铁路下采煤工作，便开展了工程下伏采空区处理及施工研究，并制定了《建筑物、水体、铁路及主要井巷煤柱留设与压煤开采规程》。交通路线工程选线中若遇到采空区，一般在采空塌陷区遵循"宁绕避勿穿越"的选线原则，多以绕避为主。当采空区分布面积过大，充填注浆造价过高时，可考虑采用高架桥跨越采空区，或者采用充填注浆处理与高架桥结合的方法处理采空区。采用穿越和跨越法时，应综合采空区类型、顶板管理形式、停采时间、顶底板埋深及岩性、覆岩特征、冒落物性状、水文地质条件以及建筑的规模、功能、荷载特征及其对差异变形的适应性、施工技术条件与环境等因素。对于无法避开的小型采空区，可采用一定的措施进行采空区治理。

1.3.1 治理方案

在大量的实际工程建设或生产过程中，根据采空区的地质特征，经过实践和研究，在采空区的治理方法和治理成效上取得了一定的成果。其中，工程下伏采空区的治理方法主要可分为以下几类。

1. 崩落围岩处理采空区

崩落采空区顶板围岩，充填采空区并形成缓冲保护垫层，以防止采空区顶板大量岩石突然冒落、气浪冲击和机械冲击巷道、设备和工人所造成的危害。采用此方法能及时消除空场，防止应力过分集中及大规模冲击地压活动，并且可以简化处理工艺，提高劳动生产率。此方法主要应用于正在生产的矿井中，可有效地预防和减小井田巷道开拓中顶板产生垮塌造成的危害。在采空区地基处理中，此方法可用于设计等级为乙级、丙级，且采空区埋深小于 20m、建筑物基底压力小于 200kPa 的建筑地基处理。

2. 充填处理采空区

用充填料充填处理采空区（充填法）是通过将废石或各种充填材料送入采空区，把采空区充填密实，用充填体支撑采空区，控制地压活动，减少矿体上部地表下沉量，并防止矿岩内因火灾。

用充填法处理采空区，不仅要求对采空区或采空区群的位置、大小以及与相邻采空区的所有通道了解清楚，以便对采空区进行封闭，加设隔离墙，进行充填脱水或防止充填料流失；而且要求采空区中必须能有钻孔、巷道或天井相通，以便充填料能直接进入采空区，达到密实充填采空区的目的。充填法处理采空区一般适用于埋深大、围岩稳定性较差，上部矿体或矿体上部的地表需要保护，矿岩会发生内因火灾，以及稀有、贵重金属、高品位的矿体开采。充填材料宜就近取材，既可防止大面积地压活动，有利于解决选矿尾砂和掘进废石堆放问题，又可以大量减少充填材料运输成本。充填方法主要有开挖回填、注浆充填、水充填和风力充填等，其中以注浆充填应用最广泛、效果最好。

3. 留设永久矿柱

局部留设永久矿柱或构筑人工石柱，减小采空区空间跨度，防止顶板垮落，用矿体支撑采空区，既能在回采过程中做到安全生产，又能保障回采结束后采空区顶板仍不垮落，达到支撑空区的目的。此法关键在于矿岩条件好，矿柱选留恰当，连续的空区面积不太大。但也有一些用矿柱支撑空区的矿山，随着时间的推移和空区暴露面积的增大会出现大的地压活动危及矿山安全。因此，决定用矿柱支撑处理采空区时，必须认真研究岩体力学、地质构造情况，以便得到合理的矿柱尺寸并预测地压情况。

此方法一般适用于：①水平及缓倾斜中厚以下矿体；②矿岩稳固、结构面少，有适宜预留的品位不高或价值不大的贫矿石柱，且采空区规模不大；③用房柱法、全面法回采，顶板相对稳定，以及地表允许冒落的矿山。

4. 砌筑法

砌筑法常采用注浆柱、井下砌墩柱、大直径钻孔桩或桩基。砌筑法可用于非充分采动、采空区顶板未完全垮落、空洞大、通风良好且具备人工作业和材料运输条件的采空区地基处理。砌筑法施工应严格执行"安全第一、预防为主"的生产方针，当遇到冒顶、掉块、片帮、涌水、有毒有害物质等危险作业环境时，必须先排除安全隐患，再进行砌筑作业，并加强安全监测工作。

5. 预沉降法

在采空区上进行工程建设施工前，通过堆载预压、水诱导沉降等方法，对采空区地面进行处理，加速采空区上覆岩层的塌陷或沉降，增强地基承载力，从而保证建筑物建成后的稳定性。主要适用于埋深浅、充分采动、顶板完全垮落、基底压力小于 300kPa、地基处理设计等级为乙级、丙级的采空区地基处理。

6. 注浆加固强化采空区围岩结构

注浆法是指在地面钻孔至采空区，采用液压、气压或电化学方法向地基土颗粒的空隙、土层界面或岩层的空隙（溶洞、溶隙、裂隙、孔隙）或采空区的垮落带和断裂带里注入具有充填、胶结性能的浆液材料，以便硬化后增加其强度或降低渗透性。注浆充填采动覆岩断裂带和弯曲带岩土体离层、裂缝，形成一个刚度大、整体性能好的顶板覆岩结构，有效抵抗采空区塌陷向上的发展，使地表产生相对均衡的变形和沉陷。此方法适用于埋深较大，围岩质量相对较好的采空区处理。与注浆充填不同的是：注浆加固仅仅加固采空区围岩结构，并没有完全充填采空区。

7. 高能量强夯法

通过对采空区地基进行高能量强夯，提高地基承载力。主要适用于：①采空区埋深小于 10m、覆岩顶板厚度不大于 6m 的采空区；②覆岩岩体完整程度为极破碎—较破碎，坚硬程度为极软岩—较软岩的采空区；③采空区地基处理设计等级为乙级、丙级的采空区。当采空区上方为松散地基且厚度较大时，也可采用高能量强夯处理松散破碎岩体，提高松散破碎岩体的地基承载力。

8. 联合法处理采空区

联合法处理采空区是指在一个采空区内同时采用两种或两种以上方法进行处理，达到消除采空区隐患这一目的。由于采空区赋存条件各异，生产状况不一，有些采空区内采用一种空区处理方法又满足不了生产的需要，从而产生了联合法处理空区。目前，联合法处理采空区的方法有矿柱支撑与充填法联合、封闭隔离与崩落围岩联合等。

1.3.2 注浆理论

岩土注浆理论是借助于流体力学和固体力学的理论发展起来的，对浆液的单一流动形式进行分析，建立压力、流量、扩散半径、注浆时间之间的关系。浆液在地层中常以多种形式运动，且这些运动形式随着地层条件的变化、浆液的性质和压力的变化而相互转化或并存。因此，注浆中应正确运用注浆理论，使其以所要求的运动形式在地层中流动与固化，达到注浆的目的。

早在 1864 年，英国就使用水泥注浆方式进行井筒注浆堵水。近几十年来，随着工程建设的发展和科技进步，岩土注浆理论发展迅速，理论成果主要集中在岩土介质中浆液流动规律及岩土体的可注性，裂隙充填物对流动和围岩稳定性的影响，平面裂隙接触面积对裂隙渗透性的影响，仿天然岩体的裂隙渗流实验等方面。经典注浆理论主要有以下几种。

1. 注浆固结体的流变理论

根据流变学观点，任何注浆载体或者浆液基质均可用流变模型来描述注浆载体在弹性与塑性之间变化，浆液基质（水泥浆液和化学浆液）一般用黏性和黏性-塑性来界定。注浆的实质就是黏性-塑性两者之间变化的组合和调节。根据浆液的类型和流变性质，主要将其分为牛顿流体和宾汉流体。牛顿流体实质是任意一点上的剪应力与剪应变呈线性函数关系，即牛顿黏滞定律。宾汉流体是指同时具有黏性和塑性的流体，剪应力与剪应变不成正比关系，只有当剪应力大于某一数值时才开始流动的流体，通常在地应力下表现为刚性体，在高应力下表现为塑性，且流动性为线性。

2. 渗透注浆理论

渗透注浆是指在不破坏地层构造的应力下，通过注浆压力使浆液克服阻力渗透到岩土体孔隙、裂隙或混凝土裂隙中，浆液凝固时将岩土体或裂隙介质胶结成整体，达到加固和防渗作用的注浆方法。

3. 压密注浆理论

压密注浆是采用严密施工控制方法，通过钻孔将极浓的浆液挤向土体，在注浆处形成球形浆泡，从而使注浆管端部周围被置换和压密。压密注浆主要适用于中砂地基或有适宜排水条件的黏性土。

4. 劈裂注浆理论

劈裂注浆是指在注浆压力作用下，向注浆孔注入浆液，克服地层的初始应力和抗拉强度，使其沿垂直于最小主应力平面上发生劈裂形成新的裂缝，或原有裂缝继续扩展、张开，浆液沿此劈裂裂缝深入和挤密，从而达到压密岩土体、降低渗透性、改善岩土体的物理力学性质。劈裂注浆是目前应用最广泛的一种注浆方法，在软土地基、砂土、黏性土、隧道、路基和堤坝加固等工程中有着广泛的应用。劈裂注浆既是破坏性的，又是建设性的。

1.4　采空区注浆效果检验

1.4.1　质量检验方法

由于采空区治理工程的隐蔽性和复杂性，要求必须对治理的最终效果进行检验，目的是确定采空区治理施工后是否满足工程设计要求。采空区质量检查技术和方法有钻探检查、物探检测、压水试验、压浆试验和地表沉陷观测。

1. 钻探取芯率检查

钻探取芯检查是通过检查采空区注浆段的取芯率评价注浆效果。取芯率主要评价采空区注浆段的充填情况。通过钻孔取芯观察浆液结石体是最有效、直观的检测方法，适用范围广，但由于地质体的各向异性和不均匀性，使得注浆加固的充填区域和方向具有不确定性，因此，钻孔取芯观察具有一定的偶然性，且造价较高。

2. 物探检查

物探检测方法比较多，主要以定性评价为主，通过对比注浆前后的物探成果评价注浆充填效果。检测方法包括电法检测、电磁检测（瞬变电磁法和地质雷达法）、地震弹性波法（瑞利面波、折射波）、层析成像法（地震波 CT、电磁波 CT）、声波测井、钻孔电视、全孔壁光学成像。最常用的物探方法有电磁波 CT、地震波 CT 和全孔壁光学成像法。

3. 压水试验

通过对比注浆前后岩土体的透水率评价注浆充填效果。

4. 压浆检测

通过压浆试验的压浆量及与周边注浆孔注浆量对比，对注浆充填效果进行评价。

5. 变形观测

对工程项目施工中和施工后的采空区进行地面沉降观测，根据工程项目建设需求和地面变形情况，对采空区稳定性进行评价。此方法更为直观，但缺点是时间跨度长。

6. 取样试验

利用钻探取出采空区注浆结石体岩芯，通过室内抗压试验检测结石体强度，采用室内渗透试验检测结石体渗透系数，对结石体进行磨片试验，分析结石切片特征，从而对采空区注浆后的质量效果进行评价。

在复杂的工程中，单一检测手段可能无法满足工程需求。因此，在实际工程中，需要结合工程实际情况，在试验基础上提出经济合理、技术可行的检测手段。

1.4.2 注浆质量检测与验收标准

1. 《采空区公路设计与施工技术细则》（JTG/T D31-03—2011）

采空区治理各检测项目应符合以下规定。

（1）钻探及岩土测试应在采空区治理施工结束6个月后进行。在采空区治理范围内，应按设计要求，钻孔取全芯，钻孔孔径不小于91mm。

（2）应通过对钻孔岩芯的观察和描述，判断浆液对采空区空洞和裂隙的充填胶结程度，对浆液结石体做抗压强度试验。

（3）路基每200～300m应布设1个检测孔，桥梁每墩台应有1个检测孔，隧道每50～100m应有1个检测孔，且检测孔总数不得少于注浆孔总数的2%。

（4）检测孔取芯完成后，应在孔内进行波速测试，且应符合以下规定。

1）应以采空区受注层平均剪切波速作为评价采空区治理工程质量的指标。

2）应利用采空区勘察过程中取得的采空区波速资料和注浆施工后检测钻孔中取得的波速测井资料进行对比，分析判断采空区处治效果。

3）应以跨孔弹性波CT检测的波速差异评价治理后岩体的完整性。

（5）应通过孔内电视观察孔壁岩体的空洞、裂隙、浆液的充填情况以及岩体的完整程度，根据图像的形态、颜色及光亮等信息，综合评价采空区的治理效果。

（6）当采空区埋深小于20～30m时，可采用开挖检测，通过探井、探坑，直接观测治理段浆液充填和结石情况，确认有无空洞，测试结石体强度，计算充填率。

（7）桥梁和隧道等重要构造物应采取注浆检测。注浆浆液应为水泥浆，水固比应采用1:1.2。

采空区治理效果按表1.4-1规定对进行验收，其中路基工程检测项目包括结石体无侧限抗压强度和横波波速，桥梁和隧道工程检测项目包括结石体无侧限抗压强度、横波波速、注浆量和变形量。同时，以充填率、岩芯描述和孔内电视为描述性参照评价项目。

表1.4-1　　　　　　　　　　采空区治理质量验收标准

序号	检测方法	检测项目	检测标准
1	钻孔取芯	结石体无侧限抗压强度/MPa	桥隧：≥2.0；路基：≥0.6
2	孔内波速测井	横波波速 v_s/(m/s)	路基：>250；桥隧：>350

序号	检测方法	检测项目	检测标准
3	注浆检测	注浆量/(L/min)	注浆结束条件为单位时间注入孔内浆液量小于 50L/min，注浆持续时间 15～20min，终孔压力 2～3MPa。当注浆的注入量超过治理单孔平均注浆量的 5% 时，应查明原因，做出综合分析，必要时进行补充注浆
4	变形检测	倾斜值 i/(mm/m)	＜3.0
		水平变形值 ε/(mm/m)	＜2.0
		曲率值 K/(mm/m²)	＜0.20
5	充填率、岩芯描述、孔内电视	观测、描述	采空区冒落段岩芯采取率不小于 90%，浆液结石体明显，钻进过程中循环液无漏失等

2. 《煤矿采空区建（构）筑物地基处理技术规范》（GB 51180—2016）

灌注充填法质量检验应符合以下规定。

（1）主要灌注材料和浆液性能检验应符合以下规定：

1）每个批号的水泥均应进行检测。同一批号的水泥产品每超过 300t 应增加检测 1 次。

2）粉煤灰应按每 500t 检测 1 次。

3）灌注量每达 400m³ 时，应制作 1 组浆液试块，每组 3 块。浆液试块宜采用边长 70.7mm 的立方体，测定其立方体抗压强度，养护条件应与结石体在采空区的环境相近。

4）浆液试块性能测试应按照国家标准《工程岩体试验方法标准》（GB/T 50266—2013）的有关规定执行。

5）当同一灌注孔采用了多种配合比浆液时，应测定每一种配合浆液的上述参数。

（2）检查钻孔施工应采用回转钻进、全孔取芯钻探工艺，单一回次岩芯采取率不宜小于 90%。岩芯描述应符合现行国家标准《岩土工程勘察规范》（GB 50021—2001）的有关规定。对充填胶结结石体应重点描述浆液对空隙和裂隙的充填胶结程度、浆液结石体的坚硬程度、完整性等。

（3）钻孔检测数量应为灌注孔、帷幕孔总数的 3%～5%，且不应少于 3 个。地基处理设计等级为甲级、乙级的建（构）筑物施工过程中出现异常的地段，应重点布置钻探检测孔。

（4）波速测试检测灌注充填法施工质量应符合以下规定：

1）应以采空区受注层的平均剪切波速作为评价采空区灌注施工质量检测的指标。

2）应对比采空区勘察时的波速测试成果与灌注施工质量检测结果，分析评价采空区灌注施工的质量。

（5）对埋深小于 30m 的浅层采空区，可通过探井、探坑直接观测采空区受注层的浆液充填和结石情况，确认剩余空洞情况，测试结石体强度，评价采空区充填系数。

（6）采用压浆试验检测采空区处理效果时，压浆浆液配比、终孔条件等工业参数应与灌注施工相同。

（7）灌注处理质量检测报告应包括工程概况、检测项目、检测方法、试验报告、工程质量和灌注效果综合评价等内容。

灌注充填法设计施工检测标准应符合表 1.4 - 2。

表 1.4 - 2   灌注充填法设计施工检测标准

检测项目	检测方法	检测要求	检测标准
结石体抗压强度 R_c	钻探、室内试验	满足国家有关标准的要求	甲类、乙类地基不小于 2.0MPa，丙类地基应不小于 0.6MPa
充填系数 η	孔内电视、开挖、压浆试验	描述岩体，统计分析压浆量	>85%
横波波速 v_s	孔内波速（跨孔 CT）	竖向间距宜为 1.0m	≥300m/s
倾斜值 i 水平变形值 ε 曲率值 K	变形监测	满足现行国家标准《煤矿采空区岩土工程勘察规范》（GB 51044—2014）的有关要求	应符合承载力、变形及地基稳定性的要求

表 1.4 - 2 中，采空区注浆结石体抗压强度指标的规定适用于基础主要受力层以外的采空区地基处理范围，对于位于建筑基础主要受力层范围的，应满足建筑荷载使用要求。当表中全部检测项目达到设计要求及检测标准时，施工质量为合格，有一项检测项目未达到设计要求或检测标准时，施工质量为不合格，应进行综合分析，并应制定整治和补救方案。

注浆处理后，采空区场地变形允许值应按表 1.4 - 3 确定。

表 1.4 - 3   场 地 变 形 允 许 值

地基处理设计等级	下沉速率 V_w/(mm/d)	水平变形值 ε/(mm/m)	倾斜值 i/(mm/m)
甲级	≤0.17	1.0	1.0
乙级	≤0.17	1.5	2.0
丙级	≤0.17	2.0	3.0

3.《铁路工程地基处理技术规程》（TB 10106—2010）

（1）注浆检查应符合以下规定。

1）钻孔取芯及压水试验孔数不少于注浆孔总数的 2%。

2）瞬态面波法检测点数不少于注浆孔总数的 5%。

3）电测深法检测长度不少于整治段落长度的 10%。

4）不足 20 孔的注浆工程，检验点的数量不少于 3 个点。

（2）注浆质量满足以下要求之一的，即认为质量合格。

1）自检孔岩芯可见多出水泥结石体，基本填满可见缝隙。

2）自检孔每延米注浆量不大于周围 4 孔平均每延米注浆量的 15%。

1.5　工程实例

1.5.1　东平铁路下伏采空区

1. 东平铁路采空区概况

东平铁路经过新泰市的东都镇、汶南镇、岳家庄乡、放城镇及平邑县的岐山乡、仲村镇和平邑镇，全长 60.13km。铁路在 DK1＋360～DK3＋700 经沈村矿区，跨越采空区长度 2.16km，下伏有 4～5 层的采空区，采空区开采历史悠久，且具有规模大、层数多、开采无规律、水文地质工程地质条件复杂、开采资料不完善等特点。采空区变形引起多处地面塌陷、下沉、房屋变形，具有大型沉陷盆地及小煤窑式采空区塌陷共同存在特点，是我国铁路建设历史上一次性跨越规模最大的采空区之一。

2. 采空区治理方案

通过对采空区现场的详细勘察和资料、数据的研究分析，东平铁路 DK1＋360～DK3＋700 地段采空区的残余沉降量远大于工后铁路路基允许的下沉量，为保证铁路建设和运营安全，初步设计对 5 层采空区全部采用注浆加固方式进行治理，设计总注浆量 310217m³。由于采空区注浆的特殊性，西南交通大学胡卸文教授团队根据采空区现场条件，进行不同条件下的注浆试验研究，最终得出注浆浆液最佳配合比为固相比 2∶8、水灰比 0.7∶1、掺入水玻璃量 3%。现场注浆浆液使用固体颗粒中粉煤灰的掺和比（0.7～0.85）∶1，水灰比（0.6～1.5）∶1 的水泥粉煤灰为主的混合浆液，其中水泥强度不低于 32.5 级。以粉煤灰作为主要注浆材料，可以降低大量的资金成本，而水玻璃的掺加可以增强抗压强度并降低凝结时间。

通过采空区注浆施工，对铁路路基进行加固，使用注浆浆液对采空区空洞和基岩裂隙充填，浆液形成结石体或与基岩较好胶结，可提高采空区顶板强度，同时可以切断地表水与地下水、注浆范围与周边地区间水力联系，防止采空区变形引起地面塌陷。

通过现场注浆试验，确定采空区注浆孔间距为 5～20m。注浆钻孔深度至采空区底板。注浆压力宜为 0.2～0.5MPa，岩溶空洞及采空区初期可采用自流注浆。

3. 注浆质量效果检验

注浆结束以后，采用了电法、浅层地震反射波法、地震波 CT 和电磁波 CT 等多种物探检测方法对采空区注浆前后进行对比检测。并在 DK1＋830～DK2＋400 布设 12 个钻探孔取芯检查注浆质量。钻孔检测孔布置要求如下。

（1）路基两侧 50m 范围内，重点在线路中心和对铁路路基影响较大的位置。

（2）相邻 4 个注浆孔之间的部位。

（3）电法检测显示注浆效果较差或对注浆质量存在疑问及注浆过程中单孔注浆量大、施工中出现异常现象的部位。

（4）兼顾帷幕孔检测和物探 CT 需要。

（5）孔深主要根据采空区处理深度确定，使钻孔穿透至最深的注浆处理采空层的底板基岩。检测孔数量控制在总注浆孔数量的 3%～5%。

根据多种方法检测的结果，判定该段的岩体破碎带及煤层采空区基本被浆液结石体充填；且检测孔的后期注浆量小于相邻 4 个孔注浆量平均值的 15%，符合《铁路工程地基处理技术规程》（TB 10106—2010）要求，注浆效果整体良好。2010 年 11 月 22 日，东平铁路正式通车。

1.5.2　河南禹登高速下伏采空区

1. 采空区情况

河南禹登高速公路下伏煤矿、铝土矿采空区，共分为 6 个治理工程区块，分别是王村土门区块（K70+485～K70+950）、山沟村区块（K72+980～K73+550）、大冶镇刘碑寺区块（K76+428～K77+076）、大冶镇垌头区块（K77+270～K77+600）、大冶镇朝阳沟区块（K78+470～K78+820）和后期变更新增的刘碑寺停车服务区区块（K77+117～K77+424）。2006 年 7 月中旬，在服务区内的高速公路匝道附近，由于长时间降雨，突然形成一个直径约 6m、深 5m 左右的塌陷坑，至 2006 年 8 月 1 日，又陆续在服务区内发现了多个不规则的塌陷坑、漏斗状塌陷坑和沉降裂缝等。

2. 治理方案

禹登高速公路下伏采空区多为集体或个人开采，私挖乱采现象严重，开采方式和规模差异较大，顶板管理方式多为陷落法，致使采空区上覆岩层处于塌陷失稳状态，导致部分采空区已经出现沉降。由于采空区的赋存空间变化较大，工作面内不利于人工作业，不适用干砌、浆砌方法。采空区垮落带、破碎带赋存深度大部分超过 30m，已经不适合开挖回填方法进行治理。每个需要治理的区块沿路基方向长度大于 330m，客观情况不容许采用桥跨法通过采空区。因此，根据当地地质情况和采空区的沉降冒落特征，结合工程实际条件，选用全充填压力注浆法对采空区进行防治性治理。

3. 注浆孔设计

通过对工程地质调查和测绘、综合物探、钻探等资料的处理和分析，圈划出采空区的范围和规模。综合考虑采空区对高速公路路基、停车服务区及其附属建筑物的影响因素，划定采空区注浆治理的控制区。为有效搭接注浆浆液结石体，一般采用梅花形的孔位布置方式。注浆孔距的大小与浆液的有效扩散半径、注浆压力、裂隙发育情况、空洞的充填情况及公路构筑物的位置等有关。高速公路下伏采空区各治理部位注浆孔按以下方法布置。

（1）公路路基是采空区治理的重点部位。此部位注浆孔间距小，一般为浆液扩散半径的 1～1.5 倍。

（2）路基两侧保护带也是采空区治理的主要部位。此部位注浆孔间距为浆液扩散半径的 1.8～2 倍。

（3）在地下采矿资料完备、详细，且能够准确确定矿井巷道位置时，注浆孔布置在巷道上；资料不全难以确定巷道位置时，注浆孔均匀布置。

（4）在桥头、箱涵通道及其重要附属物部位，孔距为浆液扩散半径的1.2倍。

（5）在注浆治理范围的边缘部位，为防止地下孔隙相互连通可能导致的浆液流失、原材料浪费，在浆液可能流失部位布置帷幕注浆孔（边缘孔），边缘孔布设间距取浆液扩散半径的0.8～1.0倍，也可采取前后交错方式布置。

根据上述要求，禹登高速公路下伏采空区共布设20排注浆孔，网度15m×20m。全区注浆孔90个，帷幕注浆孔54个，共计142个注浆孔。

垮落带注浆孔的终孔孔深为地面至采空区底板以下1.5m。根据勘察钻孔揭露的地下岩层情况，设计的注浆钻孔虽未见到采空区，但见到铝土矿或褐铁矿化的铝土质泥岩（即钻至铝土矿的底板岩性）时，即终孔。

4. 注浆质量检测标准

禹登高速公路下伏采空区注浆质量采用以下检测标准。

（1）注浆浆液对采空区及上覆垮落带、断裂带的充填率不小于75%。

（2）注浆浆液的结石率不小于80%。

（3）浆液结石体无侧限抗压强度大于0.5MPa。

（4）钻探检测过程中，循环液基本不漏失。

（5）注浆前、后注浆孔内主要段的波速测试结果比较，其纵波波速提高量应大于200m/s，纵波波速提高率应大于15%～20%。

（6）质量检测孔内的验证注浆量小于该区平均注浆量的5%～10%。

5. 注浆质量检测结果

根据采空区治理状况，选用不同检测方法对采空区进行注浆效果检测，检测结果全部符合要求，见表1.5-1。

表1.5-1 采空区注浆质量检验结果

检测项目 治理区块	王村土门	山沟村	大冶镇刘碑寺	大冶镇垌头	大冶镇朝阳沟	刘碑寺停车服务区
充填率和结石率/%	95.8～96.7	95.9～97.4	—	—	—	—
岩芯平均采取率/%	80.9～85.7	76.6～88.6	75.7～78.9	75～81.2	76～81.9	—
无侧限抗压强度/MPa	2.63～11.8	2.64～5.22	3.99～12.0	6.95～13.4	2.83～11.96	1.1～6.6
压浆量占平均注浆量比重/%	0.6～2.6	0.19～0.69	0.66～2.97	0.66～2.99	1.25～2.91	3.09
静水位观测时间及效果	120～1070min，微漏	720～1100min，不漏	540～1410min，微漏	510～1320min，不漏	980～1440min，不漏	300～780min，不漏
声波波速提高率/%	16.9～20.7	17.3～21.5	16.9～25.7	18.3～24.8	17.2～20.6	15.33～17.64

1.5.3　山西省晋城市某商品房下伏采空区治理

1. 采空区概况

山西省晋城市北岩地块限价商品房项目一期拟建 29 层住宅楼 7 座，3 层幼儿园一座，二期拟建住宅楼 2 座。建筑物下伏 3 号煤层，煤层埋深距离建筑物基础 20～30m 不等，且在 20 世纪 90 年代进行开采，并于 2002 年前后关闭。煤层以房柱式开采为主，采煤厚 2～4m。煤层的开采导致在拟建建设场地内形成浅埋深、分布不规律的浅层采空区，采空区地基处理等级为甲级。据采空区勘察成果，该煤层采空区顶板均为煤系地层泥岩、泥质砂岩，顶板垮落带、断裂带和弯曲下沉带裂隙发育，在场地地面形成一处塌落洞。

2. 采空区治理方案

由于在采空区上方拟建高层住宅楼和幼儿园，对建筑地基承载力和地表变形量要求较高，建筑单位在对采空区进行勘察和资料分析的基础上，采取注浆充填的方法对下伏采空区进行处理。采空区处理于 2013 年 11 月开始，2014 年 3 月结束，处理范围以建筑物投影外边线外扩 30m，注浆施工周边外围设置帷幕孔。

3. 采空区注浆设计

帷幕孔沿处理外边界线按照孔间距 10m 布设，共布设帷幕孔 115 个。在处理范围内按照孔距 15m、排距 15m 梅花形满堂布设注浆孔 300 个。注浆材料主要采用水泥、粉煤灰浆液，帷幕孔浆液水固比 1∶1.2～1∶1.3，注浆孔浆液水固比 1∶1.1，水泥占固相总质量的 30%，总注浆量 19.8 万 m³。

注浆工程结束后进行检测，通过钻探检测，在基础直接持力层范围内检查到存在离层空洞（钻孔于基础下 4.0m 处掉钻 2.0m），随进行了二次注浆。二次注浆布设注浆孔 148 个，注浆浆液配比与原注浆施工相同，二次注浆共注入浆液 5949.8m³。

4. 注浆效果检验

注浆充填处理完成后，采用钻探、波速测试、压浆检测等方法对注浆效果进行检验。

（1）钻探。注浆结束后布设 25 个检测孔，对注浆结石体样本进行无侧限抗压强度测试，并直接观测充填效果。通过钻孔共采取结石体样本 11 个，统计得到结石体无侧限抗压强度 2.2～12.4MPa 不等，无侧限抗压强度平均值为 7.64MPa，选用值为 5.9MPa。

在 25 个钻孔造孔过程中有 2 个钻孔发生掉钻，其中一处在基础下 4.0m 掉钻 2m，说明采空区地基处理后，仍小范围存在采空区垮落离层空洞。

（2）波速测试。在采空区地基处理段，选取 15 个钻孔进行单孔剪切波速测试。结石体剪切波速最大值为 343.5m/s，最小值为 302.0m/s，平均值为 322.9m/s。

（3）压浆检测。由于二次注浆施工类似于压浆检测，因此用二次注浆数据作为压浆检测进行采空区注浆效果检验（表 1.5-2）。

通过注浆施工检测，评价该项目采空区经注浆充填法处理地基处理后，各项监测项目均符合要求，对于可能存在的离层空洞进行补充注浆，注浆效果满足建设使用要求。

表 1.5-2　　　　　　　　　　场地建筑基础下单孔平均注浆量与压浆量对比分析表

注浆回次 ＼ 楼座	1号楼	2号楼	3号楼	4号楼	5号楼	6号楼	7号楼	幼儿园	综合统计
注浆施工/m³	442.63	446.64	535.39	580.84	250.98	694.94	285.40	184.77	438.63
压浆检测/m³	47.46	76.10	21.5	69.84	44.69	17.93	24.30	22.63	41.09
压浆占注浆平均比/%	9.68	14.56	3.88	10.73	15.11	2.52	7.85	10.91	8.56

1.5.4　河南省焦作市循环经济产业集聚区下伏采空区

1. 采空区概况

河南省焦作市循环经济产业集聚区是河南省首批 175 个产业集聚区之一，处于焦作市东北 6～8km 处山阳区寺河村东南，总用地面积 6.59km²。该产业区初步拟定有建筑物 16 栋，其中标准化厂房 12 栋，均为长 60.0m、宽 25.8m，高 4 层，局部 5 层，拟采用框架结构，柱下十字交叉条形基础；办公楼及宿舍楼各 2 栋，办公楼高 3～6 层，拟采用框架结构，条形基础，宿舍楼高 5 层，拟采用底部框架上部砖混结构，条形基础。拟建厂房区下伏马村宏源煤矿部分采空区，与百间房乡中马村新矿采空区相距较近。拟建建筑开挖基坑时，在基坑侧壁和底部各发现一条宽约 4cm 的地裂缝。经观测，采空区最大残余沉降量 325mm，最大水平变形值为 2.08，最大倾斜值为 4.56，最大曲率值为 0.097，根据《建筑物、水体、铁路及主要井巷煤柱留设与压煤开采规程》，初步判定采空区地面塌陷对建筑物的破坏等级为Ⅱ级。

2. 采空区处理方案确定

由于拟建建筑场地出现了 2 条地裂缝，而且残余沉降量比较大，如若不对采空区进行处理，将对厂房建筑带来安全隐患。常见建筑物设计及建筑要求如下：新建 3 层及其以上建筑物单体长度以 20～30m 为宜，过长时采用变形缝分开；各单体体型应力求简单，避免立面高低起伏和平面凹凸曲折；基础应尽可能浅埋，设置一定厚度的砂垫层或碎石层，在基础梁下设置水平滑动层，且同一单体水平滑动层应设置在统一高程上。鉴于以上要求，对建筑物限制较大，且建筑物将来还可能产生不均匀沉降，经反复论证，决定对采空区进行注浆加固处理。

3. 注浆施工工艺

据地面调查、物探和钻孔资料综合分析，最终确定布设 8 个注浆钻孔，钻孔深度 120～160m，单孔影响半径按 30m，钻孔总深度约为 1200m。注浆材料采用水泥粉煤灰浆，水灰比（重量比）分为 3 个级别：0.8:1、0.7:1、0.6:1，其比重为 1.59～1.71t/m³，浆液中水泥量分别为 0.88t/m³、0.97t/m³、1.07t/m³。

本次注浆最大注浆深度为 160m，注浆压力为 2.88～4.8MPa。为保证注浆质量，充分发挥注浆孔的效果，每次注浆后进行压水，压水时间 10min 左右，压水体积根据钻孔孔径、孔深和地质情况确定。注浆过程中，严格控制浆液配比与浓度，根据压力和流量变化，认真做好原始记录工作，根据具体情况随时调整注浆参数。每次注浆结束时及时清洗泵与管路。

4. 注浆质量检验

采空区注浆从 2011 年 5 月 20 日开始，至 2011 年 8 月 10 日结束，历时 82d。为检查注浆效果，在注浆前、注浆期间和注浆后分别在 8 个注浆点的监测点进行了长达 167d 的沉降监测。根据监测，注浆前平均沉降速率为 0.052mm/d，注浆前期为 0.035mm/d，注浆后期为 0.014mm/d，注浆完成后为 0.0059mm/d。注浆对沉降速率有明显的控制作用，地基稳定性达到了国家相关规范的要求。

第 2 章

采空区基本地质条件

2.1 区域地理地质背景

禹州段采空区属于华北地层区的石炭系、二叠系聚煤区（以下简称华北区）。华北区是我国采空区分布最多的地域，华北区煤田分布范围广、煤层多、煤层厚且稳定，开采范围和开采规模也最大。

2.1.1 含煤地层岩性

华北区的含煤地层，有寒武系、石炭系、二叠系、三叠系、侏罗系、古近系、新近系和第四系，以石炭系、二叠系为主，约占总储量的 98%。而二叠系山西组二$_1$煤（俗称大煤）又占石炭系、二叠系储量的 90% 以上，次之为侏罗系。各煤田煤层煤质多属低—中灰、低硫、低磷、高发热量、高灰熔点优质炼焦用煤和无烟煤。华北地层区河南境内含煤地层主要包括石炭系、二叠系、三叠系、侏罗系和古近系、新近系。

（1）石炭系。

中石炭统本溪组（C_2b）：分布于三门峡—郑州一线以北地区。以铝土质泥岩为主，在安阳、鹤壁一带，其上部为灰黑色、灰色灰岩及炭质泥岩，含薄煤一层，无可采价值。

（2）二叠系。广泛分布于华北地区，除上统石千峰组不含煤外，其他各组均含煤，其中山西组为华北最主要的含煤地层。二叠系地层总厚度 650～1200m，其中含煤地层厚度为 480～800m。

1）下统太原组（P_1t）：岩性由灰岩、砂岩、砂质泥岩、泥岩及煤层组成。一般可分为 3 段，即：下部灰岩段、中部碎屑岩段及上部灰岩段，总厚度 22～140m，一般68m 左右。含煤 2～19 层，一般 2～9 层，称为一煤段（组），在豫北多俗称小煤或下夹煤。主要可采煤层有一$_1$煤，在安阳、鹤壁、焦作等地一般厚 0.8～2.0m；一$_2$煤层一般厚 0.7～0.8m，在安阳、鹤壁、焦作等地稳定可采，往南发育不好，多为局部可采或偶尔可采。

2）下统山西组（P_1s）：由深灰、灰黑色砂质泥岩、泥岩砂岩和煤层组成，一般厚70～95m，含煤 1～7 层，称二煤段（组）。煤层总厚平均为 6.5m。山西组二$_1$煤层位稳定，普遍可采，是当前主要开采对象，煤层厚为 0～37.78m，平均厚度 5.35m。其他煤层均不稳定或不可采。

3）中统下石盒子组（P_2x）：本组上以田家沟砂岩之底为顶界，下以砂锅窑砂岩之底为底界，含三、四、五、六煤段（组）。地层总厚度为 195～444m，一般厚 265m。由次绿、灰白色砂岩，灰紫色铝土质泥岩，灰黄色砂质泥岩，泥岩夹煤层组成，共含煤 0～11 层。

4）上统上石盒子组（P_3s）：本组上以平顶山砂岩之底为顶界，下以田家沟砂岩之底为底界，含七、八、九煤段（组）。地层总厚度 140～300m，平均 246m。由紫斑泥岩、泥岩、砂质泥岩、硅质海绵岩、砂岩及煤层组成。

5）上统石千峰组（P_3sh）：厚 200～300m，自下而上分为四段，即"平顶山砂岩"段、砂泥岩段、泥灰岩段、同生砾岩段，均不含煤层。

（3）三叠系。主要分布于三门峡、宜阳、鲁山、上蔡以北地区，豫西的渑池、济源、宜阳、伊川、临汝、登封、巩义一带最发育。地层总厚度近 3000m，分为中下三叠统二马营群和上统延长群，仅延长群下部的油房庄组和上部的谭庄组在局部地区含煤。在义马，延长群上部谭庄组含煤最多达 20 余层，但仅有一层局部可采，称为"四尺煤"，厚 0～1.63m，极不稳定。

（4）侏罗系。仅在渑池义马、济源地区含煤。在该地区广泛分布下侏罗统义马组地层，厚 26.1～136m，平均厚 74.63m。按其岩性组合自下而上分为 4 段，共含煤 5 层，煤层总厚平均 21.63m。

（5）古近系、新近系。古近系煤系有栾川潭头盆地的潭头群、卢氏盆地的项城组、东淄盆地的东营组。新近系煤系有东猴盆地、开封盆地、周口盆地的馆陶组。煤层厚度相对较薄，大都不可采。

2.1.2　煤田地质构造

河南省位于秦岭—昆仑巨型纬向构造体系东段与新华夏系第二凹陷带之华北凹陷和第三隆起带太行隆起的复合、联合部位。西北部与祁吕贺山字形前弧东段毗邻，东南与淮阳山字形脊柱相接。省内煤田地质构造基本受小秦岭—嵩山构造体系、新华夏构造体系、嵩淮弧形构造带的控制和改造。

河南煤田的展布形态和保存状况是含煤建造形成后多次构造运动对其改造的结果。对煤田起保护和破坏作用的构造运动，主要始于寒武纪以后的加里东运动—华力西运动—印支运动—燕山运动—喜马拉雅运动。特别是燕山期构造运动对上古生代石炭二叠系煤系地层的影响，形成了一系列隆起和凹陷，在长期剥蚀作用下，隆起区煤系不复存在，凹陷区煤系得到完整的保存，形成各个独立的含煤盆地，即石炭二叠系煤田。

2.1.3　矿床水文地质

华北区内各煤田水文地质条件差别很大。豫北的焦作、鹤壁、济源、安阳等煤田，由于受太行山系强含水层的奥陶系灰岩和太原群灰岩的补给，水文地质条件复杂甚至是极复杂。豫西的登封、义马等煤田，由于嵩山等山脉接受大气降水的灰岩面积小，又与主要河流相隔较远，富水岩层补给性较差，除个别井田水文地质较复杂外，其余均属简单至中等类型。以河南为例，各煤田含水岩组，根据其地下水埋藏条件、储水空间特征以及水理性质等，分为四组：松散岩类孔隙含水岩组，碎屑岩类孔隙裂隙含水岩组，碳酸盐岩类裂隙岩溶含水岩组，基岩裂隙含水岩组等。

根据各矿区直接充水含水层的富水性及补、径、排条件，结合矿区开发后的实际涌水量等因素，各矿区水文地质条件复杂程度分为以下 4 类：

（1）水文地质条件复杂类，包括豫北的焦作、鹤壁、安阳等矿区，其中以焦作矿区为典型。

（2）水文地质条件中等类，包括新密、荥巩矿区。

（3）水文地质条件中等—简单类，包括平顶山、禹州、偃师、永城 4 个矿区。

（4）水文地质条件简单类，包括登封、新安、宜洛、临汝、义马等矿区。

2.1.4　煤层顶板工程地质特征

煤层顶板条件直接影响到采掘方式、支护形式和采区布置，煤层顶板稳定性受地质条件和采掘工程的影响。各煤矿所开采煤层一般结构比较简单，顶底板较稳定，煤层倾角多在 5°～25°，赋存比较稳定，便于开采。顶板岩性主要由砂质泥岩、泥岩或粉砂岩与泥岩互层构成，顶板中有煤线或薄煤层，底板主要岩性为砂岩。

由于影响顶板稳定性的因素主要有岩体结构特征、顶板硬质岩层厚度、地质构造、水文地质、地应力和采掘工程等。因此，各煤矿在生产过程中顶板的稳定程度也不相同。相对而言，大多数乡镇煤矿复采残煤，顶板破碎，不好维护，易发生片帮冒顶事故。国有重点煤矿、部分国有地方煤矿及少数乡镇煤矿采用走向长壁式采煤方法，顶板相对稳定。

2.1.5　采空区塌陷灾害发育现状

河南省已形成了平顶山、焦作、义马、鹤壁、郑州和永城六大煤炭开发基地，这六大矿区开采历史长，规模大，集中了河南绝大部分的煤炭资源量和企业，因此，全省煤矿采空区塌陷灾害主要分布在上述六大地区。由采矿活动引起的采空区塌陷地质灾害主要表现在：河南煤炭开采除义马有一个露天采场外，其余皆为井下开采，地下采空造成地表塌陷及地裂缝等次生地质灾害，破坏土地、林地，造成水土流失，生态环境失衡，尤其对建筑物、道路、水利工程设施等破坏严重。依据已有的研究资料对以上六大煤矿区的不完全统计，塌陷成灾面积达 0.3 万 hm^2，塌陷区的耕地农田毁坏约占 1/3，多数塌陷区城镇、村落集中，人口、建筑群落密集，严重影响、制约了区域社会和经济的可持续发展。

采空区除引起地面塌陷外，伴随大量地裂缝危害。地表裂缝的分布都是和煤矿的分布密切相关的，地裂缝空间分布总是受采空区的范围和方向控制。由于煤矿开采的规模大小各异，因而产生的采空区规模也就各不相同。采矿引起的地裂缝在地表的形态是各种各样的，地裂缝的地表形态特征包括规模、地表的表现形态、微细结构、错距。就采煤来说，大型煤矿采空区一般都是比较规则的，地表变形是逐渐变化的，在塌陷盆地的外边缘区产生的拉张裂缝也是呈规律分布的，一般呈线型分布在采空区塌陷边界上，大致与采空面相互平行。小型煤矿和个体煤矿采空区一般都是不规则的，地表变形多呈不连续状，裂缝不发育或呈不规律分布。

地裂缝的发育，不管在平面上还是在剖面上，其形态总是以一定图形显示出来，因此地裂缝的形态总是和一定的图形相联系的。在平面上，单条地裂缝实际并不是一条简单的直线或曲线，而是一条不规则的线。在一般情况下，往往是若干条地裂缝组合在一起，任何一条地裂缝在平面上总有一定的走向，在调查的地裂缝中，很大部分的地裂缝都是直线延伸的，部分地裂缝在地表表现为弧形。

地裂缝的垂直形态也是多种多样的。一般来说，平直光滑的地裂缝面为数较少，而那些凹凸不平的地裂缝面却比比皆是，倾角大都近于 90°，凹凸不平的地裂缝面的倾角则常常变化不定，甚至出现倾向相反的现象。裂缝一般表现为上宽下窄，多呈 V 形，也有的呈槽形和漏斗形。

2.2 渠道工程地质与水文地质条件

2.2.1 地形地貌

南水北调中线一期工程总干渠禹州矿区段渠线地貌以低山丘陵为主。

本区为构造剥蚀类型的低山丘陵区，地势西高东低，煤系顶部"平顶山砂岩"，因耐剥蚀性较强，在区内形成沿地层走向延展之单斜山地形，自东向西构成三峰山、玉皇山（禹王山）、凤翅山、大刘山、牛颈山等，高程为 300～700m。

三峰山一带山坡冲沟发育密集，常与山脉走向垂直，沟深一般为 10～30m，宽为 30～150m，呈 V 形及 U 形，常给交通带来很大不便。在桩号 SD4＋000～SD4＋400 处有一条冲沟（小金河）与隧洞方案的隧洞相交，切割深度约 20m，沟底最低处距隧洞顶部不足 20m。

绕山线场地为三峰山周边丘前坡洪积裙与平原的过渡地带，地形较平缓，地面高程为 123～145m。

2.2.2 地层岩性

工程区属华北地层区豫西分区的嵩箕小区。前第四系地层的划分是依据前人资料和本次野外地层岩性的调查，与区域地层对比进行划分。对于第四系地层，则在前人资料的基础上结合地形地貌、地层岩性特征、地层叠置关系及与邻区典型地层剖面对比等综合分析的基础上，进行较详细的划分。

禹州矿区煤田地层由老至新依次为：古生界寒武系上统崮山组、长山组，石炭系中统本溪组，二叠系下统太原组、中统山西组、下石盒子组、上统上石盒子组、平顶山组、土门组；新生界古近系、新近系和第四系。本渠段基岩除二叠系平顶山组在三峰山—柿园山—白沙山一带断续出露及上石盒子组顶部地层在三峰山北坡有零星出露外，其余地层均为第四系掩盖。区内地层走向为 105°左右，倾向为 195°，地层倾角为 10°～20°，一般为 14°左右。

（1）寒武系。崮山组（$\in_3 g$），上部为浅灰色泥质条带显晶质白云岩、鲕状白云岩，下部为显晶质白云岩。钻孔揭露厚度约 73m。

长山组（$\in_3 c$），上部为浅灰色显晶质白云质灰岩，夹泥质、钙质白云岩及砂质泥岩，下部为显晶质白云岩，平均厚 65.76m。

（3）二叠系。根据古生物化石组合规律及岩性特征，自下而上划分为太原组、山西组、下石盒子组、上石盒子组、平顶山组和土门组。各组之间以及和下伏太原群之间均为整合接触。其中山西组、下石盒子组、上石盒子组为含煤地层，总厚 646m。根据含煤岩层特征及其组合规律划分为 7 个煤组，其中，山西组归于二煤组，统称为下煤组，上、下石盒子组自下而上划分为三～八共 6 个煤组，统称为上煤组。

1）二叠系下统（P_1）。下统太原组（P_1t），厚 54～123m，平均厚 71m，以豫西广泛发育的铝土岩为底界，是一套典型的海陆交互沉积相沉积。共含石灰岩 11 层（由下至上依次编号为 L_1，…，L_{11}）、一煤组煤层 17 层。依其岩性组合特征自下而上可明显地划分为铝土岩段、下部灰岩段、中部砂泥岩段和上部灰岩段。

山西组（P_1s），厚 60～83m，平均厚 72m，为主要含煤地层，含煤（及层位）7 层，其中底部的二$_1$煤层为主要可采煤层，平均厚 4.18m。下部二$_1$煤底板以深灰色砂质泥岩夹砂质条带或灰色细砂岩夹泥质条带为主。中部为浅灰—灰色中粒长石岩屑石英砂岩，局部夹泥岩或砂质泥岩，有时夹薄煤。上部为灰色为主的细—中粒砂岩，局部夹泥岩、砂质泥岩。

2）二叠系中统（P_2）。下石盒子组（P_2x），厚 25～48m，平均厚 38m。下部为灰—灰白色中粒长石石英砂岩，局部夹泥岩、粉砂岩，其中偶含紫斑。中部为紫红色、暗紫色紫斑泥岩，上部为灰—绿灰色砂质泥岩和泥岩，含较多的紫斑、暗斑和菱铁质鲕粒，局部夹 1～2 层灰绿色细砂岩。在渠段周边范围内仅五$_2$、六$_2$、六$_4$煤层局部达可采厚度，二$_3$、三$_{14}$、四$_7$煤层局部偶尔可采。

3）二叠系上统（P_3）。上石盒子组（P_3s），厚 520～561m，平均厚 536m，主要由灰黄—灰绿色泥岩、砂质泥岩、灰白色细—中粒砂岩组成，夹紫红色斑状页岩、炭质页岩及煤层。岩层软硬相间，出露于三峰山北坡一带。该组岩石组合规律性强，沉积旋回明显，据此划分为七～九共 3 个煤组，属于上煤组。

平顶山组（P_3p），厚 58～95m，平均厚 80m，分布于三峰山—柿园山—白沙山一带，组成单面山地貌。岩性为灰白、褐黄色中粗粒长石石英砂岩，硅质胶结，厚—巨厚层状，韵律清晰，具大型直线形斜层理。下部夹薄层砂质页岩、泥质页岩及透镜体状砂砾岩，是煤系上覆的良好标志层。

土门组（P_3t），厚约 25m，主要为紫红色、灰绿色细砂岩、粉砂岩、砂质泥岩和泥岩，与下伏平顶山组呈整合接触。

（4）古近系、新近系。中新统洛阳组（N_1l），主要是紫红、棕红、棕黄色含有灰绿色条纹的黏土岩、砂质黏土岩及棕黄、黄色、灰白色砂岩、砂砾岩。其中黏土岩成岩程度一般较差，局部成岩程度较好，为极软岩或呈坚硬—硬塑土状，多夹杂有钙质团块。发育有节理裂隙，以 70°～90° 高角度裂隙为主，裂面光滑，偶见有擦痕，有铁锰质浸染。砂砾岩砾石成分主要是石英砂岩、灰岩及砂岩，泥钙质胶结，一般成岩程度较好。

（5）第四系。中更新统（Q_2），一般厚 8.0～39m，主要为坡洪积成因的黄色—棕红色重粉质壤土，硬塑—可塑状，结构致密，含有铁锰质结核。主要分布于周边丘前坡洪积裙与平原的过渡地带。上更新统（Q_3），一般厚 2～14.2m，主要为浅黄色黄土状中、重粉质壤土，含少量钙质结核。

2.2.3 地质构造与地震

1. 地质构造特征

南水北调中线一期工程总干渠禹州矿区段渠线位于华北准地台（Ⅰ）黄淮海拗陷（Ⅰ₂）的西南部，新构造分区属豫皖隆起拗陷区（Ⅲ），见图2.2-1。

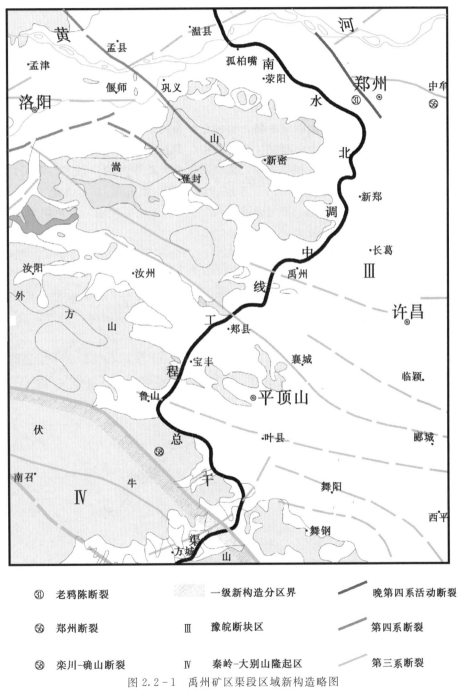

㉛	老鸦陈断裂		一级新构造分区界		晚第四系活动断裂
㊱	郑州断裂	Ⅲ	豫皖断块区		第四系断裂
㊳	栾川-确山断裂	Ⅳ	秦岭-大别山隆起区		第三系断裂

图 2.2-1 禹州矿区渠段区域新构造略图

区内地质构造以断裂为主，褶皱次之。褶皱主要有两个大致平行的开阔向斜白沙向斜和景家洼向斜所组成，轴面走向呈北西—东南向，往南东倾覆。核部为三叠系地层，两翼依次为二叠系、石炭系煤系及奥陶系、寒武系、震旦系地层。断裂以北西向和北东向断裂构造占主导地位，以正断层为主。由于构造断裂的切割，形成了煤田区内互相联系的各个矿区。

三峰山区由景家洼向斜的东北翼组成，地层走向为 105°，倾向为 195°，倾角为 14°左右。局部地层走向呈北近东西向。

本区属低山丘陵区，以构造剥蚀类型为主，地势西高东低，煤层顶部平顶山砂岩，因耐剥蚀力较强，在区内形成沿地层走向延展之单面山地形，自东而西构成三峰山、玉皇山（禹王山）、凤翅山、大刘山、牛颈山等。高程 300～700m。

2. 主要断裂构造

本渠段构造断裂主要为前第四纪断裂，第四纪断裂构造不发育。其中规模较大、对煤田分布起控制作用的主要有虎头山断层、张得断层、尹村断层等。

虎头山断层（F_1）位于矿区相邻边界，为横贯梁北井田中部的一条主要断层。在平面或剖面上均呈波状。为走向近东西向的正断层，倾向北，倾角为 70°，北侧下降。地表仅在原新峰煤矿厂部北虎头山上见平顶山砂岩与六$_4$煤组下部地层接触，其余均为黄土覆盖。地层断距为 117～427m，变化较大。

张得断层西起张得，经岗马、颍桥向南东延伸。为正断层，走向为 290°，倾向北东，倾角为 60°左右，地层断距 300m 以上。

尹村断层为梁北井田北部边界。为正断层，走向为 250°～290°，向北倾斜，倾角为59°～63°，地层断距 73～267m。

3. 节理、裂隙

根据前期勘察和资料收集，三峰山二叠系平顶山组（P_3p）石英砂岩中实测的节理主要有 3 组，见图 2.2-2。A 组走向近东西，发育最普遍；B 组走向为 20°～40°；C 组走向为 355°。裂隙发育频率 3～8 条/m。

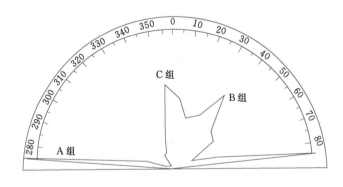

图 2.2-2　节理走向玫瑰花图

从野外观察可知：A 组节理裂面粗糙，张开较宽，不规则，呈锯齿状，常充填有黏土类物质，显示张性特征。B 组、C 组节理为一对共轭剪切节理，裂面平直，在平面上常组成规则的斜方形网格。节理面多为陡倾角的。

4. 区域稳定性及地震

本区新构造运动表现为差异性垂直升降运动。区内主要为新近系地层组成的岗地，其上第四系较薄，反映新近系以来总体处于隆起状态。

勘察未发现新构造断裂，仅在新近系中见有高角度裂隙。未发现晚更新世以来的断裂。根据颍河附近出露的新近系岩层，可以看出本区岩层产状主要为向南倾斜，倾角为5°～15°。

勘察区位于豫皖地震构造区，区内地震活动强度小、频度低。有史记载以来，工程场区内未发生过强震，附近有感地震为1992年1月4日在禹州—登封一带发生的4.8级地震。邻近地区最大地震震级为6级，发生于1820年8月3日，震中位于许昌东北，震中烈度Ⅷ度。

根据中国地震局分析预报中心编制的《南水北调中线工程沿线设计地震动参数区划报告》，禹州矿区段渠道工程50年超越概率10%的地震动峰值加速度为0.05g，相当于地震基本烈度Ⅵ度。

2.2.4 水文地质条件

禹州矿区段属暖温带大陆性季风气候区，四季分明，冬春季干冷多风，夏秋季炎热多雨。多年平均气温14℃，其中7月最热，最高气温42.9℃，1月最冷，最低气温－13.9℃。多年平均年降水量772.7mm，降水多集中在6—9月，约占年降水量的70%。霜冻期一般为当年10月上旬至次年3月上旬，最大冻土深度8cm，最大积雪深度21cm。

1. 含水层岩组

按地面至渠底（或洞底）以下5m范围内含水介质的富水性及渗透性，可划分为两个含水层（组）：

（1）古近系、新近系和第四系孔隙含水层。含水层（组）岩性主要为第四系上（中）更新统重粉质壤土和新近系砂砾岩，属于孔隙潜水含水层（组），局部具有承压性。分布在三峰山周边丘前坡洪积裙与平原的过渡地带，地下水位147.2～115.5m，埋深4.8～26.7m。

（2）基岩裂隙含水层（组）。由二叠系砂岩裂隙水组成，主要分布于三峰山一带，地下水位135～153.6m，埋深约36m。为潜水，局部微具承压性。

2. 土、岩体的渗透性

根据前期勘察资料，本区黏性土为微—弱透水层，渗透系数$K=1.16\times10^{-6}\sim7.18\times10^{-5}$cm/s。为了解本区地层渗透性，在钻孔中做压水试验，二叠系岩层多为微—弱透水性，少数为中等透水。

3. 补径排条件

潜水的补给主要来源于大气降水，其次为地下水侧向径流和灌溉回渗等补给，在新峰山北还存在煤矿排水回渗补给。

（1）径流条件。随地形和岩性的不同而有差异，地形起伏大，组成岩性颗粒粗，径流条件较好；反之，地形平缓，岩性颗粒细，径流条件较差。本区潜水流向一般是由岗顶向岗坡方向径流。

（2）排泄条件。排泄途径主要有人工开采、地下径流等。本区潜水位埋深均大于

4.8m，蒸发量很小。

2.3　采空区基本情况

2.3.1　地质概况

南水北调中线干线工程禹州采空区段渠道工程位于三峰山周边丘前坡洪积裙与平原的过渡地带，地形较平缓，地面高程 123～145m。渠道基本为半挖半填方，渠底板以下为 30～40m 厚的黏性土夹砂卵石覆盖层，下伏岩层为二叠系煤系地层软质泥岩夹砂岩，软硬岩互层组合比例为 3∶1～5∶1，其中软质泥岩以中厚—厚层状为主，砂岩多为薄层—中厚层。地层走向为 105°左右，倾向为 195°，地层倾角为 10°～20°，一般为 14°左右。

本区煤系地层为一套单斜地层，即景家洼向斜的东北翼，构造断裂主要为前第四纪断裂，第四纪断裂构造不发育。其中规模较大、对煤田分布起控制作用的主要有虎头山断层，仅在原新峰煤矿厂部北虎头山上见二叠系上石盒子组平顶山砂岩与六$_4$煤组下部地层接触，其余均为黄土覆盖。地层断距 117～427m，变化较大。

浅层地下水埋深一般 8～12m，地下水的流向与地形坡降基本一致，采空区地带与周边非采空区地带的地下水径流正常，地下水没有漏失的现象。下伏的二叠系泥岩、页岩和上第四系的黏性土为良好的隔水层，潜水与井下没有水力联系。

2.3.2　采空区分布特征

南水北调中线一期工程总干渠在河南省禹州市西南约 7km 处穿越禹州煤矿采空区，该段采用绕山线明渠方案，线路全长 11.5km，主要穿过原新峰煤矿、禹州市梁北镇郭村煤矿、梁北镇工贸煤矿和梁北镇福利煤矿等 4 个采空区，采空区长 3.11km，见图 2.3-1。各煤矿煤层多为 1 层，局部有 2 层，主要为上煤组六$_4$、六$_2$采空区，煤层单层厚度约 1m，多为 20 世纪 90 年代以后小煤矿开采形成，2002 年以后多数已停采。采空区埋深多为 100～269m。绕山线地表已形成有移动盆地，但沉陷洼地不显著，移动盆地东西长 1700 多米，南北宽约 40m。

禹州矿区煤系地层的走向为东西向，采空区亦呈东西向带状分布，渠道场地涉及的采空区主要为村镇集体小煤矿形成的采空区。由于开采时间、开采水平、采空程度及回采率大小各异，采空区的情况较复杂，地质条件特殊。

禹州矿区渠段采空区涉及的 5 个煤矿均已关停和废弃，由于开采规模相对较小，开采系统不正规，无完整的地质及采煤资料，也缺乏采空区顶板管理方法的资料。但据收集的资料，煤矿开采多为一对斜井开拓，平面延伸长度可达到 300m 以上。采用巷道式采煤，主巷道呈网格状或无规律分布，单层或 2～3 层重叠交错，支巷道间距 25～30m，依据顶板自稳条件仅进行简单支护或不支护，巷道宽和高一般 2～3m，其开采系统有壁式和巷道式。其采矿、通风等巷道形态变化多样，所留煤柱的位置大小等具有很大的随意性，因此采空区形态也不规则。

煤矿采空区分布在虎头山断层两侧呈东西向带状分布。禹州矿区煤矿井田的地质构造、煤系地层资料比较系统完整，井田可采煤层（上煤组：六$_4$、六$_2$、五$_2$ 等煤层；下煤

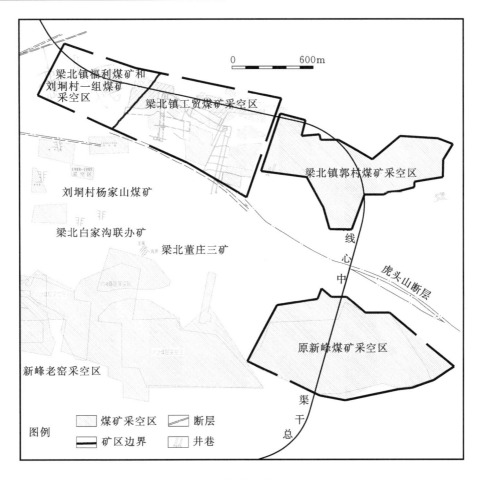

图 2.3-1 禹州煤矿采空区平面图

组：二₁煤层）沿渠线分布的情况清楚。受虎头山断层（F₁）分割，采空区分为南北两个区域，F₁断层以北上煤组露头线沿东西向分布于郭村—梁北—董村一带，F₁断层以南上煤组露头线分布于三峰山北坡一带。从地质构造条件分析，沿虎头山断层（F₁）两侧带状分布的六₄、六₂、五₂等煤层（上煤组）埋深较浅，埋深一般约 90～290m，是开采条件最优越的地段，因此，以往的古窑和近年来的小煤矿多集中于此。

1. 原新峰煤矿采空区

该矿采空区面积为 1387260m²，沿总干渠长度 747m，相应的设计桩号为 SH（3）75＋828.3～SH（3）76＋575.3。所采六₄、六₂煤层厚度为 0.9m，煤层底板高程为 -150～31m，地面高程为 116～138m，煤层埋深 107～266m，该矿采空区为 1965 年以前开采。

2. 梁北镇郭村煤矿采空区

该矿采空区面积为 525045m²，沿总干渠长度 1055m，相应的设计桩号为 SH（3）77＋041.3～SH（3）78＋096.3。所采六₄、六₂煤层厚度为 0.75～1.13m，煤层底板高程为 -150～0m，地面高程为 126～140m，煤层埋深 126～290m，该矿采空区为 20 世纪 90 年代初期所形成。

3. 梁北镇工贸煤矿采空区

该矿采空区分布面积为 194086m², 沿总干渠长度为 907m, 相应的设计桩号为 SH (3)78＋253.3～SH (3)79＋160.3。所采六₄、六₂煤层厚度为 0.69～1.04m, 煤层底板高程为－100～20m, 地面高程为 126～142m, 煤层埋深 106～242m, 该矿采空区多为 20 世纪 90 年代所形成, 但近年来仍有开采。

4. 梁北镇福利煤矿和刘峒村一组煤矿采空区

该矿采空区分布面积为 16389m², 沿总干渠长度 406m, 相应的设计桩号为 SH (3) 79＋160.3～SH (3) 79＋566.3。所采六₄、六₂煤层厚度为 1m 左右, 煤层底板高程为 0～50m, 地面高程为 134～140m, 煤层埋深 90～134m, 采空区时间为 1999—2001 年。

第 3 章

采空区勘察与稳定性评价

3.1 采空区勘察方法

3.1.1 工程地质调查与测绘

1. 基本要求

南水北调中线禹州段渠道下伏煤矿主要是开采六煤组煤层，因此工程地质调查与测绘重点围绕六煤组展开。

工程地质调查与测绘包括工程地质调查、地质测绘、采矿情况调查、地表变形调查、煤矿开采资料收集。具体内容有以下几个方面。

（1）收集勘查区已有的各种地质、地形、地貌、地震、构造、水文、气象等资料，特别是大比例尺的地形、地质图件。

（2）对沿线微地形、地貌特征、地层、岩性、构造、矿产等情况进行调查，同时对沿线地表变形（地面塌陷、地面建筑物破坏等）情况进行调查访问。

（3）调查采空区位置、矿层埋深、采矿年代、开采方式、回采率、年产量等情况，对已收集的采掘工程平面图、井上、井下对照图、采矿巷道平面分布图等资料进行验证确认。

（4）调查开采矿层顶底板的岩性、厚度及矿层覆岩的组合类型，条件许可时进行井下测量，绘制采空区地质剖面图。

通过对禹州段采空区的工程地质调查与测绘，基本确定了煤矿采空区可能涉及的范围。

2. 地形地貌

采空区地貌单元总体以东西向展布的低山丘陵为主，丘陵顶部为平顶山砂岩，因耐剥蚀力较强，在区内形成沿地层走向延展的单斜山地形，自东向西构成三峰山。禹州矿区隧洞方案线路穿过三峰山，山顶近浑圆状，坡度为 $10°\sim19°$，北坡比南坡稍陡，隧洞段地面高程为 $158\sim282\text{m}$。隧洞进出口两端位于丘前坡洪积裙与平原的过渡地带。禹州矿区绕山明渠方案线路位于三峰山周边丘前坡洪积裙与平原的过渡地带，地形较平缓，地面高程为 $123\sim145\text{m}$。

3. 地层岩性及组合特征

隧洞线洞室区地层主要有平顶山组石英砂岩和上石盒子组软质泥岩夹砂岩。平顶山组石英砂岩出露于三峰山山顶和南坡。上石盒子组软质泥岩主要在三峰山北坡冲沟底部和陡壁断续出露，以中厚—厚层状为主，砂岩多为薄层—中厚层（图 3.1-1）。绕山线采空区上覆岩层以中厚—厚层状的软质岩为主，夹中厚层的砂岩。地层岩性组合特征情况统计见表 3.1-1。

软硬岩互层组合比例约 3 : 1～5 : 1，其中软质泥岩以中厚—厚层状为主，砂岩多为薄层—中厚层。地层走向为 105°左右，倾向为 195°，地层倾角为 10°～20°，一般为 14°左右。

图 3.1-1　泥岩与砂岩互层

表 3.1-1　　　　　　　　　　禹州矿区地层岩性组合特征统计表

分段编号	工程位置	累计厚度/m	不同层厚百分比/%				石英砂岩、硅质胶结、钙质胶结的砂岩	泥钙质、钙泥质胶结的砂岩	泥钙质、钙泥质胶结的砂岩、碳质页岩	泥岩，泥质砂岩	铝土质泥岩
							强度分级/MPa				
			巨厚层 ($h>$1m)	厚层 (0.5m$<$$h$≤1m)	中厚层 (0.1m$<$$h$≤0.5m)	薄层 ($h<$0.1m)	坚硬 ($R>$60)	较硬 (30$<$$R$≤60)	较软 (15$<$$R$≤30)	软 (5$<$$R$≤15)	极软 (R≤5)
1	隧洞进口明渠段	44.5	18.4	69.7	11.9			20.7	31.5	20.2	27.6
2		29.8		6.7	89.3	4	97	3			
3	隧洞洞室区	53			92.5	7.5			6.4	75.1	18.5
4		30	31	30	37	2			2.7	6.3	91
5		83.6	10.1	33	54.7	2.2		3.6		36.2	54.9	5.3
6		80.8		22.3	71.3	6.4			17.4	76.0	6.6
7	隧洞出口明渠段	48		4.2	66.2	29.6	18.7	4.2	4.4	66.5	6.2
8	绕山线	208.85		46.9	45.7	7.3		9.8	28.1	33.1	29.0
9		206.5	13.8	40.7	43.5	2		24.8	30.8	43.4	1
10		96	17.4	40.7	32.2	9.7	21	5.8	9.5	57.8	5.9

4. 断裂构造

对煤田分布起控制作用的主要是虎头山断层。虎头山断层位于矿区相邻边界，采空区分布在断层两侧，为横贯梁北井田中部的一条主要断层。在平面或剖面上均呈波状。为近东西向走向的正断层，倾向北，倾角为70°，北侧下降。地表仅在原新峰煤矿厂部北虎头山上见二叠系上石盒子组平顶山砂岩与六$_4$煤组下部地层接触，其余均为黄土覆盖。地层断距为117～427m，变化较大。

5. 水文地质条件

隧洞线路地下水埋深较深，浅层地下水埋深一般8～12m，地下水的流向与地形坡降基本一致，采空区地带与周边非采空区地带的地下水径流正常，地下水没有漏失的现象。下伏的二叠系泥岩、页岩和上覆第四系的黏性土为良好的隔水层，潜水与井下没有水力联系。

6. 地球物理特征

本区的可开采六煤组埋深相对较浅，地下水埋深较浅，煤矿层若开采后后期充水则显示低电阻率特征。在隧洞线路地下水位以上形成的采空区则表现为高电阻率的特征。采空区与上覆岩层的电性差异，具备电法或电磁法勘察的工作前提条件。

7. 采空区分布特征和采矿情况调查

采空区分布详见第2章2.3节，此处不再赘述。

绕山线分布的采空区是大矿和20世纪90年代以后的村镇集体煤矿形成的，其机械化程度、开采水平有所提高，回采率64.7%～78.3%，多为一对斜井开拓，平面延伸长度可达到300m以上。采用巷道式采煤，主巷道呈网格状或无规律分布，单层分布，支巷道间距25～30m，依据顶板自稳条件仅进行简单支护或不支护，巷道宽和高一般2～3m，其开采系统主要为巷道式。

8. 采空区地表变形特征

（1）绕山明渠线方案。绕山线场地下伏的煤矿采空区面积较大，回采率相对以前的小窑要高，地表出现有移动盆地，地表一般情况出现连续变形，变形在空间和时间上是连续发生的。绕山线地表移动盆地有两处，一处分布于绕山线附近新峰山北侧郭村南，移动盆地东西长约1700m，南北宽约400m，详见图3.1-2；另一处分布于刘垌村与董村之间，面积约3000m^2。地表裂缝多发生于移动盆地的外边缘区，平行于采空区边界发展。

图3.1-2 郭村煤矿采空区地表移动盆地

地表裂缝均是在地下采空区形成不久（一般在半年以内）以后即出现的，且多分布在移动盆地的外边缘，详见表 3.1－2，现在绝大多数裂缝已闭合或被掩盖，难以见到痕迹。移动盆地边缘部分居民房屋墙壁因地基不均匀沉陷变形开裂，但缝隙宽度不大，一般为 0.5～1cm，据调查墙壁裂缝最近 10 年来一直没有变化，房屋仍然正常使用，屋内有住民，见图 3.1－3。

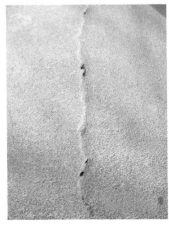

图 3.1－3　采空区不均匀沉陷引起的路面及建筑物裂缝

（2）隧洞线方案。在隧洞线附近三峰山北坡桩号 SD3＋500～SD3＋950 见有塌陷坑 10 余处，塌陷坑面积一般在 6～30m²，见图 3.1－4。塌陷坑特征统计见表 3.1－3。

图 3.1－4　隧洞线三峰山北坡地表塌陷坑（K13、K6）

据调查，这些发现的塌陷坑多是 2003 年之后形成的，2003 年之前的塌陷坑已被掩埋，地表没有痕迹。塌陷坑地段多是小煤矿或小煤窑的斜井、埋深较浅的巷道出现的变形，表现为无规律的突然塌陷。原因是小煤矿（窑）被关停后，井管或巷道支撑系统破坏，在雨后上覆岩土体自重增加，楔形体抗剪强度降低，引起的塌落。

地表变形还没有稳定。2005 年 12 月进行地表变形调查时，通过走访当地熟悉情况的矿工和群众，得知在隧洞线桩号 SD3＋800 处线路东侧 90 年代曾出现有一条东西向裂缝，延伸长度约 100m，开口宽约 10cm，2005 年 12 月勘察时发现裂缝已闭合，仅在陡坎上见

采空区地表裂缝特征一览表

表 3.1-2

裂缝出现位置	发现的裂缝数量（条）	裂缝长度/m	地表最大宽度/m	可见深度/m	裂缝走向	出现时间	其他特征	备注
陈口村北76+000～76+500渠线右侧约300m	3	≤30	约0.3m	≤1	近东西向	20世纪60年代	曾引起白沙干渠二支渠渠体开裂，后修复	调查资料，现地表以见到痕迹
鄂村南（Ⅱ76+885.709～Ⅱ77+939.75）	>10	>10	约0.4m	≤2	近东西向	20世纪90年代	曾引起路基开裂	调查资料，现地表有少许痕迹
梁北瓷厂西北角及院内（Ⅱ78+100～Ⅱ79+000）	>5	4.5～20	0.5～2.0	1.5～2.0	近东西向或295°	20世纪90年代前后	地面有轻微错动现象，断距1～2.5cm	地质测绘资料
刘垌—董村（Ⅱ79+000～Ⅱ79+500）	裂缝群，数量不详	≤80	约0.3m	≤1	不详	2000年8月雨后		引用资料

三峰山隧洞线附近塌陷坑特征统计表

表 3.1-3

塌陷坑编号	位置	塌陷坑形状及平面尺寸	坑深/m	塌陷时间	备注
K1	SD3+875东约50m，x=3776857.34，y=536702.06	圆形，直径约17m	约20	2003年	坑边见有一系列裂缝，宽度最大约0.4m
K2	SD3+875东约27m，x=3776863.64，y=536676.36	不规则椭圆形，4m×5m	3	2006年夏	
K3	SD3+860东约100m，x=3776833.35，y=536726.11	长条形，3m×0.6m	2	2007年春	为一大裂缝，局部不见底，浇地漏水
K4	SD3+860东约200m，x=3776818.54，y=536843.81	直径0.5m的圆形	约1.2	2007年春	局部不见底，浇地漏水
K5	SD3+900东约55m，x=3776837.45，y=536589.62	直径3m的圆形	约6	2004年	现已破填
K6	SD3+830西约20m，x=3776817.42，y=536614.51	直径2m的圆形	4	2003年	坑边见一裂缝，宽度最大约1m
K7	SD3+710约西约710m，x=3776688.21，y=536616.84	三角形，宽0.5～2.5m，长约15m，南窄北宽	1～2	2005年	坑边处下部裂开15～70cm，上部高80cm，宽1m，未裂开
K8	SD3+680西约100m，x=3776688.92，y=536498.69	3m×4m，不规则矩形	2	2003年	下部斜井塌埋
K9	SD3+665西约110m，x=3776665.06，y=536484.37	宽0.5～2m，长5m，斜三角形	3～4	2003年	下部斜井塌埋
K10	SD3+645西约125m，x=3776847.00，y=536460.66	半径2.5m的圆形	3	2003年	下部斜井塌埋
K11	SD3+950西约300m，x=3776966.83，y=536358.42	5m×8m的椭圆形	12	2006年秋	下部斜井塌埋
K12	SD3+750西约280m，x=3776801.63，y=536333.23	宽0.5m的细长裂缝	约1	2002年	坑边见有一裂缝，宽度最大约0.7m
K13	SD3+500西约250m	1.5m×3m的椭圆形	约2	2005年秋	附有照片

有裂缝，但在下部冲沟附近可见裂缝下部最宽达到 1m（图 3.1-4）。2007 年年初，实地测绘调查发现，该裂缝经降雨后在走向线上出现有多处大裂隙和坑穴，见图 3.1-5，推测地表变形没有稳定。

图 3.1-5　隧洞线桩号 3+800 附近大裂隙与塌陷坑

3.1.2　工程物探

由于众多小窑、古窑、小窑开采年代久远，采矿历史资料不完整或缺少资料，因此，采矿历史资料的调查研究只能获得矿区的基本概况。利用物探进行大范围的探测，结合工程地质测绘和钻探验证及变形监测资料，综合分析研究，可进一步探明隐伏采空区的分布情况。

3.1.2.1　物探方法选择及适用条件

在工程地质调查与测绘的基础上，对疑似地段进行物探探测，对初步认定的采空区进行物探验证，圈定采空区异常范围。常用的工程物探方法有电法勘探（高密度电法、电测深法）、电磁勘探（瞬变电磁法、可控源音频大地电磁法和地质雷达）、地震勘探（折射波法、面波法）。通过禹州段采空区的物探探测，取得以下几点基本经验：

（1）无论哪种物探方法，都要在认识测区地质结构模型后进行典型地段的试验，掌握测区内各电性层的特征和分布规律，以利于未知地段异常解译的准确性。

（2）在物探工作前，应在场地类似的已知采空区进行物探方法有效性现场试验，确定该地区的物探方法及其最佳组合。物探方法的选择应结合地形、采空区埋深及地球物理特征等前提条件。

1）单种物探方法适用于：①周边及邻区已有勘探资料，但需要佐证；②在可行性研究阶段确定有无采空区；③具有该种物探方法使用的地球物理探测前提（采空区异常表现明显）条件。

2）两种以上物探方法组合适用于：①重要工程部位；②地形复杂，难以实施钻探；③多层采空区且采用单项物探手段解释困难或效果较差。

（3）开展工程物探工作需注意：①物探成果解译时应考虑其多解性；②应采用多种物探方

法探测，进行综合判释；③要有已知的物探参数或一定数量的钻孔验证；④工程地质、岩土工程和工程物探技术人员要密切配合，共同选择物探方法，制定探测方案，分析解释物探成果；⑤用工程钻孔对物探异常验证后，应对异常进行重新解译，提高工程物探成果的可靠性。

3.1.2.2 可控源音频大地电磁法（CSAMT）

1. 基本原理

可控源音频大地电磁法（CSAMT）是在大地电磁法（MT）和音频大地电磁法（AMT）的基础上发展起来的人工源频率域测深方法。其原理是根据不同频率的电磁波在地下传播有不同的趋肤深度，通过对不同频率电磁场强度的测量就可以得到该频率所对应深度的地电参数，从而达到测深的目的。

趋肤深度可近似用下式计算：

$$h = 356\sqrt{\frac{\rho}{f}} \tag{3.1-1}$$

式中　h——趋肤深度；

　　　ρ——卡尼亚电阻率；

　　　f——频率。

通过沿一定方向（设为 X 方向）布置的供电电极 AB 向地下供入某一音频的谐变电流 $I = I_0 e^{-i\omega t}$（$\omega = 2\pi f$），在一侧 60°张角的扇形区域内，沿 X 方向布置测线，沿测线逐点观测相应频率的电场分量 Ex 和与之正交的磁场分量 H_y，进而计算卡尼亚视电阻率和阻抗相位：

$$\rho_a = \frac{|E_X|^2}{\omega\mu|H_y|^2} \tag{3.1-2}$$

$$\phi_z = \phi_{Ex} - \phi_{Hy} \tag{3.1-3}$$

式中　ϕ_z——阻抗相位；

ϕ_{Ex}、ϕ_{Hy}——E_x 和 H_y 的相位；

　　　μ——大地的磁导率，通常取 $\mu_0 = 4\pi \times 10^{-7}\,H/m$。

在音频段（$n \times 10^{-1} \sim n \times 10^3\,Hz$）逐次改变供电电流和测量频率，便可测出卡尼亚视电阻率和阻抗相位随频率的变化，从而得到卡尼亚视电阻率、阻抗相位随频率的变化曲线，完成频率测深观测。CSAMT 测量布置见图 3.1-6。

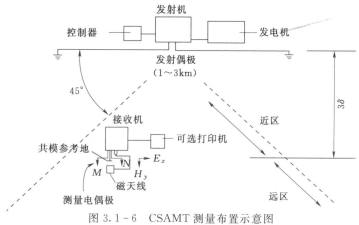

图 3.1-6　CSAMT 测量布置示意图

2. 工作布置

测线长度根据实际位置具体确定。工作点距为 25m，每个排列长度为 175m。接收部分采用 8F30 频率系统，频率变化范围为 9600～14Hz，采用 7 道同时测量测线方向的电场，1 道测量垂直测线方向的磁场，每次采集时间为 30min，共计 76 个频点。为了消除极化效应，保证接收电场信号的稳定可靠，接收时采用不激化电极。为保证发射效果，降低接地电阻，每一供电电极埋设 4 块铝板，且均浇盐水。为保证勘探深度，采用大功率（30kW）的发电机和发射机发射。接收与发射时间都由卫星同步时钟控制。

在工作开始之前，对 V6A 多功能大地电磁仪接收主机进行了标定，并对标定数据进行核对，确认仪器运行正常，采集系统稳定可靠。同时对发射机和发电机也经过了多次严格的测试，以保证其发射电流稳定可靠。通过以上过程，确保该系统稳定。

3. 技术措施

在实际探测过程中，主要采取以下技术措施：

（1）在测线布置方面，基本做到了探测剖面和发射偶极连线平行。发射极距大于 800m，测线布置在以发射偶极 AB 连线为底边，底角为 60°的等腰梯形范围内。收发距大于 3000m，超过勘探深度 3～5 倍以上，保证了在远场接收信号，避免了近场影响，并保证了勘探深度。

（2）测点尽量布置在地形相对平坦地段，减少表层电阻率不均匀所产生的电场畸变，尽量远离电站、电台和大型用电单位，避免地下形成很强的游散电流。在认可采集结果之前先严格检查数据的可靠性。最大限度地减小干扰的影响，以改进数据质量，缩短测量时间。

（3）为了保证所测得的数据有较高的分辨率及解释精度，采用 8F30 自动频率采集系统，使得采集的频点密度增大。

（4）接收电极（MN）极距根据观测信号强弱和噪声水平来确定，按实测水平距布极，极距误差小于±1%，极距大小由试验而定。本次工作的极距设定为 25m，由于工区地形错综复杂，起伏不平，要求测量人员现场测量计算，以保证水平极距在 25m±1m 范围内。

（5）电场测量采用不极化电极，电极埋入土中 20～30cm，浇灌盐水，保持与土壤接触良好并减小接地电阻。观测时测量接地电阻，保证接地电阻小于 2kΩ，在困难条件下不大于 5kΩ，不极化电极的极差小于 2mV。本次工作极差都在 1.5mV 以内，接地电阻在 2kΩ 以下。对于磁探头的埋设，尽量使其与发射偶极方向垂直，并保证其水平放置，将其埋实，埋深 20～30cm，以避免环境干扰。

（6）对数据离差较大、相位不稳的曲线以及异常地段全部进行了复测，确保获得的原始资料真实可靠。

4. 资料处理解释

首先对原始数据进行编辑，绘制频率—视电阻率等值线图，综合地质资料及现场调查的情况，在等值线图上划出异常区，做出初步的地质推断；然后根据原始的电阻率单支曲线的类型并结合已知地质钻孔资料确定地层划分标准；最后进行 Bostick 反演，确定测深点的深度，绘制视电阻率等值线图，结合相关地质资料和现场调查结果进行综合解释和推断。

5. 采空区的判定标准

对采空区及采空区影响带判断的基本依据为现场测试资料反演得到的二维电阻率拟断面图。判定标准如下。

（1）正常沉积地层结构在电阻率等值剖面图中呈大致平行的层状分布，当存在地质构造或采矿破坏后，层状结构的电阻率等值线发生畸变扭曲。

（2）由于采空区及采空区影响带底板岩体一般相对完整，电阻率等值线形状相对平缓，层状特征明显。而顶板因坍塌，层状岩体结构破坏，电阻率等值线呈起伏较大甚至出现直立状，呈不规则形态。由于受采空区扰动的影响，上部层状岩体遭受破坏，电阻率等值线比较杂乱，使得分层效果较差。

（3）工程区的地下水位在30m深左右，而煤层采空区的深度一般在100m以下，所以采空区及采空区影响带内一般充水，其地球物理特征通常表现为低阻异常体，视电阻率一般小于10Ω·m。

6. 解译成果

以禹州矿区隧洞方案王沟—苏沟段Ⅷ测线剖面为例（图3.1-7）。根据视电阻率剖面图，整条剖面地层向南明显倾斜，倾角比较大；剖面受断层影响，0～420m段，地层成层性不好，无完整煤层，不具备煤矿开采条件，此段无采空区；从420m以后存在两煤层，埋深分别为40～100m和130～200m，并且随着岩层的向南倾斜逐渐加深。在420～700m段，出现整片低阻区贯连两煤层，根据采空区的判定标准，推断低阻区是由于煤层开采后，上部岩层坍塌充水所致。

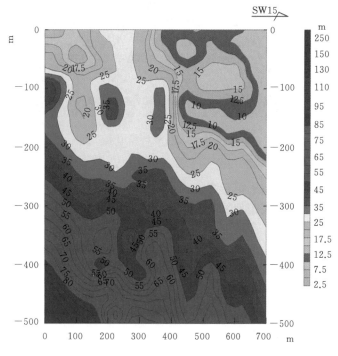

图3.1-7 王沟—苏沟段Ⅷ测线CSAMT法视电阻率剖面图

3.1.2.3 地震波浅层反射法

1. 地震地质条件

测区主要开采煤层为六$_4$、六$_2$煤，厚度约1m，埋藏深度约200m，局部采空。主要煤层埋藏较浅，厚度适中，与围岩能形成较好的波阻抗界面，形成较好的反射波。地震波在空气中传播的速度约为 340m/s，在水中传播的速度约为 1400m/s、在煤层中传播的速度约为 2000m/s，可见地震波在空气或水中的传播速度比在煤层中的传播速度小，故产生的反射波相位会有所延迟，在连续的煤层反射波发生明显畸变的地方解释为采空区，见图 3.1－8。但是如果存在多煤层采空区，情况就较为复杂，对各主要煤层采空区的探测会存在较大的困难。

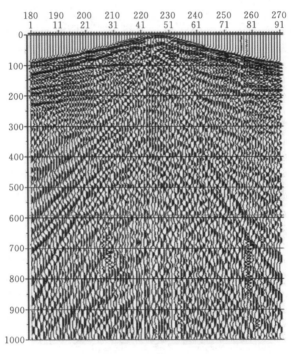

图 3.1－8　地震试验记录

2. 试验

在检测确认仪器的各项指标都符合规程后，进行试验工作。

（1）试验位置。本区地表条件复杂，且各测区有不同的特点，因此在每一个测区均布置试验点进行试验。

（2）干扰波调查。采用坑炮或浅井激发，道距 5m，90 道接收。录制面波、声波等干扰波记录，调查其频率、波长、振幅等。

（3）激发因素试验。通过该项试验，确定最佳激发层位，并掌握其变化规律。深度 8m 时，分别试验了组内距为 5m 的 3 井和 5 井组合。对井深 10m、12m、15m、20m、30m 和药量 1kg、2kg、4kg 等进行了试验。

（4）接收因素试验。选用 100Hz 检波器和 60Hz 检波器进行试验。进行 5 个检波器组内距为 2m，基距为 10m 的组合接收试验。

接收排列，道距 5m，90 道接收，排列长度 595m，偏移距 30m。

（5）仪器因素试验。前放增益 24dB、48dB。录制因素：全频带接收。低切滤波：0～25Hz。

（6）试验分析及结论。通过对以上试验成果的分析，最终确定采用道距 5m，炮距

15m（中点或端点激发），90 道接收的观测系统；在井深 25～30m 以下激发，药量 2kg；100Hz 检波器 5 个串联，组内距 2m；仪器采用 Summit 数字地震仪，记录长度 1.5s，采样间隔 0.5ms，全频段接收。

3. 数据采集方法

综合考虑煤层埋深、地形及地质条件，选用中点激发和单边激发相结合的激发方式。

（1）观测因素。端点放炮，偏移距 20m，道距 5m，炮距 15m，90 道接收，最大炮检距 475m，15 次覆盖观测系统，见图 3.1 - 9。中点放炮，偏移距 20m，道距 5m，炮距 15m（中点激发），接收道数 90 道，见图 3.1 - 10。

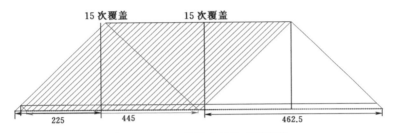

图 3.1 - 9　90 道端点放炮观测系统

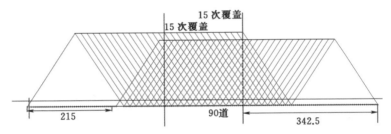

图 3.1 - 10　90 道中点放炮观测系统

（2）仪器因素。仪器采用 Summit 数字地震仪，记录长度 1.5s，采样间隔 0.5ms，全频段接收。激发因素：由试验结果确定。

（3）接收因素。100Hz 检波器 5 个串联，组内距 2m，组基距 8m。

在各渠线段内各布设一个低速带调查排列。低速带调查采用小折射。小折射方法为：采用不等道间距（中间大、两头小）相遇时距曲线观测系统，见图 3.1 - 11。采用高分辨数字地震仪接收，坑深 0.5m，药量 0.075kg 或 0.15kg，采样率 0.5ms，记录长度 1s。

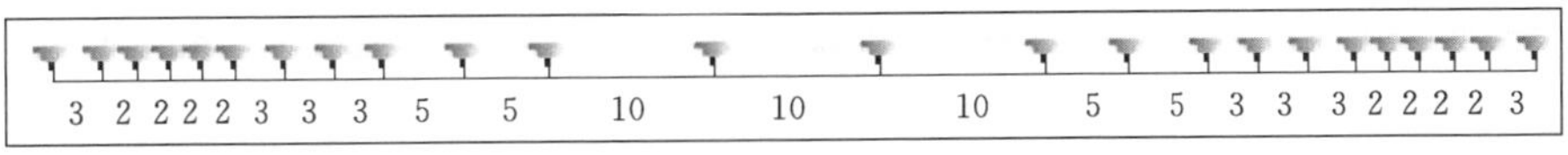

3　2　2　2　2　3　3　3　　5　　5　　10　　10　　10　　5　　5　3　3　3　2　2　2　3

图 3.1 - 11　90m 折射小排列布设示意图

4. 技术措施

（1）评价标准。

1）甲级记录。满足以下要求的为甲级记录：①爆炸信号、井口信号准确；②激发点、检波点位置正确；工作不正常道不超过仪器接收道数的 1/48，并无连续不正常道；③记录有效段，无明显的炮井噪声和工频干扰；面波干扰有效波不超过仪器接收道数的 1/8；初至波前的背景噪声或感应幅度（回放增益为 30dB 时），大于 3mm 的不超过仪器接收道数的 1/12；④勘探深度满足设计要求，目的层反射波齐全，且能识别主要目的层反射波。

2）乙级记录。凡达不到甲级，又不是废品的记录为乙级记录。

3）废品记录。有下列缺陷之一者为废品记录：①爆炸信号不准；②仪器班报记录不清，测线号、带盘号、激发点桩号、文件号等之一有错误而又无法查对。

（2）评价结果。禹州段地震勘探的原始记录共 635 张，其中甲级记录 361 张，甲级率 56.85%；乙级记录 233 张，乙级率 36.69%；废品 28 张，废品率 4.41%；空炮 0 个，空炮率为 0%；折射物理点 2 个，试验物理点 11 个，全部合格。全部合格率达到 95.59%。

5. 资料处理解释

（1）处理流程。根据本次地震勘探所承担的地震地质任务，结合本区的具体地质情况，本次资料处理拟采用图 3.1-12 所示的处理流程。

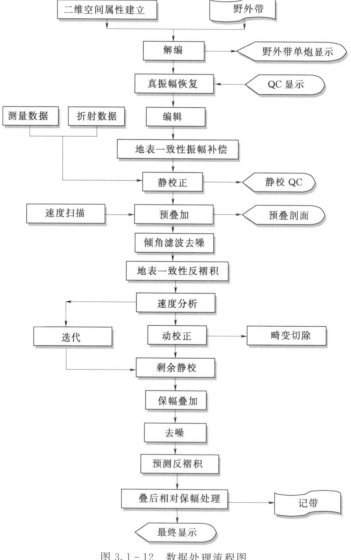

图 3.1-12　数据处理流程图

（2）处理中的关键技术。在叠前处理中，重点做好静校正、反褶积、速度分析和剩余静校正等工作。

1）静校正。因本次激发采用深井激发，所以静校正的具体实现方法为：利用低速带调查成果，结合井深资料，将激发点检波点校正到浮动基准面上。使静校后的单炮记录初至光滑反射波连续性有一定改善，见图 3.1－13。

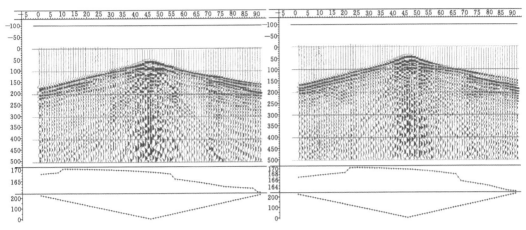

图 3.1－13　静校正前后对比图

2）预处理。由于本次地震勘探的任务是确定采空区范围，所以处理中必须精细分析剔除每一废道。在原始单炮上，若存在面波时，不采取措施则会影响叠加效果，若采用切除方法则会降低叠加次数，为此在这里将采用压制面波、高能干扰技术。

该方法是采用"多道识别，单炮去噪"的理念来自动识别地震记录中存在的强能量干扰，压制效果明显，见图 3.1－14。

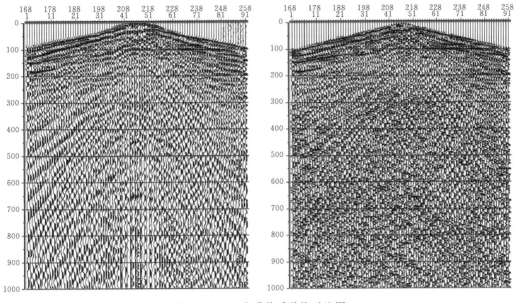

图 3.1－14　去噪前后单炮对比图

3）反褶积。反褶积是提高地震资料分辨率的重要手段，本次采用地表一致性反褶积对地震资料进行精细处理。

4）速度分析和剩余静校正。速度分析、剩余静校正是相互制约、相互影响的。虽然前边已经进行过折射静校正，但是由于本次地质任务的要求，需要尽可能精确地解决构造问题，因此根据经验本次处理采用速度分析与剩余静校正迭代校正技术。

6. 资料处理解释及采空区的判定标准

在资料解释过程中，采用最新解释技术及多种解释方法、多种数据属性对地震资料进行综合分析，确保解释成果的可靠性和准确性。

（1）地震地质层位的标定及波的追踪对比。地震地质层位的确定是资料解释的基础。首先对区内已知地质资料分析，结合地震时间剖面确定地震反射波对应的地质层位。波的对比以波的强相位为主，同时结合有效波的波形特征、能量特征和波组特征等进行全线追踪对比。

（2）标准反射波的选择。把具有明确地质意义、连续性好的反射波作为地震地质解释的标准反射波。本次地震勘探的煤层层数较多，且都具有较强的波阻抗，从时间剖面上看，有多组可连续追踪的反射波。根据已知的地质资料，确定本次的标准反射波包括以下几种：

1）T_6 波。为六$_4$ 煤的反射波，用蓝色标定，该组波以双相位（一个正相位及一个负相位）出现，时间范围在 $50 \sim 270ms$ 之间，在全区范围内呈可连续追踪对比的反射波组。

2）T_5 波。为五$_2$ 煤的反射波，用粉色标定，该组波以双相位出现，位于 T_6 波以下约 $60ms$ 的距离，时间范围约在 $120 \sim 320ms$ 之间，在 D1～D6 线上为可连续追踪对比的反射波组，在 D7～D9 线上五$_2$ 煤缺失。

3）T_2 波。为二$_1$ 煤反射波的复合波，用绿色标定，该组波以双相位出现，位于 T_5 波以下约 $200ms$ 的距离，由于上覆各煤层的覆盖及煤层的开掘，使该组波能量较薄弱，在地震测线上为基本可连续追踪对比的反射波组。

（3）断层解释。断点解释中以波形变面积显示的时间剖面为主，结合彩色剖面显示识别断点。根据同相轴的错断、扭曲、强相位转换、断点绕射波振幅的强弱变化等信息反复确认断点的存在。对符合地质规律性的断点组合形成断层。

（4）采空区的解释。地震波中含有大量的地质信息，地层构造、岩性变化、煤层厚度、分岔合并等均会引起地震波的变化，其变化主要包括密度、速度及其他弹性参量的差异，这些差异导致了地震波在传播时间、振幅、相位、频率等方面的变化。

在这里采用对煤层厚度变化的解释模型来解决采空区的赋存范围，见图 3.1 - 15。以波形变面积显示的时间剖面为主，结合彩色剖面显示识别采空区。重点放在标准反射波同相轴的消失、变弱、强相位转换、在采空区边界处出现的绕射波振幅的强弱变化等多种因素确认采空区的存在及其范围。

采空区在时间剖面上的反映见图 3.1 - 16，可以看出在采空区的地方，波的相位发生了逆转，同相轴消失。

3.1.2.4　瞬变电磁法

1. 测区地层的电性特征

在一般情况下，高阻地层的瞬变电磁二次感应电压信号弱，衰减变化较快，而低阻地

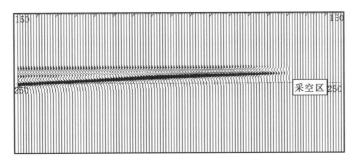

图 3.1-15　煤厚变化模型

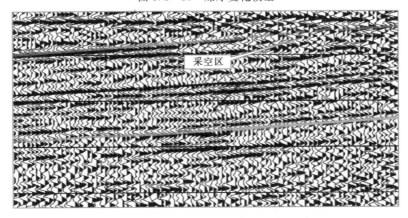

图 3.1-16　采空区在时间剖面上的反映

层的二次感应电压信号较强，衰减相对较慢。如果煤层采空，采空区中充填空气，则电阻率值增高；如果采空区充水，则电阻率值降低。故与正常地层相比，采空区会引起电性异常。因此，瞬变电磁法具备探测煤层采空区的地球物理前提。

需要说明的是，据理论计算和以往电法探测煤层采空区的实践，充水采空区比不充水的采空区电性异常明显，即探测不充水的采空区难度大，其成果的可靠程度也相对较低。

2. 试验

瞬变电磁工作试验的主要参数为频率。选取了 16Hz、8Hz 和 4Hz 的频率进行试验，试验的发射线框为 180m×360m，发射电流 15A。试验结果见图 3.1-17。

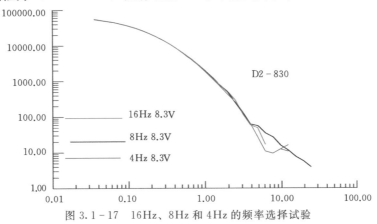

图 3.1-17　16Hz、8Hz 和 4Hz 的频率选择试验

从图 3.1 - 17 可知，频率为 8Hz 的 V_2/I 的衰减曲线较好，能够反映目的层的信息。所以本次工作参数选为发射频率 8Hz、发射线框为 180m×360m、发射电流 15A。

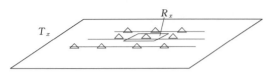

图 3.1 - 18　大回线源装置示意图

3. 数据采集方法

工作中根据实际试验情况采用大回线源测深装置。大回线源装置发射线框 T_x 采用边长较大的矩形回线（240m×300m），接受线框 R_x 采用探头接收，沿垂直于 T_x 长边的测线逐点观测 dB/dt，见图 3.1 - 18。由于该装置采用几百米边长的发送回线，且发送源固定，因此可加大电源功率。这种场源具有发射磁矩大，电磁场均匀及随距离衰减慢等特点。这种装置对铺设回线的要求不十分严格，一旦铺好回线后，可在线框内一定范围内平行测量，因此工作效率高，成本低。该装置适合于要求较高的精细探测。

4. 资料处理解释及采空区判别

GDP - 32 型宽带多通道数字电磁接收机野外观测与记录的参数是 $\Delta V_2/I$，连续观测的测点数据存储于仪器内的存储器中。把观测数据传输到计算机后，即可在计算机上进行资料处理。

数据处理采用美国 Zonge 公司的 CACCNVRT. EXE、SHRED. EXE、TEMAVG. EXE、MODSECT. EXE、STEMINV. EXE 程序进行，利用 CACCNVRT. EXE 将数据转换为 . raw 格式，然后利用 SHRED. EXE、TEMAVG. EXE 将 . raw 数据转换为 . avg 格式，可供 STEMINV. EXE 程序进行反演计算，最后利用 MODSECT. EXE 查看和打印反演结果，同时可存储为 SURFER 格式的数据。这些图件即为资料定性与定量解释的基础资料。

通过分析视电阻率的相对变化，找出地层中的高阻或低阻异常区，可以解释地层中是否可能有煤层采空区存在。根据探测区地质资料，煤层采空区后一般充水，所以以低阻异常确定煤层采空区的范围。

瞬变电磁法视电阻率测深曲线的形态，反映了地层电性变化。图 3.1 - 19 所示 3 条测深曲线分别为 D8～D440、D8～D1140、D8～D1280 点的反演视电阻率测深曲线。D8～D440、D8～D1140 的曲线为 HK 型，曲线首枝的视电阻率变化较大，在 20～60Ω·m 之间，对应新生界的地层，曲线的极小区的视电阻率变化在 20～30Ω·m 之间，对应新生界地层的底部和二叠系地层的顶部，曲线尾枝的上升和下降说明深度已进入煤系地层和穿透煤系地层，且上升角度较大；而 D8～D1280 的曲线为 H 型，曲线首枝的视电阻率较低，为 20Ω·m，对应新生界的地层，曲线的极小区的视电阻率较低，为 10Ω·m，对应新生界地层的底部和二叠系地层的顶部，曲线尾枝的上升角度较小，说明该点的煤层已采空且塌陷充水。由此可以看出，当煤层未被采空时，其地层为层状介质，地层的电性也呈层状分布，当煤层被采空且塌陷充水后时，其地层的层状介质被破坏，地层的层状电性分布也被破坏，局部地段出现一些的低阻地层，故此可将其解释为煤层采空区。

如图 3.1 - 20 为 D8 线瞬变电磁法视电阻率的反演断面图，桩号 380～1100 之间高程大于 0m 以上有一视电阻率值大于 32Ω·m 的楔状高阻值区，其小桩号厚度大，大桩号厚度小，对应新生界的地层，其下有一厚约 160m、视电阻率值在 15～25Ω·m 之间的低阻值区，对

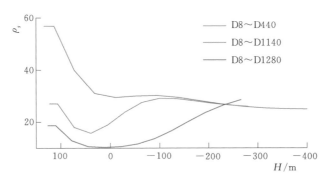

图 3.1-19 D8 线 3 个不同点位的反演视电阻率曲线

应新生界的地层的底部和二叠系地层的顶部，底部为一视电阻率值大于 20Ω·m 的层状高阻值区，分析其对应本区的煤系及其下覆地层，只在桩号 1220～1320 之间高程在 0～160m 之间有一视电阻率值小于 10Ω·m 的低阻值区，分析为煤层采空区塌陷充水所致。在该线的视电阻率反演断面图中总体为小号端的视电阻率相对较高，大号端的视电阻率相对较低，倾向与地层倾向一致，分析为大号端的煤层采空后塌陷充水，承压水沿塌陷裂隙上溢所致。

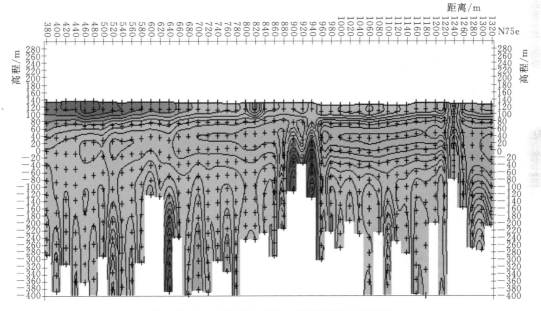

图 3.1-20 采空区在 D8 电法断面图上的反映

3.1.3 地质钻探

工程区采空区埋深较深，采空区钻孔深度一般较大，对勘察技术要求较高。优点是直观性强，缺点是勘察周期较长，成孔难度较大，成本高，且一孔之见的代表性稍差。

3.1.3.1 钻探目的和任务

钻孔位置应根据工程地质测绘资料、物探异常、形变观测资料等综合确定。其主要目的和任务包括以下几点：

（1）通过取芯钻探查明地层结构及软硬岩的组合比例，选择性地复核煤矿采空区的分布、采深、采厚、开采方式资料。

（2）查明采空区垮落带、断裂带和弯曲带的埋深、高度和发育状况；确定覆岩破坏的"三带"界限，通过钻探过程中的异常现象、岩芯鉴别、循环液漏失量及压水试验核实采空区剩余空腔发育程度和连通性。

（3）查明地下水的埋深及对混凝土的腐蚀性，判断采空区是否充水。

（4）采集岩土样品，测试物理力学性质，特别是采空区顶板及覆岩的岩性及物理力学性质，进行采空区发展演化分析。

（5）进行必要的原位测试及压水、注浆试验。

（6）验证物探异常，并可利用钻孔进行孔内物探工作。

（7）结合采空区岩土体的原型监测，研究采空区上覆岩体不同深度范围内的工程地质特征、变形破坏模式，比较和验证不同工程地质分区稳定性的可靠程度。

3.1.3.2　钻探施工及地质描述要求

1. 对冲洗液的要求

（1）为了统计地层耗水量、冲洗液消耗量，为治理时的注浆量确定提供直接的参考依据，一般采用清水钻进。

（2）为保证取土质量，黄土地层可采用无冲洗液的空气钻进。

2. 对钻探现场的技术要求

（1）地下水位、标志地层界面及采空区深度测量误差在±0.05m 以内。

（2）取芯钻进回次进尺限制在 2.0m 以内。

（3）除原位测试及有特殊要求的钻孔外，一般钻孔应全孔取芯，并统计岩芯采取率和岩石裂隙率，一般岩土的取芯率不低于 80%，软质岩石不低于 65%。

（4）注意观测地下水位并进行简易水文地质观测。

（5）每孔测斜不少于 2 次，钻孔孔斜小于 2°。

（6）钻孔深度原则上为钻至采空区垮落带或煤层底板下 1.5m 处，遇特殊地质情况或底板标志层不明宜适当加深。

3. 对钻孔编录的要求

（1）现场记录要及时、准确，按回次进行，不得事后追记。

（2）描述内容要规范完整、清晰。

（3）重要钻孔要认真填写记录表，填报要及时准确，并有记录员及机长签字。对岩芯纪录或拍照后，按要求保存。

（4）绘制钻孔柱状图。

3.1.3.3　采空区"三带"识别标志

（1）垮落带判据如下：①孔口水位突然消失；突然掉钻；②埋钻、卡钻、钻进时有响声；③进尺特别快；④孔口吸风；⑤岩芯破碎混杂，有岩粉、煤灰；⑥可见淤泥、粉末状煤渣。

（2）断裂带判据如下：①突然严重漏水或漏水量显著增加；②钻孔水位明显下降；

③岩芯有纵向裂纹或陡倾角裂缝；④钻孔有轻微吸风现象；⑤钻孔有瓦斯气；⑥岩芯采取率小于75%。

（3）弯曲带判据如下：①全孔返水；②无耗水量或耗水量小；③采取率大于75%；④进尺平稳；⑤开采矿层岩性完整，无漏水现象。

3.1.3.4 钻探成果

以禹州市梁北镇郭村煤矿采空区为例，采空区通过相应的设计桩号为 SH76＋852.709～SH77＋906.75，位于虎头山断层（F_1）北侧。该采空区为20世纪90年代初期形成的采空区，六4煤层主采厚度为0.75～1.13m，六4、六2两煤层相距约7m，下部六2煤层局部可采，在空间上分布多为一层采空区，局部分两层开采，煤层底板高程为−150～0m，地面高程为126～140m，煤层埋深126～290m。

通过钻探主要取得以下成果：

（1）查清了采空区的埋藏深度、平面范围及边界。施工阶段的验证与复核结果与前期初步设计勘察资料基本相符。

（2）钻孔探查老采空区垮落带内岩芯破碎，岩芯采取率很低，断裂带岩芯较破碎，多见有纵向裂隙及裂纹现象，钻进过程中有漏水现象；垮落带内有注浆形成的结石体，少数钻孔发现有掉钻及严重漏浆现象，说明采空区及巷道和垮落带内留有一定程度的空腔（空洞）。

（3）采空区垮落带厚度一般3.5～6m，断裂（裂隙）带与垮落带总厚度30～46m，平均总厚为40m。

（4）钻探揭露的煤层采空区普遍在120m以下，开采深厚比 H/M 平均值大于100，开采深厚比 H/M 越大，其稳定性相对越好。

3.1.4 数值模拟与计算

1. 研究内容、计算工况和材料模型

首先结合禹州矿区地质勘察成果，建立数值计算数学模型和设计计算工况，开展数值计算的参数研究，对不同断面上开挖修建渠道的边坡稳定性、渠道通水运行、渠道的防渗失效等不同工况进行数值模拟，分析本区在煤层开采后的地表移动规律、地表沉陷、上覆岩层应力分布等特性，以及在渠道形成和运行期间采空区发生水文环境地质条件改变条件下对渠道的影响等进行评价，并提出工程施工及运行期间的工作建议与措施。

根据地质条件和已有监测成果，在绕山线沿线选取了10个典型剖面：H1、H2、H3、H4、H5、H6、H7、H8、H9、H10，其平面布置见图3.1−21。其中H1、H2、H3剖面跨越原新峰煤矿采空区，H4、H5、H6剖面跨越郭村煤矿采空区和梁北镇工贸煤矿采空区，H7、H8、H9、H10剖面跨越梁北镇工贸煤矿采空区和梁北镇福利煤矿采空区。

研究剖面内的断层、采空区、岩土体的力学状态都看成二维平面问题来进行分析，属于弹塑性平面应变问题，即垂直于计算剖面方向的形变都为零。具体计算工况如下：①采

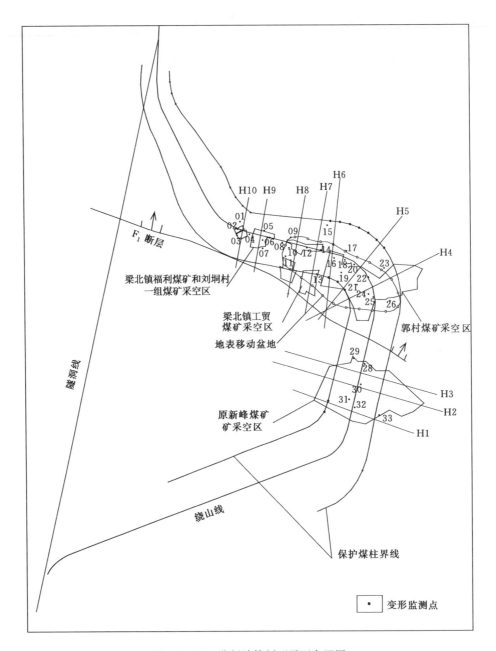

图 3.1-21　分析计算剖面平面布置图

空区现状，即过去煤层已开采区域；②渠道形成；③蓄水运行；④防渗失效，即第四系土层达到饱和状态。

计算模型的主要假设条件如下：

（1）模型服从平面应变条件。

（2）矿岩为均质各向同性的弹塑性连续介质。

（3）塑性区的岩体满足莫尔-库仑强度准则。

（4）模型边界服从静态边界条件，可以吸收应力波。

研究区域的岩、土材料均属弹塑性材料，计算采用莫尔-库仑（Mohr-Coulomb）屈服准则

$$f_s = \sigma_1 - \sigma_3 \frac{1+\sin\varphi}{1-\sin\varphi} - 2c\sqrt{\frac{1+\sin\varphi}{1-\sin\varphi}} \tag{3.1-4}$$

式中　σ_1、σ_3——最大和最小主应力；

　　　c、φ——黏结力和摩擦角。

当 $f_s > 0$ 时，材料将发生剪切破坏。在通常应力状态下，岩体的抗拉强度很低，因此可根据抗拉强度准则（$\sigma_3 \geqslant \sigma_T$）判断岩体是否产生拉破坏。

2. 参数取值

综合岩石物理力学试验、岩性组合特征、完整性情况、软硬程度等特点，弯曲带工程岩体分级相当于Ⅳ类，断裂带工程岩体分级相当于Ⅴ类。结合实践经验和工程地质类比，对试验得出的参数建议值进行调整和简化，数值模拟计算采用的岩体力学参数见表3.1-4。

表 3.1-4　　　　　　　　　　　数值计算岩体物理力学参数

岩层岩性	重度/(kg/m³)	弹模/Pa	泊松比	内聚力/Pa	摩擦角/(°)	R_t/Pa
煤层	2550.0	1.5×10^9	0.25	0.5×10^6	33	0.1×10^6
P_2x 砂岩与泥岩互层	2550.0	15×10^9	0.22	2.25×10^6	35	0.35×10^6
P_2x 上部泥岩，下部砂岩	2550.0	15×10^9	0.22	2.25×10^6	35	0.35×10^6
P_1s 砂岩为主，局部泥岩	2550.0	15×10^9	0.22	2.25×10^6	35	0.35×10^6
P_1t 上部和下部为灰岩，中部为砂、泥岩	2590.0	15×10^9	0.20	4×10^6	48	2×10^6
Q_3 黄土状中、重粉质壤土	1540.0	1×10^9	0.27	0.5×10^6	18	0.1×10^6
Q_2 重粉质壤土	1590.0	1.5×10^9	0.25	0.52×10^6	21	0.1×10^6
垮落带	1900.0	0.01×10^9	0.35	0.1×10^6	25	0
断裂带	2200.0	2×10^9	0.32	0.15×10^6	28.8	0
弯曲带	2400.0	3×10^9	0.3	0.35×10^6	33	0.1×10^6

3. 模型构建

根据地质勘察横剖面图，在 AutoCAD 中建立草图，然后导入 Ansys 进行网格划分，最后导入到 FLAC³ᴰ 中进行计算。对于 UDEC 软件，在 AutoCAD 中拾取关键点的坐标，然后用 UDEC 的前处理直接进行建模。所建模型与 FLAC³ᴰ 模型一致。各剖面的地质图见图 3.1-22。

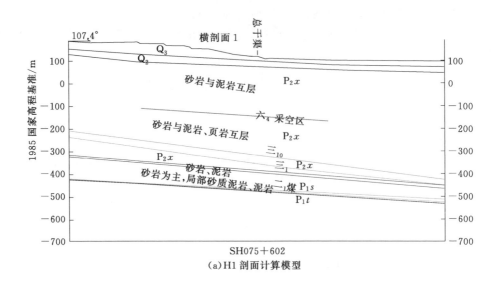

(a) H1 剖面计算模型

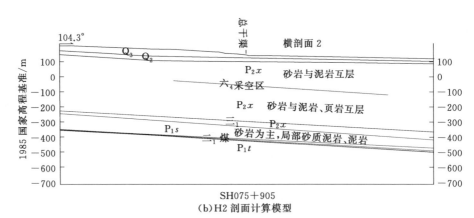

(b) H2 剖面计算模型

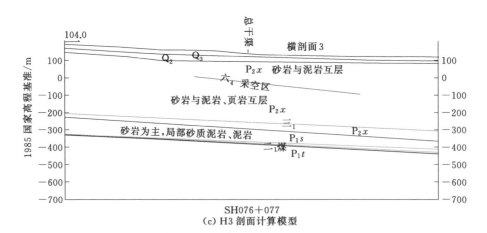

(c) H3 剖面计算模型

图 3.1-22（一）　剖面的计算模型

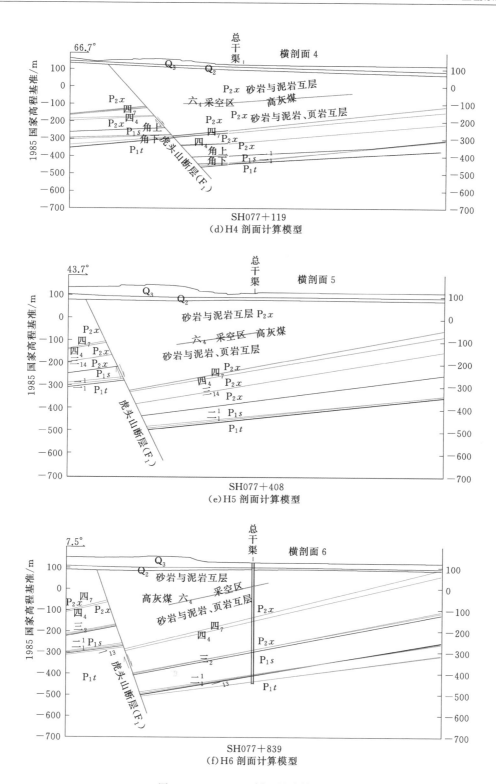

SH077+119

(d) H4 剖面计算模型

SH077+408

(e) H5 剖面计算模型

SH077+839

(f) H6 剖面计算模型

图 3.1-22（二） 剖面的计算模型

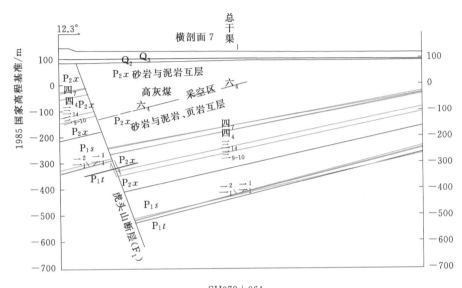

SH078＋064

（g）H7 剖面计算模型

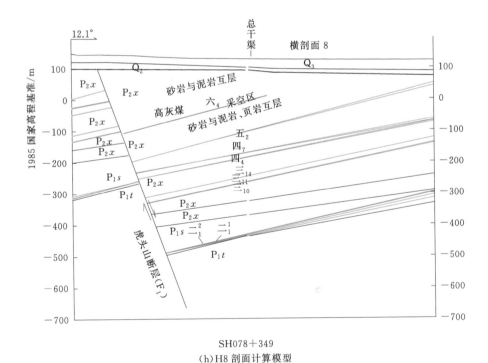

SH078＋349

（h）H8 剖面计算模型

图 3.1－22（三）　剖面的计算模型

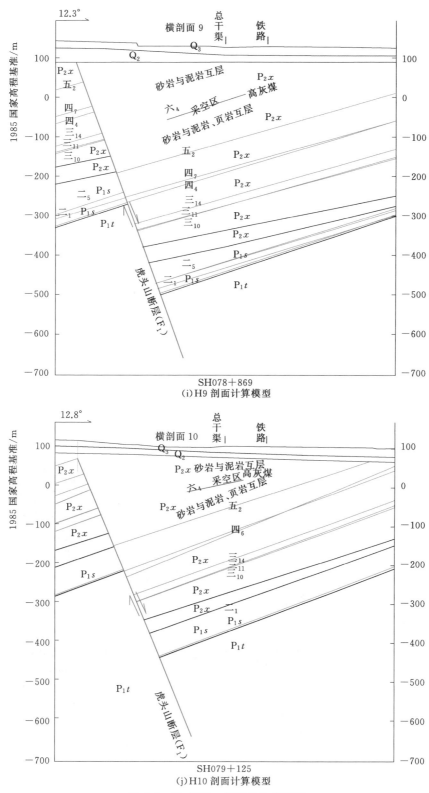

SH078＋869

(i) H9 剖面计算模型

SH079＋125

(j) H10 剖面计算模型

图 3.1-22（四） 剖面的计算模型

4. 计算结果

分别采用了 Itasca 公司系列软件 FLAC^{3D} 和 UDEC 进行了二维数值计算，二者计算结果所反映的规律基本一致，主要结论和建议如下。

（1）采空区现状工况。矿区的地表沉陷、地裂缝、地表塌落是因地下采煤引起，由于部分煤层开采引起上覆岩层塌落、弯曲变形，且煤层上覆岩层属于软岩地层，随着煤层的进一步采掘逐渐在地表形成沉陷盆地。各剖面塑性区分布规律基本一致，主要分布在垮落带和部分断裂带内和左侧移动线与第四纪表层土接触处。矿区应力场服从以自重为主要荷载的基本规律，代表性剖面 H1、H4、H9 最大主应力主要表现为压应力，最大压应力值分别为 5.25MPa、5.53MPa、5.39MPa，各剖面仍在左侧移动线与第四系表层土接触处存在一定范围的拉张区，拉应力最大值分别为 0.05MPa、0.13MPa、0.15MPa；代表性剖面 H1、H4、H9 最小主应力仅表现为压应力，各压应力最大值分别为 2.07MPa、2.07MPa、2.14MPa；由于挤出效应，各剖面最大剪应力出现在采空区两侧边界附近和 F_1 断层中部两侧，最大正剪应力值分别为 0.39MPa、0.26MPa、0.78MPa。部分地方由于地质构造和煤层开采引起的局部应力集中，使得在 F_1 虎头山断层和采空区两侧附近处存在着应力集中现象，造成采空区顶板拉裂与塌落、断裂带离层与拉裂、沉陷盆地边缘的地裂缝等现象。H1～H6 剖面区域两侧煤柱保护线均在计算沉陷区内，而 H7～H10 剖面区域两侧煤柱保护线均在计算沉陷区之外。

（2）渠道形成和渠道运行工况。各剖面的塑性区仍主要分布在垮落带和部分断裂带内和左侧移动线与第四纪表层土接触处，见图 3.1-23。与采空区现状工况相比，该工况的应力分布范围和应力值亦无明显变化；采空区引起的地表沉陷规律和范围与开挖前是相同的。渠

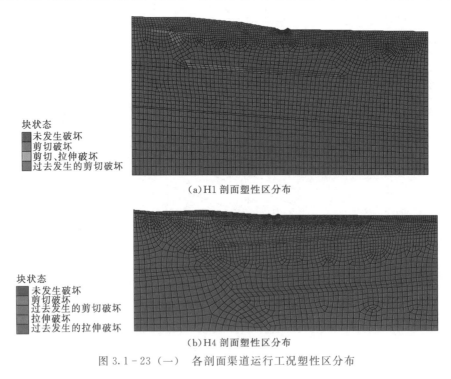

（a）H1 剖面塑性区分布

（b）H4 剖面塑性区分布

图 3.1-23（一）　各剖面渠道运行工况塑性区分布

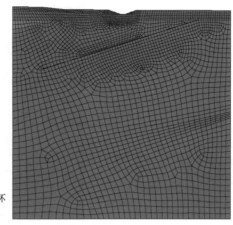

块状态
■ 未发生破坏
■ 过去发生的剪切破坏
□ 过去发生的剪切、拉伸破坏
■ 过去发生的拉伸破坏

（c）H9 剖面塑性区分布

图 3.1-23（二）　各剖面渠道运行工况塑性区分布

道形成条件下，除 H9 剖面有约 3.5mm 的回弹值之外，其他各剖面的最大垂直位移值均未发生明显变化；渠道输水运行条件下，水荷载引起的沉降位移值很小，约为 0.1mm。因此，在这两个工况下，其整体稳定性不会受到影响，移动盆地的范围亦没有扩大。

（3）渠道防渗失效工况，各剖面失效影响范围内的表层土出现较新的大范围的塑性区，见图 3.1-24。与前面工况相比，该工况的应力分布范围和应力值亦无明显变化。采空区引起的地表沉陷规律和范围与前一工况是相似的。由于表层土变为饱和状态，使得防

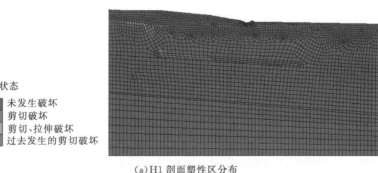

块状态
■ 未发生破坏
■ 剪切破坏
□ 剪切、拉伸破坏
■ 过去发生的剪切破坏

（a）H1 剖面塑性区分布

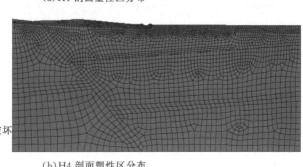

块状态
■ 未发生破坏
■ 剪切破坏
■ 过去发生的剪切破坏
□ 过去发生的剪切、拉伸破坏
■ 拉伸破坏
■ 过去发生的拉伸破坏

（b）H4 剖面塑性区分布

图 3.1-24（一）　各剖面防渗失效工况塑性区分布

块状态

■ 未发生破坏
■ 剪切破坏
■ 过去发生的剪切破坏
■ 过去发生的剪切、拉伸破坏
■ 过去发生的拉伸破坏

(c)H9 剖面塑性区分布

图 3.1-24 (二)　各剖面防渗失效工况塑性区分布

渗失效区域相对于上一工况垂直位移有一定的增加，代表性剖面 H1、H4、H9 垂直位移增量值分别为 3.08cm、2.91cm、2.68cm。

（4）H4、H5、H6 剖面布置在郭村煤矿，计算沉陷盆地大于现在沉陷移动盆地，加之闭矿时间较短，地层尚未达到充分采动条件，因此目前的沉陷盆地还可能进一步扩大。

数值模拟计算表明，渠道建成、运行及考虑防渗工程失效等工况均不会使采空区复活，各种工况下采空区地表变形量不大，不会产生采空区的整体稳定问题。

3.1.5　变形监测

在禹州段总干渠工程建设的前期勘察阶段，做了大量的工程地质调查与测绘、综合性的物探探测、地质钻探，大致圈定了下伏采空区的范围。为了进一步确定采空区的范围和移动变形特征，定量评价采空区场地的稳定性，划分出变形量较大的不稳定区，布设了高精度的水准观测网、水平位移观测网，测定当前的地表变形速率及变形量。

1. 地表变形观测方案

（1）观测范围。观测范围为选定线路方案即绕山明渠方案所涉及的 5 个采空区，具体范围为原新峰煤矿采空区，设计桩号 SH75+828.3～SH76+575.3；郭村煤矿采空区，设计桩号 SH77+041.3～SH78+096.3；梁北镇工贸煤矿采空区，设计桩号 SH78+253.3～SH79+160.3；梁北镇福利煤矿与刘垌村一组煤矿采空区，设计桩号 SH79+160.3～SH79+566.3。

（2）观测线、监测点的布置。变形监测网分为基准网和变形监测网两级布设，基准点选在变形影响区域之外稳定可靠的位置，变形监测点选择在渠道工程通过部位移动盆地的边缘、中心及巷道上方。

观测线结合总干渠渠道工程布置和矿层走向、开采方法及上覆地层产状，宜平行和垂直煤层走向呈直线布置，其长度应超过地表移动变形的范围。其中，垂直煤层走向的观测线，宜设置在移动盆地的倾斜主断面上。

监测内容为垂直位移监测和水平位移监测，基准点和监测点标石均采用三等混凝土水准标识，见图 3.1－25。

图 3.1－25　三等混凝土普通水准标识图

由于总干渠中心线在虎头山断层以南垂直于煤层走向，向北过虎头山断层以后基本沿地层走向布置，因此根据禹州矿区段的煤层开采深度，结合总干渠工程特点，同时参考同类工程经验，观测点布置沿渠道中心线方向每 100～200m 布设一个，垂直中心线的横向 50～150m 布设一个。即布网形式为"丰"字形。

（3）监测基准网的精度要求与观测周期。结合本工程特点，参考同类工程经验，确定水平位移监测网等级为三等，点位中误差为±6.0mm；垂直位移监测网等级为二等几何水准，高差中误差为±1.0mm。

根据禹州矿区段采空区的特点和同类工程的观测经验，基准网复测半年一次，观测点每月观测一次。观测过程中，根据变形量的变化情况、变形精度以及是否遇到特殊因素，可适当增加或减少观测次数。

（4）变形监测布设实施情况。基准网埋设三座标石，点号为 YJ1、YJ2、YJ3。先布设附合水准线路，起闭南水北调高等级水准点，将高程引至基准网的 YJ2，然后以 YJ2 为基准，联测其他两座基准点，进行往返观测，组成闭合水准路线，建立垂直位移基准网。监测基准网建立后，第一次复测 1 个月内完成，以后每年复测 2 次。

变形监测网以测区较近的基准点为起始点，往返观测组成闭合水准网，联测变形监测点。每次观测使用同一仪器，沿同一路线，按原观测顺序连测相应观测点。观测限差符合规范和技术设计要求。

水平位移监测采用 GPS 方法进行，采用 Leica GX1230 型双频静态 GPS 接收机进行观测。GPS 接收机为双频（L1、L2）各 12 通道 GPS，标称静态水平精度为 5mm＋1ppm[1]，经 Leica Geo Office 软件解算后水平精度可达 3mm＋0.5ppm。观测作业时，根据观测点的间距和交通情况，编制观测计划。在每个沉陷段采用边连接形式传递、构网，两端连接高等级 GPS 标石，使用随机的 Leica Geo Office 6.0 软件解算，GPS 观测中及解算后的精

---

[1]　1ppm＝0.001‰。

度符合技术规定。

垂直位移使用美国天宝 Dini 12 电子水准仪配因瓦条码标尺进行观测。美国天宝 Dini 12 电子水准仪观测精度 0.3mm，最小显示 0.01mm，测距范围 1.5～100m，15′内自动补偿，安平精度 0.2″。使用电子（数字）水准仪的 PC 卡直接记录，外业计算包含高差表和概略高程表，高差加入尺长改正、正常水准面不平行改正和闭合差改正。每完成一条水准线路，应进行精度评估。

2. 监测成果分析与评价

垂直位移监测。禹州矿区段首次监测始于 2009 年 2 月，截至 2010 年 4 月，监测点 14 个月累计位移量多数在±2.8mm 以内，历时曲线呈窄幅振荡型。

福利煤矿采空区有 4 个监测点，见图 3.1-26。YB2、YB3、YB4 监测点 14 个月累计下沉量均小于 2.8mm，数据在限差范围内，未发现变形，但 YB1 超出±2.8mm 的要求，累计下沉量 5.1mm，存在下沉的趋势。

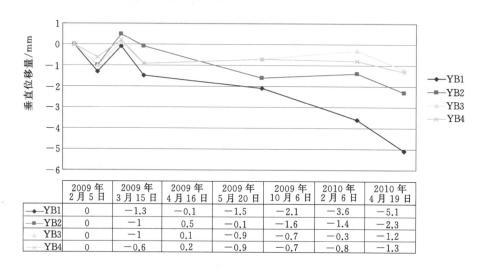

	2009 年 2 月 5 日	2009 年 3 月 15 日	2009 年 4 月 16 日	2009 年 5 月 20 日	2009 年 10 月 6 日	2010 年 2 月 6 日	2010 年 4 月 19 日
YB1	0	−1.3	−0.1	−1.5	−2.1	−3.6	−5.1
YB2	0	−1	0.5	−0.1	−1.6	−1.4	−2.3
YB3	0	−1	0.1	−0.9	−0.7	−0.3	−1.2
YB4	0	−0.6	0.2	−0.9	−0.7	−0.8	−1.3

图 3.1-26　福利煤矿垂直位移量曲线

梁北镇工贸煤矿采空区有 11 个监测点，见图 3.1-27，后期 YB10 点遭到破坏。YB7、YB8、YB11 等 6 个监测点 14 个月累计下沉量均小于 2.8mm，数据在限差范围内，未发现变形，但 YB5、YB6、YB14、YB15 监测点超出±2.8mm 的要求，累计下沉量 2.9mm、4.3mm、3.2mm、3.1mm，存在下沉的趋势。

郭村煤矿采空区有 11 个监测点，见图 3.1-28，后期有 3 个点遭到破坏，其余 YB18、YB19、YB20 等 8 个监测点 14 个月累计下沉量均小于 2.8mm，数据在限差范围内，未发现变形。

原新峰煤矿采空区有 7 个监测点（图 3.1-29），后期有 2 个点遭到破坏，其余 YB27、YB29、YB30 等 5 个监测点 14 个月累计下沉量均小于 2.8mm，数据在限差范围内，未发现变形。

综上所述，梁北镇福利煤矿采空区、梁北镇工贸煤矿采空区少数监测点的沉降量超出限差 2.8mm，存在下沉现象，但下沉量不大。水平位移在第三个周期出现位移现象。郭

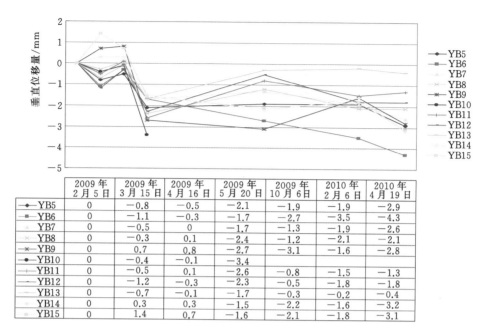

	2009 年 2 月 5 日	2009 年 3 月 15 日	2009 年 4 月 16 日	2009 年 5 月 20 日	2009 年 10 月 6 日	2010 年 2 月 6 日	2010 年 4 月 19 日
YB5	0	−0.8	−0.5	−2.1	−1.9	−1.9	−2.9
YB6	0	−1.1	−0.3	−1.7	−2.7	−3.5	−4.3
YB7	0	−0.5	0	−1.7	−1.3	−1.9	−2.6
YB8	0	−0.3	0.1	−2.4	−1.2	−2.1	−2.1
YB9	0	0.7	0.8	−2.7	−3.1	−1.6	−2.8
YB10	0	−0.4	−0.1	−3.4			
YB11	0	−0.5	0.1	−2.6	−0.8	−1.5	−1.3
YB12	0	−1.2	−0.3	−2.3	−0.5	−1.8	−1.8
YB13	0	−0.7	−0.1	−1.7	−0.3	−0.2	−0.4
YB14	0	0.3	0.3	−1.5	−2.2	−1.6	−3.2
YB15	0	1.4	0.7	−1.6	−2.1	−1.8	−3.1

图 3.1-27　梁北镇工贸煤矿垂直位移量曲线

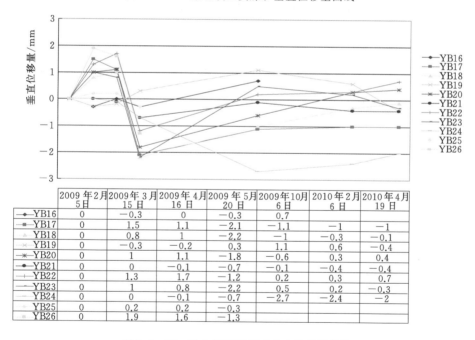

	2009 年 2 月 5 日	2009 年 3 月 15 日	2009 年 4 月 16 日	2009 年 5 月 20 日	2009 年 10 月 6 日	2010 年 2 月 6 日	2010 年 4 月 19 日
YB16	0	−0.3	0	−0.3	0.7		
YB17	0	1.5	1.1	−2.1	−1.1	−1	−1
YB18	0	0.8	1	−2.2	−1	−0.3	−0.1
YB19	0	−0.3	−0.2	0.3	1.1	0.6	−0.4
YB20	0	1	1.1	−1.8	−0.6	0.3	0.4
YB21	0	0	−0.1	−0.7	−0.1	−0.4	−0.4
YB22	0	1.3	1.7	−1.2	0.2	0.3	0.7
YB23	0	1	0.8	−2.2	0.5	0.2	−0.3
YB24	0	0	−0.1	−0.7	−2.7	−2.4	−2
YB25	0	0.2	0.2	−0.3			
YB26	0	1.9	1.6	−1.3			

图 3.1-28　梁北镇郭村煤矿垂直位移量曲线

村煤矿采空区、原新峰煤矿采空区的监测数据均在容许误差范围内,未发现有变形现象。初步监测结果结合禹州采空区的地质条件判断:梁北镇福利煤矿采空区、梁北镇工贸煤矿采空区关停时间 5～10 年,沉陷区尚未稳定,地表局部存在变形迹象;郭村煤矿采空区关停时间较长,为 10 余年的采空区,沉陷区基本稳定;原新峰煤矿采空区关停时间最长,

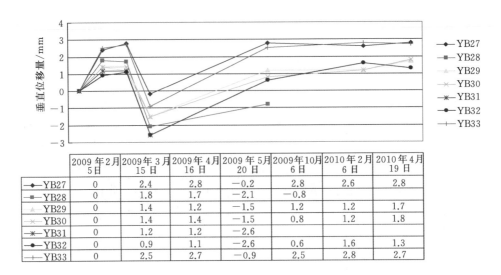

	2009 年 2 月 5 日	2009 年 3 月 15 日	2009 年 4 月 16 日	2009 年 5 月 20 日	2009 年 10 月 6 日	2010 年 2 月 6 日	2010 年 4 月 19 日
YB27	0	2.4	2.8	−0.2	2.8	2.6	2.8
YB28	0	1.8	1.7	−2.1	−0.8		
YB29	0	1.4	1.2	−1.5	1.2	1.2	1.7
YB30	0	1.4	1.4	−1.5	0.8	1.2	1.8
YB31	0	1.2	1.2	−2.6			
YB32	0	0.9	1.1	−2.6	0.6	1.6	1.3
YB33	0	2.5	2.7	−0.9	2.5	2.8	2.7

图 3.1-29　原新峰煤矿垂直位移量曲线

为 40 余年的老采空区，沉陷区稳定。

3.2　采空区上覆岩层"三带"鉴别

3.2.1　采空区上覆岩层"三带"

根据前期初步设计勘察成果和施工期钻孔验证复核，禹州煤矿回采率 64.7% ～ 78.3%，局部达 80%。禹州煤矿采空区覆岩为软质岩夹硬质岩层，软硬岩比例为 1：3 ～ 1：5，岩层走向近东西，倾向南，倾角 12°～19°。采空区上方岩体的变形，总的过程是自下而上逐渐发展的漏斗状沉降，"三带"型是其开采水平缓倾煤层最普遍的覆岩破坏形式，见图 3.2-1 和图 3.2-2。

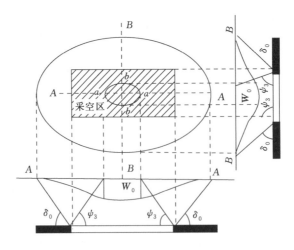

图 3.2-1　地表移动盆地

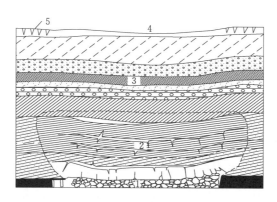

图 3.2-2 覆岩"三带"型破坏概念图

1—垮落带；2—断裂带；3—弯曲带；4—地表移动盆地；5—地表裂缝

"三带"型破坏的基本特征：覆岩变形后不能形成具有支撑能力的悬顶，且不断垮落，并在采空区边界形成悬臂梁或砌体梁，而在采空区内形成对覆岩起支撑作用的矸石支座。因此，在覆岩内产生垮落带、断裂带和弯曲带。

（1）垮落带。即采空顶板岩层因围岩挤压产生拉裂而碎裂塌落的区域。垮落岩石破碎后，总体积增大并逐渐填充采空区空间。因回采率大小、顶板管理方式、可采煤层厚度及顶板岩性的不同，局部跨落不充分，存在不同大小的空腔，钻探反映较大幅度的掉钻并伴有浆液迅速漏失。

（2）断裂带。位于垮落带之上，由于下部脱空并受到洞室两侧围岩压力作用，岩层发生垂直于层面的裂缝（拉张裂隙）或断开和岩层顺层面离开（俗称离层）。由于可采煤层残留煤柱的存在，并且可采煤层厚度不大，采空推进的速度较慢，断裂带岩体的断裂程度不尽相同，包括严重断裂、一般开裂和微小开裂，因其结构破坏，次生的裂缝或裂隙使导水性明显，钻探反映循环液漏失明显。

（3）弯曲带。位于断裂带之上直达地表，带内岩层还保持其整体性和层状结构，呈平缓状弯曲。在地表最终形成盆状沉陷洼地，其边缘由张性裂隙所组成。弯曲带只发生位移，而不破坏其完整性，因此隔水岩层也不破坏其隔水性。禹州矿区采空区闭矿时间较长，地表移动盆地（沉陷洼地）早已经形成，沉陷洼地边缘出现的地表土层裂缝现在早已被充填闭合，场地内浅层地下水埋深及地下水等水位线水力梯度正常，也充分说明弯曲带内岩土层的整体性没有破坏，原有的导水性、隔水性能没有改变。根据钻探显示，弯曲带总厚度一般达 90m 以上。

3.2.2 鉴别方法研究

1. 地质结构统计模型与"三带"赋存范围

根据前期勘察资料及施工期的验证钻孔揭示的采空区信息，利用专用软件建立地质结构统计模型，见图 3.2-3～图 3.2-5。

根据禹州段梁道工程施工期原新峰煤矿采空区 40 个钻孔、梁北镇郭村煤矿采空区 73 个钻孔和梁北镇工贸煤矿 64 个钻孔的资料进行分析研究，进一步验证了采空区埋深及"三

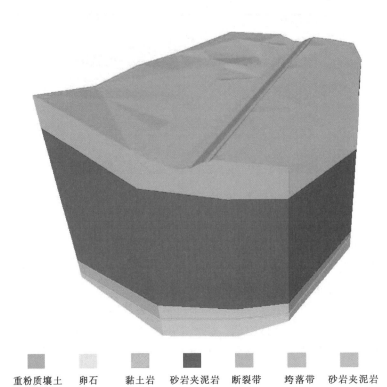

重粉质壤土　卵石　黏土岩　砂岩夹泥岩　断裂带　垮落带　砂岩夹泥岩

图 3.2 - 3　原新峰煤矿采空区处理"三带"范围及地质结构模型

重粉质壤土　卵石　黏土岩　砂岩夹泥岩　断裂带　垮落带　砂岩夹泥岩

图 3.2 - 4　梁北镇郭村煤矿采空区处理"三带"范围及地质结构模型

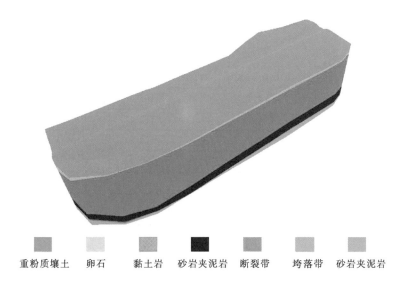

重粉质壤土　卵石　黏土岩　砂岩夹泥岩　断裂带　垮落带　砂岩夹泥岩

图 3.2-5　梁北镇工贸煤矿采空区处理"三带"范围及地质结构模型

带"特征情况，与前期勘察成果对比见表 3.2-1～表 3.2-4。其中福利煤矿采空区，范围小，钻孔资料少，可参考邻近梁北镇工贸煤矿采空区。

2. 鉴别方法

（1）钻探取芯鉴别。首先进行详细的钻探描述、地质编录，编制出地层柱状图。再根据钻孔岩芯特征、地层结构、构造、取芯率、钻进过程中的水位变化、漏浆、卡钻、掉钻、吸风现象等资料，分析确定采空垮落带、断裂带和弯曲带的特征，详见表 3.2-5。

表 3.2-1　　　　　　　　采空区赋存特征施工期验证与前期勘察对比

名称	采空区底板高程和埋深	初步设计勘察成果	施工期验证结果	对比结果	备注
原新峰煤矿采空区	采空区底板高程/m	−150～31	−145～25	相符合	
	采空区埋深/m	107～290	99～296	相符合	
梁北镇郭村煤矿采空区	采空区底板高程/m	−150～0	−160～−4	基本相符	
	采空区埋深/m	126～290	127～301	基本相符	
梁北镇工贸煤矿采空区	采空区底板高程/m	−100～20	−74～13	相符	施工期处理范围位于上山方向
	采空区埋深/m	106～242	116～207	基本相符	

表 3.2 - 2　　　　　　原新峰煤矿采空区处理三带范围及地质结构特征表

地层编号	时代成因	岩土名称	项次	层厚/m	层顶高程/m	层底高程/m	层顶深度/m	层底深度/m
1-0-0	Q₃	黄土状重粉质壤土（粉质黏土）	统计个数	40	40	40	40	40
			最大值	61.30	167.99	122.19	0.00	61.30
			最小值	29.70	115.47	70.01	0.00	29.70
			平均值	46.16	132.22	86.05	0.00	46.16
			推荐值	46.16	132.22	86.05	0.00	46.16
			变异系数	0.152	0.083	0.122	0.00	0.152
2-0-0	Q₂	卵石	统计个数	1	1	1	1	1
			最大值	10.00	87.22	77.22	36.60	46.60
			最小值	10.00	87.22	77.22	36.60	46.60
			平均值	10.00	87.22	77.22	36.60	46.60
			推荐值	10.00	87.22	77.22	36.60	46.60
			变异系数					
3-0-0	N₁	黏土岩	统计个数	1	1	1	1	1
			最大值	19.10	89.15	70.05	47.80	66.90
			最小值	19.10	89.15	70.05	47.80	66.90
			平均值	19.10	89.15	70.05	47.80	66.90
			推荐值	19.10	89.15	70.05	47.80	66.90
			变异系数					
4-0-0	P₂x	砂岩夹泥岩	统计个数	40	40	40	40	40
			最大值	224.20	122.19	60.92	66.90	250.00
			最小值	27.13	70.01	-103.85	29.70	69.25
			平均值	112.41	85.33	-27.08	46.89	159.30
			推荐值	112.41	85.33	-27.08	46.89	159.30
			变异系数	0.444	0.127	-1.756	0.161	0.321
5-0-0	P₂x	断裂带岩体	统计个数	40	40	40	40	40
			最大值	48.00	60.92	24.74	250.00	273.80
			最小值	11.00	-103.85	-125.81	69.25	98.20
			平均值	28.45	-27.08	-55.53	159.30	187.75
			推荐值	28.45	-27.08	-55.53	159.30	187.75
			变异系数	0.527	-1.756	-0.776	0.321	0.257
6-0-0	P₂x	垮落带岩体	统计个数	40	40	40	40	40
			最大值	9.60	24.74	23.16	273.80	296.00
			最小值	1.40	-145.81	-128.01	98.20	98.70
			平均值	3.50	-55.53	-58.67	187.75	190.89
			推荐值	3.50	-55.53	-58.67	187.75	190.89
			变异系数	0.408	-0.776	-0.742	0.257	0.255

续表

地层编号	时代成因	岩土名称	项次	层厚/m	层顶高程/m	层底高程/m	层顶深度/m	层底深度/m
7-0-0	P_2x	砂岩夹泥岩	统计个数	37	37	37	37	37
			最大值	31.46	23.16	11.24	296.00	303.40
			最小值	0.16	−145.01	−152.47	98.70	113.90
			平均值	11.31	−57.22	−68.53	189.18	200.50
			推荐值	11.31	−57.22	−68.53	189.18	200.50
			变异系数	0.669	−0.781	−0.704	0.265	0.264

表 3.2-3　　　　郭村煤矿采空区处理三带范围及地质结构特征

地层编号	时代成因	岩土名称	项次	层厚/m	层顶高程/m	层底高程/m	层顶深度/m	层底深度/m
1-0-0	Q_3	黄土状重粉质壤土（粉质黏土）	统计个数	73	73	73	73	73
			最大值	45.00	138.07	113.82	0.00	45.00
			最小值	13.50	116.19	74.13	0.00	13.50
			平均值	27.37	122.95	95.58	0.00	27.37
			推荐值	27.37	122.95	95.58	0.00	27.37
			变异系数	0.398	0.038	0.122	0.000	0.398
2-0-0	Q_2	卵石	统计个数	53	53	53	53	53
			最大值	22.20	113.37	98.51	38.00	43.50
			最小值	3.30	93.48	80.57	15.80	22.50
			平均值	9.15	99.69	90.54	22.53	31.68
			推荐值	9.15	99.69	90.54	22.53	31.68
			变异系数	0.561	0.045	0.044	0.198	0.147
3-0-0	N_1	黏土岩	统计个数	8	8	8	8	8
			最大值	20.33	93.55	89.87	43.50	55.10
			最小值	3.60	84.08	63.98	23.00	32.50
			平均值	11.60	88.46	76.86	33.05	44.65
			推荐值	11.60	88.46	76.86	33.05	44.65
			变异系数	0.616	0.043	0.122	0.195	0.175
4-0-0	P_3x	砂岩夹泥岩	统计个数	73	73	73	73	73
			最大值	251.50	133.82	26.50	55.10	278.20
			最小值	70.50	63.98	−145.54	3.50	93.00
			平均值	141.09	87.67	−53.42	35.28	176.37
			推荐值	141.09	87.67	−53.42	35.28	176.37
			变异系数	0.240	0.123	−0.606	0.260	0.196

续表

地层编号	时代成因	岩土名称	项次	层厚/m	层顶高程/m	层底高程/m	层顶深度/m	层底深度/m
5-0-0	P₂x	断裂带岩体	统计个数	73	73	73	73	73
			最大值	44	26.50	−4.10	248.20	297.80
			最小值	11	−145.54	−159.73	93.00	124.00
			平均值	32.53	−53.42	−78.85	176.37	201.80
			推荐值	32.50	−53.42	−78.85	176.37	201.80
			变异系数	0.380	−0.606	−0.408	0.196	0.171
6-0-0	P₂x	垮落带岩体	统计个数	70	70	70	70	70
			最大值	8.50	−4.10	−7.10	297.80	301.30
			最小值	1.00	−159.73	−163.23	124.00	127.00
			平均值	3.50	−80.03	−83.17	203.09	206.23
			推荐值	3.50	−80.03	−83.17	203.09	206.23
			变异系数	0.499	−0.397	−0.387	0.169	0.168
7-0-0	P₂x	砂岩夹泥岩	统计个数	73	73	73	73	73
			最大值	65.00	−7.10	−58.80	301.30	325.30
			最小值	0.60	−163.23	−187.74	127.00	183.00
			平均值	26.43	−81.86	−108.29	204.82	231.24
			推荐值	26.43	−81.86	−108.29	204.82	231.24
			变异系数	0.602	−0.400	−0.247	0.171	0.126

表 3.2-4　　　梁北镇工贸煤矿采空区处理三带范围及地质结构特征表

地层编号	时代成因	岩土名称	项次	层厚/m	层顶高程/m	层底高程/m	层顶深度/m	层底深度/m
1-0-0	Q₃	黄土状重粉质壤土（粉质黏土）	统计个数	64	64	64	64	64
			最大值	32.00	137.80	114.10	0.00	32.00
			最小值	18.30	127.60	97.60	0.00	18.30
			平均值	25.45	131.67	106.22	0.00	25.45
			推荐值	25.45	131.67	106.22	0.00	25.45
			变异系数	0.122	0.019	0.037	0.000	0.122
2-0-0	Q₂	卵石	统计个数	64	64	64	64	64
			最大值	18.10	114.10	108.40	32.00	49.00
			最小值	1.00	97.60	81.50	18.30	23.10
			平均值	9.04	106.22	97.18	25.45	34.49
			推荐值	9.04	106.22	97.18	25.45	34.49
			变异系数	0.529	0.037	0.066	0.122	0.176

续表

地层编号	时代成因	岩土名称	项次	层厚/m	层顶高程/m	层底高程/m	层顶深度/m	层底深度/m
4-0-0	P_2x	砂岩夹泥岩	统计个数	64	64	64	64	64
			最大值	128.00	108.40	44.60	49.00	182.00
			最小值	45.00	81.50	−51.50	23.10	86.00
			平均值	99.53	97.18	−2.35	34.49	134.02
			推荐值	99.53	97.18	−2.35	34.49	134.02
			变异系数	0.280	0.066	−10.280	0.176	0.188
5-0-0	P_2x	断裂带岩体	统计个数	64	64	64	64	64
			最大值	42.00	44.60	13.40	182.00	206.30
			最小值	14.30	−51.50	−71.90	86.00	115.40
			平均值	29.78	−2.35	−26.13	134.02	157.80
			推荐值	29.80	−2.35	−26.13	134.02	157.80
			变异系数	0.412	−10.280	−0.971	0.188	0.168
6-0-0	P_2x	垮落带岩体	统计个数	64	64	64	64	64
			最大值	5.00	13.40	12.8	206.30	207.00
			最小值	1.90	−71.90	−73.60	115.40	116.00
			平均值	3.10	−26.13	−27.74	157.80	159.41
			推荐值	3.10	−26.13	−27.74	157.80	159.41
			变异系数	0.328	−0.971	−0.911	0.168	0.166
7-0-0	P_2x	砂岩夹泥岩	统计个数	64	64	64	64	64
			最大值	59.80	12.80	−3.80	207.00	228.30
			最小值	0.20	−73.60	−92.80	116.00	133.50
			平均值	13.80	−27.74	−41.54	159.41	173.21
			推荐值	13.80	−27.74	−41.54	159.41	173.21
			变异系数	0.798	−0.911	−0.552	0.166	0.138

表 3.2-5   **钻孔探查采空区影响带的依据**

无采空区判据或弯曲带岩层	断裂（裂隙）带判据	垮落带判据
1. 全孔返水、无耗水量或耗水量小； 2. 取芯率大于 75%； 3. 进尺平稳； 4. 可采煤层岩芯完整，无漏水现象	1. 突然严重漏水或漏水量显著增加； 2. 钻孔水位明显下降； 3. 岩芯有纵向裂纹或陡倾裂缝； 4. 钻孔有轻微吸风现象； 5. 钻孔有瓦斯气体； 6. 取芯率小于 75%	1. 突然掉钻、卡钻、埋钻； 2. 孔口水位突然消失； 3. 孔口吸风； 4. 进尺特别快； 5. 岩芯破碎杂乱，有岩屑、煤灰及淤泥、粉末状煤渣等； 6. 有瓦斯气体上升； 7. 底板为 B13 灰色细粒砂岩，泥钙质胶结，夹泥质条带，具细水平及缓波状层理，本层厚度约为 4m

表 3.2－6

采空区 "三带" 钻探成果表

标段	孔号	孔口高程/m	孔深/m	采空区垮落带区间/m	断裂带区间/m	垮落带纵向高度/m	可采煤层/m	漏水、掉钻等特殊现象孔内特殊现象	断裂带与垮落带总厚度/m	备注
原新峰煤矿采空区及郭村煤矿采空区 [SH(3)77+041.3～SH(3)77+300]	CG11－Ⅰ－1	137.20	298.1	290.3～293.9	255.1～290.3	3.6	已采空	255.1～293.9m 漏水；孔深 293.7～断裂带内较形成的结石，见有纵向裂隙及纵向裂纹	38.8	
	CG14－Ⅰ－11	127.60	282.1	262.4～263.8	229.0～262.4	1.4	已采空	163.2～282.1m 轻微漏水；断裂带内较破碎，见有纵向裂隙及裂纹；孔深 263.3～263.5m 为注浆充填的结石	34.8	
	CX15－Ⅱ－2	142.74	183.0	176.5～178.5	134.0～176.5	2.0	已采空	51.7～147.8m 左右的裂隙面见水泥浆填充。孔深 166.2m 以上见长约 50cm 的水泥结石块；断裂带内较破碎，见有纵向裂纹	44.5	
	CX15－Ⅱ－12	126.29	166.8	161.8～164.4	132.4～161.8	2.6	已采空	返水正常；断裂带内较破碎，见有纵向裂隙及裂纹	32.0	
	CX30－Ⅱ－13	129.51	237.1	236.0～237.6	193.5～236.0	1.6	已采空	67.1m 至终孔不返水；断裂带内较破碎，见有纵向裂纹	44.0	
	CX31－Ⅰ－1	154.35	266.9	258.0～259.3	214.9～258.0	1.3	已采空	118.9m 至 215.8m 见有注浆结石体；孔深 214.9～215.8m 见注浆结石	44.4	
	CXBJZ2－Ⅱ－4	127.80	112.4				已采空	60～75.8m 漏水		
	WXY－Ⅱ－83	120.87	166.0	159.0～161.0		2.0	已采空	返水正常		

续表

标段	孔号	孔口高程/m	孔深/m	采空区垮落带区间/m	断裂带区间/m	垮落带纵向高度/m	可采煤层/m	漏水、掉钻等孔内特殊现象	断裂带与垮落带总厚度/m	备注
梁北镇郭村煤矿采空区[SH(3)77+300~78+096.3]、梁北镇工贸煤矿采空区、梁北镇福利煤矿刘洞和村一组煤村采空区	QX-1	118.40	203.2							取芯率偏低，未见异常
	QX-2	122.30	227.2	197.0~202.4	159.1~197.0	5.4	已采空	孔深203.0m以下回水黑灰色，带黑色漂浮物	43.3	
	QX-3	126.50	267.3	216.0~217.8			216.0~217.8为煤层	216.0~217.8为黑色碳质泥岩（煤矸石）夹煤层		
	QX-4	125.30	184.1	123.3~125.1		1.8（采空区巷道）	已采空	48.2~50.5m、50.5~52.0m处轻微漏水；123.3~125.1m失水；114.8~120.4m为灰黑色碳质泥岩。123.3~125.1m处掉钻、掉钻1.8m		
	QX-5	125.30	198.4							未见异常、未见四煤层
	QX-6	121.40	224							未见异常、未见四煤层
	QX-7	129.30	200.8				195.9~196.1			
	QX-9	131.30	151.6							取芯率偏低，未见异常
	QX-10	131.20	164.9	143.8~148.2	120.9~143.8	4.4	已采空	125.9~126.2m见青灰色结石。断裂带内较破碎，见有纵向裂纹及裂纹。143.8~146.1m、148.1~148.2m见高倾角裂隙，裂面多充填水泥浆。局部见灰色结石	33.7	
	QX-11	134.10	205.1	162.2~167.1	121.9~162.2	4.9	已采空	121.9~122.2m见有水泥结石。断裂带内较破碎，见有纵向裂纹。孔深158.5~167.1m岩芯较破碎	40.3	
	QX-12	133.10	175.7					123.0~124.8m、148.3~151.3m失水严重		

（2）底板标志层鉴别。六₄煤采空区底板称为 B13 标志层，岩性为灰色细粒砂岩，成分以石英为主，次为长石和岩屑，泥钙质胶结，夹泥质条带，呈水平及缓波状层理，本层厚度约 4m，较稳定。在 B13 标志层下部 30～40m，遇到厚约 8m 的浅灰—灰白色中细粒砂岩，比其他层颜色稍浅，成分以石英为主，次为长石和岩屑；硅质胶结为主，次为钙质胶结，局部粗粒且含砾或相变为粉砂岩，具板状和双向交错层理，俗称田家沟砂岩，称为 B12 标志层。

3.2.3　"三带"评价（禹州段"三带"特征）

部分采空区"三带"钻探成果见表 3.2 - 6。

采空区地层结构自上而下依次为：30～45m 厚的黏性土夹砂卵石层；软质的泥岩夹砂岩、六₄煤层（少数钻孔揭露）。

经钻孔验证，禹州采矿区覆岩变形符合"三带"型破坏的变形特征。钻孔揭示，采空区垮落带厚度一般为 2～5m，平均为 3m 左右，个别部位厚度较小，可能是因为顶板没有完全塌落，断裂（裂隙）带厚度一般 25～40m，断裂带与垮落带总厚度 30～45m，平均总厚约 40m。再向上弯曲带直达地表，弯曲带由软岩夹砂岩、覆盖层组成，弯曲带岩土体总厚一般 90～180m。剩余空腔主要集中在垮落带，反映钻遇垮落带时漏水严重不回水，往往有落钻现象，其次断裂带内纵向裂隙多见，层面出现有"离层"现象，钻孔遇离层时有小幅度掉钻现象。

3.3　治理前采空区稳定性评价

参考《建筑物、水体、铁路及主要井巷煤柱留设与压煤开采规程》和《煤矿采空区岩土工程勘察规范》（GB 51044—2014）的地表移动变形的延续时间和地表稳定标准，以及高速公路下伏采空区的工程经验，结合水利工程特点，主要从开采条件判别分析、变形监测、数值模拟计算和工程地质类比分析。

3.3.1　采空区剩余变形量预计

《建筑物、水体、铁路及主要井巷煤柱留设与压煤开采规程》规定，对于水平—缓倾斜（倾角不大于 15°）煤层，使用概率积分法预估剩余变形量时，主要采用以下基本参数表示采空区主断面上的地表移动和变形：

最大下沉量用下式计算：

$$W_{max} = \eta M \tag{3.3-1}$$

式中　W_{max}——最大下沉量，mm；

　　　　η——下沉系数，与矿层倾角、开采方法和顶板管理方法有关，宜取 0.4～0.95；

　　　　M——采厚，m。

最大倾斜量用下式计算：

$$I_{max} = W_{max}/r = W_{max}/(H/\tan\beta) \tag{3.3-2}$$

式中　I_{max}——最大倾斜量，mm；

r——地表主要影响范围半径，其值与埋深 H 成正比，与煤层影响角 β 的正切值成反比，即 $r = H/\tan\beta$。

最大曲率值用下式计算：

$$K_{max} = \pm 1.52 W_{max}/r^2 \qquad (3.3-3)$$

最大水平移动值用下式计算：

$$U_{max} = b W_{max} \qquad (3.3-4)$$

式中　b——水平移动系数，取值范围在 $0.20 \sim 0.35$ 之间。

最大水平变形值用下式计算：

$$\varepsilon_{max} = \pm 1.52 b W_{max}/r \qquad (3.3-5)$$

因移动延续期的最大下沉量为 ηM，因而残余极限下沉量 $\Delta w_j = (1-\eta)M$。

残余变形阶段的残余倾斜、曲率和水平变形的极限值可仿照概率积分法最大变形值计算公式计算：

$$\Delta i_j = \Delta w_j/r \qquad (3.3-6)$$

$$\Delta k_j = 1.52 \Delta w_j/r^2 \qquad (3.3-7)$$

$$\Delta \varepsilon_j = 1.52 b \Delta w_j/r \qquad (3.3-8)$$

计算结果见表 3.3-1。

表 3.3-1　　　　　　　　　　　采空区地表残余极限变形值计算成果表

采空区分区	H/m	M/m	η	$\tan\beta$	R/m	b	$\Delta\omega_j/mm$	$\Delta i_j/(mm/m)$	$\Delta k_j/(10^{-3}/m)$	$\Delta\varepsilon_j/(mm/m)$
原新峰煤矿采空区	250	1.2	0.9	2.4	104	0.3	120	1.2	0.02	0.5
梁北镇郭村煤矿采空区	200	1.2	0.75	2.2	91	0.3	300	3.3	0.06	1.5
梁北镇工贸煤矿采空区、福利煤矿采空区和刘垌村一组采空区	100	1.2	0.68	2.2	45	0.3	380	8.4	0.28	3.9
	150	1.2	0.68	2.2	68	0.3	380	5.6	0.13	2.6

从概率积分法理论公式计算分析，最大剩余变形量应小于残余极限变形量，也就是采空区预计估算的最大下沉量不超过极限值，即原新峰煤矿采空区剩余下沉量小于 120mm，郭村煤矿采空区剩余下沉量小于 300mm，梁北镇工贸煤矿和福利煤矿采空区剩余下沉量小于 380mm。

按照《岩土工程勘察规范》（GB 50021—2001）的采空区稳定性的评价标准，当某一场地的预计地表倾斜小于 3mm/m，地表曲率小于 0.2mm/m²，地表水平变形小于 2mm/m 时，该场地可以作为建筑场地。原新峰煤矿采空区的残余倾斜、曲率和水平变形的极限值 Δi_j、Δk_j、$\Delta\varepsilon_j$ 均远小于允许变形值，且其上方的多层住宅楼、公路、水渠多年来均未有发现变形现象，说明原新峰煤矿采空区稳定性较好。郭村煤矿采空区的残余倾斜极限值 Δi_j 略大于允许值，曲率和水平变形亦小于允许变形，说明郭村煤矿采空基本稳定。梁北镇工贸煤矿、福利煤矿和刘垌村一组煤矿采空区残余倾斜、曲率和水平变形的极限值 Δi_j、Δk_j、$\Delta\varepsilon_j$ 则大于允许变形值，说明还可能存在一定的残余变形。

3.3.2　开采条件判别分析

如第 1 章所述，该评价方法主要从采矿方法、覆岩力学特性、煤矿层赋存条件、矿层开采时间和地形地质条件等综合判别。

1. 采矿方法

采矿方式和顶板管理方法是影响采空区地表移动变形的最直接的主要因素。采矿方式主要有长壁陷落法、短壁陷落法、巷柱式或房柱式开采。长壁陷落法为大矿的常规开采方法，回采率高、推进速度快，采空区面积大，因而地表移动变形速度快，移动变形量大，但随着采空时间的推移，老采空区内的空洞率和残余变形量却较小；短壁陷落法为中型矿井的常用的采煤方法，回采率和采空区面积都较长壁陷落法低一些，地表移动量和变形速度也相对小一些，但随着采空时间的推移，老采空区内的空洞率和残余变形量都较长壁陷落法略大一些；巷柱式或房柱式开采为小煤矿使用的非正规采煤方法，作业不规范，回采率低，地表移动变形规律性差，一般浅采空区易出现塌陷坑，较深的采空区则地表移动变形缓慢，老采空区内的空洞率较大。

2. 覆岩力学特性

采空区上覆岩层根据力学性质分为坚硬、中硬和软弱 3 类。坚硬覆岩以中生代的硅质或钙质砂岩为主，岩层裂隙不发育或轻微发育，整体性较好，单轴抗压强度大于 60MPa，因而坚硬岩垮落过程缓慢，空顶时间长，垮落时岩块大，形成的上覆岩层断裂带发育较高，垮落岩块间的空洞率较大，地表下沉和移动变形量较小，移动延续时间较长；中硬岩以泥钙质砂岩为主，岩层节理裂隙较发育，整体性较好，单轴抗压强度在 30～60MPa 之间，中硬岩垮落过程较快，空顶时间短，垮落岩块间的空洞率较小，地表下沉和移动变形量较大，移动延续时间也较坚硬岩短；软弱覆岩以泥页岩为主，单轴抗压强度小于 30MPa，软弱岩随采随冒，且垮落岩块块度小，覆岩断裂带发育高度低，垮落岩块间的空洞率也最小，地表下沉和移动变形量大而集中，移动延续时间也短。

3. 煤矿层赋存条件

煤矿层赋存条件主要包括开采的深度和厚度、煤层的倾角。

开采深厚比 H/M，常用来评价采空区对地表稳定性的影响。按开采深厚比 H/M 的大小，依次分为浅层采空区、中深层采空区和深层采空区。

浅层采空区的开采深厚比 $H/M \leqslant 40$，壁式陷落法开采形成的采空区，其地表移动剧烈，移动速度和移动变形量都很大，地面可出现明显的台阶状塌陷裂缝或塌陷坑，地表裂缝可能与下部断裂带连通，开采过程中可使地面构筑物产生严重损坏，但移动延续时间短，地下空洞率和残余变形相对较小。而房柱式开采的采空区内遗留的地下空洞及残余变形，会对地表的稳定性构成潜在危害。

中深层采空区开采深厚比 $40 < H/M < 200$，壁式陷落法开采形成的采空区，地表可产生不同程度的移动、变形和裂缝，可使地面构筑物产生不同程度的损坏；房柱式开采形成的采空区内，残存的空洞及残余变形也可能会对地表的稳定性构成不同程度的潜在危害。

深层采空区开采深厚比 $H/M \geqslant 200$，地表移动的范围相对较大，但移动速度缓慢，移动变形量小，地表一般不会发生明显的塌陷裂缝。开采过程中，一般也不会对地面构筑物产生结构性损害，而且垮落带、断裂带或房柱式开采形成的采空区残存的空洞，一般也不会对地表的稳定性构成潜在危害。

禹州煤矿采空区的工程地质分区见图 3.3-1。

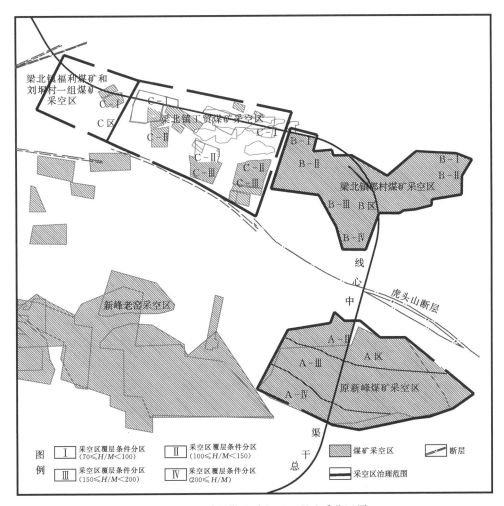

图 3.3-1　禹州煤矿采空区工程地质分区图

禹州煤矿采空区各分区开采深厚比统计见表 3.3-2。

表 3.3-2　　　　　　　　　禹州矿区采空区深厚比分区统计表

煤矿	开采深厚比（H/M）		面积/m²	所占比例/%
原新峰煤矿采空区	A-Ⅱ	$100 \leqslant H/M < 150$	243418	33
	A-Ⅲ	$150 \leqslant H/M < 200$	368815	50
	A-Ⅳ	$200 \leqslant H/M$	125397	17
郭村煤矿采空区	B-Ⅰ	$70 \leqslant H/M < 100$	57755	11
	B-Ⅱ	$100 \leqslant H/M < 150$	257272	49
	B-Ⅲ	$150 \leqslant H/M < 200$	157514	30
	B-Ⅳ	$200 \leqslant H/M$	52505	10

续表

煤矿	开采深厚比（H/M）		面积/m^2	所占比例/%
梁北镇工贸煤矿采	C-Ⅰ	$70 \leqslant H/M < 100$	92082	44
空区、福利煤矿	C-Ⅱ	$100 \leqslant H/M < 150$	91220	43
采空区及刘垌村	C-Ⅲ	$150 \leqslant H/M < 200$	27172	13
一组煤矿采空区				

矿层的倾角也影响采空区地表的稳定性，可分为水平—缓倾斜（倾角≤15°）、倾斜（15°<倾角<45°）和急倾斜（倾角≥45°）3 类。

4. 矿层开采时间

如 1.2.2 节所述，采空区地表的任意点的移动都要经历初始期 T_c、活跃期 T_h、衰退期 T_s 和残余移动期 ΔT，各时期的移动量和移动速度各不相同。其中初始期 T_c、活跃期 T_h、衰退期 T_s 之和称移动延续期 T。

3.3.3　治理前采空区稳定性分析

根据开采条件中的采矿方法、覆岩力学特性、煤矿层赋存条件、开采时间和地形地质条件等综合判别，结合工程经验及工程地质类比，对禹州矿区渠段沿线分布的采空区稳定性分析评价如下。

1. 原新峰煤矿采空区

设计桩号为 SH75+828.3～SH76+575.3，位于虎头山断层（F_1）南侧。开采方式为壁式陷落法，为 1965 年以前所形成的采空区，所采六$_4$、六$_2$煤层厚度为 0.9m，煤层埋深 107～266m。据调查、走访，在当时采空后不久在采空区的周边附近就出现了地面裂缝，裂缝多呈东西向，其中禹州至郏县公路西侧的白沙水库二支渠被裂缝损坏，混凝土护坡断裂，渠水漏失，现今裂缝早已闭合。地形为丘前缓坡与平原相接的过渡地带，属老采空区场地，已过了 40 余年，现处于移动衰退期过后 30 余年的残余变形期。老采空区场地上后期陆续修建有水渠、公路、居民房屋，几十年来均未出现变形的迹象。钻孔（孔深 240m）探查采空区的覆岩为软质岩夹硬岩，软硬岩互层组合比例约 3:1，软质泥岩以中厚—厚层状为主，砂岩多为薄层—中厚层。老采空区垮落带内岩芯虽破碎杂乱，但充填较密实，钻探过程中无掉钻、卡钻、埋钻和漏浆现象，说明老采空区的空洞率和残余变形量很小。

综合分析老采空区场地所采矿层薄，停采 40 年以上，开采深厚比 H/M 在 100～260 之间，埋深较大，属中深层的缓倾斜采空区，稳定性较好。

2. 梁北镇郭村煤矿采空区

设计桩号为 SH77+041.3～SH78+096.3，位于虎头山断层（F_1）北侧，为丘前的平原洼地地带，地形较平坦。为 20 世纪 90 年代初期形成的采空区，六$_4$、六$_2$两煤层相距约 7m，六$_4$煤层厚度为 0.75～1.13m，为主要开采层，下部六$_2$煤层局部可采，在空间分布上多为一层采空区，局部为两层开采，煤层底板高程为 −150～0m，地面高程为 126～140m，煤层埋深 126～290m。郭村煤矿采煤机械化程度、开采水平较高，回采率 64.7%～78.3%，为一对斜井开拓，平面延伸长度可达到 300m 以上。采用巷道式采煤，巷道宽和高一般 2～3m，主巷道呈网格状或无规律分布，单层分布，支巷道间距 25～

30m，靠顶板仅进行简单支护或不支护，采空区面积较大，回采率相对比小煤窑高。

据地质调查，煤矿采空后不久地表出现了地面裂缝和移动盆地，移动盆地东西向长约1700m，南北向宽约400m，在移动盆地南北两侧曾出现东西向的裂缝密集带，这些裂缝早些年被覆盖后再没有发现新的裂缝，说明采空区覆岩变形破坏符合"三带"型破坏的特征，地表变形为连续变形。地面调查、走访和钻孔探查，均未发现地表变形现象。钻孔探查采空区的覆岩为软质岩夹硬岩，软硬岩互层组合比例约3∶1～5∶1，软质泥岩以中厚—厚层状为主，砂岩多为薄层—中厚层。采空区垮落带内岩芯破碎杂乱，钻探过程中有掉钻、卡钻、埋钻和轻微漏浆现象，说明采空区及巷道和垮落带内留有一定程度的空腔（空洞），空洞率和残余变形量都较长壁陷落法开采略大。

该矿井于1996年关闭，属停采10余年的采空区，现处于移动衰退期过后10余年的残余变形期。开采深厚比 H/M 在80～250之间，属中深层的缓倾斜采空区，南部少部分属深层采空区，总体稳定性较好，北部开采深厚比 H/M 小于100的采空区场地可能隐伏有潜在的危害。

3. 梁北镇工贸煤矿采空区

设计桩号SH78+253.3～SH79+160.3，位于虎头山断层（F_1）北侧，毗邻郭村煤矿采空区。场地为丘前的平原地带，地形较平坦。开采时间为1992—2005年，所采煤层厚度为0.69～1.04m，煤层底板高程为−100～20m，地面高程为126～142m，煤层埋深106～242m。据调查，1995年煤矿采空后不久地表出现了地面裂缝，在渠线南250m的梁北瓷器厂西北角的两条地裂缝宽0.5～2.0m，深1.5～2.0m，并且地面也有错动现象，现在地面少有痕迹。位于采空区及巷道和上部垮落带内留有一定程度的空腔（空洞）。钻孔（孔深160m）探查采空区的覆岩为软质岩夹硬岩，软硬岩互层组合比例约3∶1，软质泥岩以中厚—厚层状为主，砂岩多为薄层—中厚层。采空区垮落带内岩芯破碎杂乱，钻探过程中有轻微漏浆现象，说明老采空区有一定的空洞率和残余变形。

该矿井于2005年关停，属停采5～10年的采空区，移动延续期基本结束，地表变形处于残余变形期。该段采空区按开采深厚比 H/M 为 $70<H/M<200$，亦属中深层的缓倾斜采空区，采空区对总干渠有潜在的危害。

4. 梁北镇福利煤矿与梁北镇刘垌村一组煤矿采空区

设计桩号为SH79+160.3～SH79+566.3，位于虎头山断层（F_1）北侧，毗邻梁北镇工贸煤矿采空区。场地为丘前的平原洼地地带，地形略有起伏。所采煤层厚度为1m左右，煤层底板高程为0～50m，地面高程为134～140m，煤层埋深90～134m，采空区形成时间主要为1999—2001年。开采期间，2000年雨季采空区地表在降雨过后曾发现大面积裂缝，最大裂缝长度约80m，宽度约30cm，并有面积约3000m² 的移动盆地（凹陷洼地）出现，现在地面已见不到裂缝的痕迹。地表移动盆地和周边的裂缝说明采空区覆岩变形破坏符合"三带"型破坏的特征，除局部区域外，地表变形是连续性的。采空区的覆岩为软质岩夹硬岩，软硬岩互层组合比例约5∶1，地面调查、走访未发现有地表变形现象，但钻探发现采空区垮落带有漏浆、塌孔现象，采空区及巷道和上部垮落带内留有一定程度的空腔（空洞）。

该矿井于2003年关停，属停采5年以上的采空区，采空区移动延续期已过，现处于移动衰退期过后的残余变形期。该段采空区开采深厚比小于 100，但在 40～200 之间，属中深层的缓倾斜采空区（$40 < H/M < 200$），但埋深相对最浅的部位，采空区场地隐伏有潜在的危害。

3.3.4　治理前采空区稳定性综合评价

（1）禹州矿区渠段主要涉及原新峰煤矿、梁北镇郭村煤矿、梁北镇工贸煤矿、梁北镇福利煤矿和梁北镇刘垌村一组煤矿等 5 个煤矿采空区，通过采空区渠段长 3.11km，其中原新峰煤矿为国营大矿，其他 4 个均为村镇煤矿。

原新峰煤矿采空区为 20 世纪 60 年代形成的，为长壁陷落法或短壁陷落法开采，已于 1965 年关停，其余均为 90 年代以后小煤矿开采形成，开采方式多为巷道式，截至 2005 年已全部停采。采空区多为一层，按开采深厚比 H/M 划分，属中深层的缓倾斜采空区（$70 < H/M < 260$）。采空区场地地形较平坦开阔，采空区上部的覆岩为缓倾斜岩层，岩性以软质泥岩为主夹薄层砂岩，软硬岩互层组合比例为 3∶1～5∶1。

（2）经调查地表变形特征和地质勘察，采空区覆岩变形基本符合"三带"型特征，地表变形在时间和空间上以连续变形为主。钻孔揭示，从采空区底板算起，垮落带厚度为 2～5m，断裂（裂隙）带厚度一般为 25～40m，断裂带与垮落带总厚度为 30～45m，平均总厚约为 40m，弯曲带直达地表。

（3）根据采空区的地形地质条件、采矿方法、覆岩力学特性、煤层赋存条件、开采时间，以及监测资料、地质钻探资料和国内外采空区成果与经验，综合研究得出以下几点。

1）原新峰煤矿采空区，位于虎头山断层南侧。开采方式为壁式陷落法，所采六$_1$、六$_2$ 煤层厚度为 0.9m，煤层埋深 107～266m。该采空区为 1965 年以前所形成的老采空区，现处于移动衰退期过后 30 余年的残余变形期。老采空区场地上后期陆续修建有水渠、公路、居民房屋，几十年来均未出现变形的迹象；监测资料表明，该采空区上的 7 个观测点（后期有 3 个观测点被破坏）的垂直、水平位移均不明显，其量值均在测量误差范围之内。钻探资料显示，老采空区垮落带内岩芯虽破碎杂乱，但充填较密实，钻探过程中无掉钻、卡钻、埋钻和漏浆现象，说明老采空区的空洞率和残余变形量很小。

总体认为，该采空区稳定性较好，残余变形量较小。

2）禹州市梁北镇郭村煤矿采空区，位于虎头山断层北侧。为 20 世纪 90 年代初期形成的老采空区，六$_4$ 煤层主采厚度为 0.75～1.13m，六$_4$、六$_2$ 两煤层相距约 7m，下部六$_2$ 煤层局部可采，在空间上分布多为一层采空区，局部分两层开采。煤层埋深 126～290m。郭村煤矿采煤机械化程度、开采水平较高，为一对斜井开拓，采用巷道式采煤。

郭村煤矿采空区移动延续期已过，现处于移动衰退期过后 10 余年的残余变形期，地表变形收敛，相对稳定。地面调查、走访和钻孔探查均未发现近年来采空区引起的地表变形现象；监测资料表明，该采空区上的 11 个观测点（后期有 3 个破坏）的垂直、水平位移均不明显，其量值均在测量误差范围之内。钻探资料显示，采空区垮落带内岩芯破碎杂乱，钻探过程中有掉钻、卡钻、埋钻和轻微漏浆现象，说明采空区及巷道和垮落带内留有一定程度的空腔（空洞），空洞率和残余变形量都较长壁陷落法开采略大。

总体认为，该采空区总体上基本稳定，但不排除局部因地下空腔坍塌变形而波及地表的可能性，残余变形量不大。

3）梁北镇工贸煤矿采空区，毗邻郭村煤矿采空区。所采煤层厚度为 0.69～1.04m，煤层埋深 106～242m。开采时间自 1992—2005 年，属停采多年的采空区，移动延续期基本结束，地表变形处于残余变形期。1995 年煤矿采空后不久地表出现了地面裂缝，并且地面也有错动现象，现在地面少有痕迹。监测资料表明，该采空区上有 11 个观测点（后期有 1 个观测点被破坏），其中 YB5、YB6、YB14、YB15 共 4 个点有垂直位移，YB5、YB6、YB7 共 3 个点存在水平位移，但量级都不大。钻探资料显示，采空区及巷道和上部垮落带内留有一定程度的空腔（空洞），采空区垮落带内岩芯破碎杂乱，钻探过程中有轻微漏浆现象，说明老采空区的空洞率和残余变形量小。

总体认为，该采空区总体上基本稳定，但局部存在变形现象，残余变形量不大。

4）梁北镇福利煤矿与梁北镇刘垌村一组煤矿采空区，毗邻梁北镇工贸煤矿采空区。所采煤层厚度为 1m 左右，煤层埋深 90～134m，采空区形成时间主要为 1999—2001 年，属停采 5 年以上的采空区，现处于移动衰退期过后的残余变形期。开采期间，2000 年雨季采空区地表在降雨过后曾发现地表大面积裂缝，最大裂缝长度约 80m，宽度约 30cm，并有面积约 3000m² 移动盆地（凹陷洼地）出现，现在地面见不到裂缝的痕迹，且近年来未发现采空区引起的地表变形现象。监测资料表明，该采空区上有 4 个观测点，其中 YB1 有垂直位移，YB2 和 YB3 存在水平位移，但量级都不大。钻探资料显示，采空区及巷道和上部垮落带内留有一定程度的空腔（空洞）。

总体认为，该采空区总体上基本稳定，但局部存在变形现象，残余变形量不大。

（4）数值模拟计算表明，渠道建成、运行及考虑防渗工程失效等工况均不会使采空区复活，各种工况下采空区地表变形量不大，不会产生采空区的整体稳定问题。

（5）鉴于在采空区上修建水利工程的经验还不多，采空区地表变形机理和过程非常复杂，特别是南水北调中线工程十分重要，考虑到采空区地表在未来渠道运行过程中还会有一定的残余变形，为保证工程安全万无一失，对采空区进行加固处理是必要的。

第4章

采空区治理方案与注浆技术

4.1 采空区初设阶段设计成果

4.1.1 渠道线路选择

在规划及线路初选阶段，禹州矿区段有 4 条线路可供选择，即绕新峰山明渠线、穿新峰山的禹州隧洞 I 线和禹州隧洞 II 线，以及向东绕至禹州东的明渠线。经初步分析后，绕新峰山线当时作为可研报告阶段的推荐线路；隧洞 I 线由晏窑起经新贺庄、山张、三峰山、十里铺至颍河，最高地面高程为 245m，隧洞长约 4km；隧洞 II 线在隧洞 I 线西侧约 6km 处，隧洞长约 4.7km；东绕禹州线属于高填方渠道，不利于安全运行，这条线路在初选阶段时即被舍弃。

通过多次论证后，确定对隧洞 I 线即隧洞方案和绕新峰山明渠线即绕线方案按照初步设计深度进行重点比选，见图 4.1-1。

两个方案的起点均为贺庄，终点均为董村店东。绕山线起点坐标：$X=3773049.108$，$Y=113535665.382$，设计桩号 SH70+550.8，渠底板高程为 119.979m；终点坐标：$X=3779782.523$，$Y=113537372.439$，设计桩号 SH82+072，渠底板高程为 119.059m。绕山线方案线路全长 11522m。

隧洞线位于绕山线的西部，隧洞线比选的起始点、终点与绕山线均相同，隧洞方案线路全长 6948.1m。隧洞段起点坐标：$X=3774548.128$，$Y=113536055.845$；隧洞出口终点坐标：$X=3778084.003$，$Y=113536961.433$，隧洞段全长 3650m，其中进、出口渐变段长 90m、120m，进、出口闸室段长度均为 45m。隧洞进口渠底高程约 119.9m，出口渠底高程约为 119.1m，洞身断面尺寸为 10.9m×10.9m。

1. 工程地质条件

为了选择最佳渠道线路，从线路布置、工程地质条件、工程地质问题、工程处理难易程度等方面进行比较，列于表 4.1-1。

（1）工程地质条件比较。主要有以下几个方面：

1）绕山线场地为三峰山周边丘前坡洪积裙与平原的过渡地带，地形较平缓，地面高程为 123～145m；隧洞线穿过三峰山，地貌单元主要为低山丘陵，隧洞段地面高程为 152～282m。隧洞进出口两端位于丘前坡洪积裙与平原的过渡地带，地面高程为 127～158m。

2）两条线路的地层岩性和地质结构类型差异较大。绕山线以黄土状土均一结构为主，

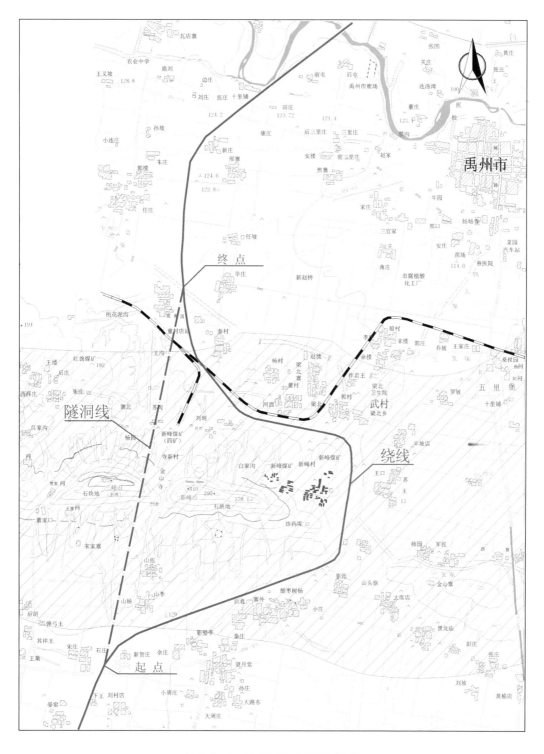

图 4.1-1 禹州矿区段线路示意图

表 4.1－1 工程地质条件比选

比选项目内容		绕山方案	隧洞方案
线路布置		长 11.522km，与所开采的煤组地层走向斜交或沿走向布置	长 6.948km，与所开采的煤组地层走向近于正交
地形地貌		三峰山周边丘前坡洪积裙与平原的过渡地带，地形较平缓，地面高程 123～145m	为低山丘陵，隧洞段地面高程 152～282m。隧洞进出口两端位于丘前坡洪积裙与平原的过渡地带，地面高程 127～158m
地层岩性和地质结构类型		以黄土状土均一结构为主，次为上黏性土，下软弱膨胀岩	隧洞围岩以 Ⅴ 类极不稳定围岩为主（长度约 3.4km），局部为 Ⅳ 类不稳定围岩（长度约 0.25km）
特殊性岩土问题		存在黄土状土的湿陷、膨胀岩（土）膨胀和边坡稳定问题	存在软质岩的膨胀、崩解、软化的问题和进出口边坡稳定问题
水文地质条件		孔隙潜水为主，局部具有承压性，对混凝土无腐蚀性，地下水水位位于渠底板附近	裂隙性潜水，地下水位高于隧洞底板 25～35m，隧洞围岩以弱—微透水性为主，地下水活动状态主要为渗水滴水或线状流水。老采空区可能有不同程度的充水，隧道通过采空区时，不排除积水突涌的可能性
采空区特殊地质问题	沿线采空区分布的长度和压煤量情况	采空区长 3.11km，压煤量 3639.59 万 t	采空区长 2.05km，压煤量 2116.24 万 t
	采空区涉及的煤矿	涉及 1 个大矿，4 个村镇煤矿的采空区，经调查没有小煤窑和古窑	涉及 1 个大矿，5 个小煤矿，和多个小煤窑和古窑的采空区
	采空区分布情况	采空区层数为 1 层（可采煤层厚约 1m），多为 20 世纪 90 年代村镇煤矿开采形成	采空区层数 3～4 层（下煤组厚 2～3m），开采历史长，有大矿、小煤矿形成的采空区，又有小煤窑、古窑形成的采空区，开采水平、采空程度、回采率大小各异
	采空区的埋藏特征（开采深厚比 H/M）	中深层，$70<H/M<260$	多为中深层的采空区（$40<H/M<200$），局部为浅层采空区（$H/M<40$）
	与引水工程的位置关系	从采空区的弯曲带上部通过	直接穿过三层采空区
	地表移动变形特征	覆岩变形基本符合"三带"型规律，20 世纪 90 年代地表出现有移动盆地和较多的裂缝。近年来，地表裂缝已闭合难觅。地表变形是连续变形，目前地表变形收敛（相对稳定）	受地形、地质及采矿因素影响，变形具隐蔽性。近年来地表出现有非连续性变形—裂缝和塌陷坑 10 余处，不经治理的情况下预测以后仍会发生，地表变形不稳定
	采空区钻孔探查情况	采空区覆岩较完整，上部地层经原位测试和钻探反映正常，下部垮落带有卡钻、埋钻和轻微漏浆现象，能钻透采空区垮落带，残留的空隙不大，剩余变形量较小	采空区上方的隧洞围岩较破碎，在三峰山北坡 3＋500～3＋900 之间，钻探反映异常，漏浆严重，影响带见有裂纹或陡倾的拉张裂隙，出现孔壁坍塌、缩径、掉钻、卡钻、埋钻的现象多，造孔困难，曾在附近更换了 6 个孔位，均没有钻透采空区垮落带。说明残留的空洞、裂隙较大，剩余变形量较大
	沿线保护煤柱范围内煤矿停采情况	采空区多为停采 5 年以上的采空区，局部停采 50 年以上	新峰四矿目前仍在开采二$_1$ 煤层

比选项目内容	绕山方案	隧洞方案
施工对覆岩变形的影响程度	明渠半挖半填，地表荷载分布变化不大，对地基的扰动小（附加应力影响深度小）	隧道开挖引起的卸荷松弛及应力调整，对采空区覆岩的扰动较大
采空区注浆工程治理的难易程度	小煤矿采空区多为一层，场地开阔、交通条件好，便于布孔注浆施工，并且采空区治理段多顺走向布置，便于确定注浆的施工参数（浆液配比、注浆压力等）	三峰山地形起伏较大，冲沟较多，交通条件差，治理场地狭小，不便于大规模机械化作业布孔施工

次为上黏性土、下软弱膨胀岩（1 段长度 2.92km）；隧洞线为上黏性土、下软弱泥岩结构软质岩夹硬质岩。隧洞围岩以 V 类极不稳定围岩为主（长度约 3.40km），局部为 IV 类不稳定围岩（长度约 250m）。

3）两条线路水文地质条件不同，地下水类型均以孔隙潜水为主，局部具有承压性，隧洞线在三峰山一带赋存有裂隙水。地下水类型属 $HCO_3—Ca$ 型，对混凝土无腐蚀性。绕山线地下水位一般低于渠底板或略高于渠底板，沿线土层属极微—弱透水；隧洞线地下水位高于隧洞底板 25～35m，隧洞围岩以弱透水性为主，存在施工排水问题、外水压力问题，不利于隧洞的施工。

（2）工程地质问题及工程处理难易程度。两条线路存在的工程地质问题类似，均存在黄土状土的湿陷、膨胀岩（土）、边坡稳定、施工排水、压煤和煤矿采空区问题。但相对程度不同，其中黄土状土的湿陷、膨胀岩（土）、边坡稳定、施工排水等一般性工程地质问题经采取工程处理措施，均能满足工程运行的要求。但两条线路的煤矿采空区问题比较突出，是关系到线路安全的关键性工程地质问题。

1）采空区问题。绕山线采空区长度 3.11km，绕山线采空区涉及 1 个大矿，4 个村镇煤矿，采空区覆岩变形基本符合"三带"型特征。

参考《建筑物、水体、铁路及主要井巷煤柱留设与压煤开采规程》和《岩土工程手册》的地表移动变形的延续时间和地表稳定标准，绕山线地表变形是连续变形，采空区多为 5 年以上的老采空区，地表变形已收敛（处于移动衰退期 T_s 过后的残余变形期 ΔT 间，变形相对稳定），综合分析剩余变形量较小。钻孔探查表明，采空区断裂带、垮落带漏浆轻微或不漏浆，上部地层原位测试和钻探反映正常。

绕山线采空区多为 1 层，按开采深厚比 H/M 划分，属中深层的缓倾斜采空区（$70 < H/M < 260$），作为渠道或建筑物场地，建议适当工程治理或采取抗变形措施。

隧洞线与所开采的煤组地层走向近于正交，通过采空区的线路较短，沿线采空区长度 2.05km。隧洞线以新峰四矿为主形成的六$_4$、五$_2$ 和二$_1$ 煤采空区，以及苏沟二组矿、苏沟村三峰煤矿、杨园煤矿、杨园村办二矿及古窑等上煤组采空区，共同形成空间分布多层（3 层以上）的采空区。特别是三峰山北坡分布的采空区层数多，开采历史长，既有大矿、小煤矿形成的采空区，又有小煤窑、古窑形成的采空区，开采水平、采空程度、回采率大小各异，采空区的情况较复杂，钻探表明，部分采空区及井巷内空洞率和剩余变形量大，近年来地表有非连续性变形现象——裂缝和塌陷坑。

据调查，塌陷坑的地段多是小煤矿或小煤窑的斜井、埋深较浅（开采深厚比 $H/M<40$）的巷道出现变形，表现为无规律的突然塌陷。原因是小煤矿（窑）被关停后，井管或巷道支撑系统逐渐破坏，在降雨浸水后上覆岩体软化和风化，土体结构破坏以及自重增加，楔形体抗剪强度降低，易出现突然的塌落。另外，下部矿井疏干排水等原因地下水位降低，地下水位变动幅度较大，或者采空区煤柱和顶板岩层在长期风化和水文地质条件的变化或应力条件的变化（例如，下煤组煤矿开采、隧洞开挖施工、附近煤矿爆破炮落法采煤）等情况下，均有可能诱发突然的非连续移动变形——塌陷坑，不经治理的情况下预测以后仍会发生，地表变形不稳定。

目前新峰四矿在隧洞线保护煤柱安全范围内仍在开采二₁煤层，随着二₁煤层的开采面积的增大，三峰山北坡采空区覆岩变形趋于复杂化，增加了地表变形的危险性和不确定性。隧洞线采空区层数较多（3 层或 3 层以上），按开采深厚比 H/M 划分，多为中深层的缓倾斜采空区（$40<H/M<200$），局部为浅层采空区（$H/M<40$）。地质灾害预测评估、综合评估表明，隧洞遭受采空区引起的损坏的危险性大。

2）渠道压煤问题。根据许昌钧州煤炭咨询设计研究院 2005 年 8 月《南水北调中线一期工程禹州煤矿区渠段地下压煤、采空区分布及郑州煤矿区渠段地下压煤核查报告》，绕山线沿线各煤矿压煤储量共计 3633.59 万 t，隧洞线沿线各煤矿压煤储量共计 2116.24 万 t（预计采出煤量为 1606.49 万 t）。

3）施工对覆岩变形的影响程度比较。采空区覆岩变形自下而上扩散到地表，地下工程施工影响程度要甚于浅表的明渠半挖半填，地表变形易处理，深部变形难于处理。隧洞施工开挖引起的卸荷及应力扰动对采空区覆岩的扰动程度较大，易诱发危险的变形。

绕山线的明渠开挖或填方，对地基的扰动程度较小（附加应力影响深度小）。但对于绕山线上的交叉建筑物桩基础应慎重研究，因桩基础附加应力影响较深，形成的应力扰动区域（采空区场地桩基的附加应力影响深度按应力比法确定为桩端以下某深度处附加应力相当于地基的自重应力的 10%）与采空区断裂带应力叠加后，有可能引起采空区的活化变形。

4）采空区注浆工程治理的难易程度。禹州矿区采空区多为中深层的缓倾斜采空区（$40<H/M<200$），采空区治理主要为注浆法。隧洞线采空区层数多，特别是三峰山北坡一带小煤矿、小煤窑采空情况复杂，残留有人为坑洞（斜井、斜洞、岔洞），下部深层采空区注浆的钻孔要钻透多层次的松动岩层，钻孔施工工艺水平要求高，造孔难度大。隧洞线三峰山采空区地形起伏较大，冲沟较多，交通条件和施工场地条件差，治理场地狭小，不便于机械化作业，不便于注浆布孔施工。

绕山线的小煤矿采空区多为一层，场地开阔、交通条件好，便于布孔注浆施工，并且采空区治理段多数顺走向布置，采空区的埋深、厚度、采空程度及覆岩地质条件相似，便于确定注浆的施工参数（浆液配比、注浆压力等）。

综上所述，两条线路都存在采空区问题的地质缺陷。但经工程地质比选，隧洞方案的地质复杂程度和地质病害程度明显高于绕山线明渠方案，因此，从工程地质方面宜推荐绕山明渠方案。

2. 工程安全运行及抗风险能力

（1）绕线方案的渠道结构设计多为常规设计，而大断面、长距离、土岩相间围岩条件下的隧洞施工技术风险上要高于绕线方案。

（2）隧洞方案地下水位高于隧洞底板 25～35m，绕线地下水水位一般低于渠底板或略高于渠底板，即绕线方案产生渗漏的可能性要大于隧洞方案。

（3）绕线方案和隧洞方案采空区处理后，工程运行过程中会产生一定的沉降变形，产生渗漏也是可能的。因此，从工程安全运行管理角度考虑，应采取一定的预案措施。

若工程出现较大的沉降变形，绕线和隧洞线分别会产生不同的后果，两条线路在处理措施的选择条件上是不同的。绕线方案均为明渠输水，渠底衬砌厚度为 10cm，渠坡为 12cm，相对隧洞而言，抵抗变形的能力较差，产生集中漏水情况时，作为土质基础，可能引起渠基的局部塌陷以及边坡的塌滑。

隧洞线可能出现的情况是过大变形引起变形缝处错位拉裂，产生集中渗漏。在出现工程局部破坏后的修复方面，绕线方案要优于隧洞方案。

3. 工程施工

（1）绕线方案施工方法简单，分段灵活，具备加快施工进度的条件。隧洞方案中土洞段采用双侧壁导坑法，岩洞段采用上导洞法，施工方法可行，但围岩类别为 IV 类和 V 类，开挖断面大，施工存在较大的难度和风险，双洞并行，具有一定的干扰。隧洞全长 3.65km，受地形限制，设施工支洞不经济，且对缩短总工期作用不大，两条隧洞相向掘进，每条洞仅能形成两个工作面，施工进度难以加快。从施工难度、进度和灵活性上看，绕线方案具有优势。

（2）采空区处理上，绕线方案具有地形平坦、场地开阔等特点，施工布置方便，注浆施工可以全面铺开。再者，绕线方案扣除梁北矿二$_1$煤层预注浆外，其采空区只针对六$_4$煤层，具有煤层埋深较浅、煤层厚度不大、停产年代较早等特点，因此从地面进行钻孔和预注浆，施工相对比较容易，注浆效果也较好。

隧洞线方案地形复杂，地势起伏变化较大，钻孔布置相对困难，地面注浆缺乏全面展开的条件。此外，隧洞线方案因地面钻孔和预注浆要穿越多层煤层，其中二$_1$煤层平均厚度 4m，钻孔深度及难度均较大，分层进行地面预注浆的效果也难以控制。

从对采空区的处理难度和效果分析，绕线方案具有一定优势。

（3）绕线方案总工期为 28 个月，渠道施工可最大限度降低采空区地面预注浆对主体工程施工的干扰，工期有保障。隧洞方案施工总工期为 45 个月，从采空区位置和隧洞掘进的关系看，地面预注浆可能对隧洞掘进有一定干扰。从施工总工期和保证程度上分析，绕线方案有较大优势。

4. 资源占压及工程投资

（1）线路压煤。绕线方案沿线压煤总储量为 3633.59 万 t，隧洞线方案沿线压煤总储量为 2116.24 万 t（预计采出煤量为 1606.49 万 t），因此，隧洞线小于绕线。

（2）工程投资。绕线方案工程静态总投资为 118457.56 万元，其中采空区处理 32404.31 万元；隧洞线方案工程静态总投资为 184594.46 万元，其中采空区处理 48304.25 万元。隧洞线较绕线总投资多 6.61 亿元，采空区处理多 15899.94 万元。

由于占压土地，绕线方案需要生产安置人口 3741 人，移民规划搬迁安置人口 1065 人，隧洞线需要生产安置人口 1780 人，移民规划搬迁安置人口 945 人。

绕线方案用地与拆迁工程总占地 4682.49 亩，其中永久占地 3708.79 亩，临时用地 973.70 亩；隧洞线方案用地与拆迁工程总占地 4264.30 亩，其中永久占地 2313.62 亩，临时用地 1950.68 亩。

综上所述，南水北调中线工程总干渠禹州矿区段线路推荐绕线明渠方案。

4.1.2　采空区渠道设计

1. 渠道总布置

绕线明渠方案渠线从起点贺庄—陈口段，长约 6km，走向为西南—东北，基本沿新峰山南麓山脚延伸，地面高程 120~130m，为半挖半填及浅挖方渠道；陈口—郭村段，渠道走向正北，沿新峰山东麓山脚延伸，地面高程 125~132m，大部分为浅挖方渠道，长约 2.2km；郭村—董村段，渠线走向基本为正西，地面高程 125~130m，大部分为浅挖方渠道，长约 1.5km；董村—董村店，渠线走向基本为东南—西北，地面高程 130~140m，为挖方渠道，长约 1.8km。线路总长 11.521km，线路起点设计桩号 SH（3）70+550.8，终点设计桩号 SH（3）82+072.2。

2. 渠道断面设计

根据总干渠总体设计所确定的控制点水位、水头优化分配、渠线所经过的地形、地质条件，在满足输水要求的前提下，选取合理的纵比降以降低工程投资并满足工程布置的需要。禹州段绕线线路总长 11.521km，设计桩号 SH（3）70+550.8~SH（3）82+072.2。渠道设计水深 7.0m，一级马道以下边坡 1:2~1:3.5，渠底纵坡 1/26000，渠底宽度 19.5~24.5m。渠道设计流量为 315m³/s，加大流量为 375m³/s。

由于南水北调中线总干渠线路长，水头小，纵坡缓的特点，以及为了施工方便，经过综合比较，选用梯形断面。

（1）横断面设计。

1）全挖方断面。对于全挖方断面，一级马道以下采用单一边坡，设计边坡值为 1:2.0~1:3.0。一级马道高程为渠道加大水位加 1.5m 安全超高。一级马道以上每增高 6m 设二级、三级等各级马道，一级马道宽 5m，兼作运行维护道路，以上各级马道一般宽 2m，一级马道以上各边坡一般按级差 0.25 进阶递减。

渠道两岸沿挖方开口线向外各设 4~8m 宽的防护林带。为了防止渠外坡水流入渠内，左右岸开口线外 1m 均需设防护堤，左岸防护林带外设截流沟，右岸根据地形局部设截流沟。土质渠道全挖方断面典型布置见图 4.1-2。

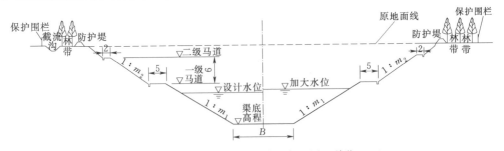

图 4.1-2　土质渠道全挖方典型断面图（单位：m）

2）半挖半填断面。对于半挖半填渠段，堤顶兼作运行维护道路，顶宽为5m。堤顶高程根据渠道加大水位加上相应的安全超高，堤外设计洪水位加上相应超高及堤外校核洪水位加上相应超高综合确定，取三者计算结果之最大值，左、右岸堤顶高程可不相同。渠段过水断面均为单一边坡，边坡值为1∶2。堤外坡自堤顶向下每降低6m设一级马道，马道宽取2m。对于填高较低的渠段，填土外坡一级边坡为1∶1.5，二级边坡为1∶2。左岸沿填方外坡脚线向外设防护林带，林带外缘设截流沟，右岸一律设置13m宽防护林带，根据地形局部设截流沟，其典型布置见图4.1-3。

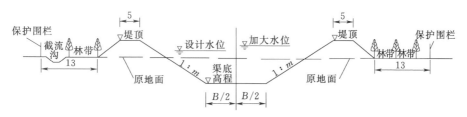

图4.1-3　渠道半挖半填断面图（单位：m）

3）全填方断面。对于全填方渠段，堤顶兼作运行维护道路，顶宽为5m。堤顶高程根据渠道加大水位加上相应安全超高，堤外设计洪水位加上相应超高及堤外校核洪水位加上相应超高确定，取三者计算结果之最大值，左、右岸堤顶高程可不相同。全填方渠段过水断面均为单一边坡，边坡值为1∶2。

堤外坡自堤顶向下每降低6m设一级马道，马道宽取2m。对于填高较低的填方渠段，填土外坡一级边坡为1∶1.5，二级边坡为1∶2。高填方渠段外坡取值均由边坡稳定计算结果确定，可适当放缓至一级坡1∶2，二级坡1∶2.5，坡脚设置干砌石防护。左岸沿填方外坡脚线向外设防护林带，林带外缘设截流沟，右岸一律设置13m宽防护林带，根据地形局部设截流沟，其典型布置见图4.1-4。

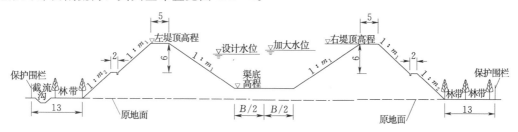

图4.1-4　渠道全填方断面图（单位：m）

为增加渠道对采空区变形的适应能力，对于挖方渠道，一级坡全断面超挖2m，然后回填土及土工格栅，层距为50cm。对于填方渠道，为避免填方段渠道因采空区沉降引起拉裂，渠堤填筑采用土工格栅措施，层距为50cm。

（2）边坡稳定计算与分析。本渠段均为明渠，渠道最大挖深约为25m，最大填高为9.1m。沿线岩性以黄土状粉质壤土、壤土、黏土岩、砂砾岩等为主。

1）计算工况。

a. 设计工况。工况Ⅰ，计算内（外）坡，渠道内设计水深为7.0m，地下水处于稳定渗流，防渗有效；工况Ⅱ，计算内坡，渠内设计水位骤降0.3m。

b. 校核工况。工况 I_1，计算内坡，施工期，渠内无水，地下水处于稳定渗流状态；工况 I_2，填筑高度大于 8m 的断面，填方渠内加大水深，局部防渗失效，计算渠堤外坡稳定。工况 II_1：计算内坡，设计工况 I 与地震组合；工况 II_2：计算外坡，填筑高度大于 8m 的断面，渠内设计水位与地震组合。

2) 安全系数。边坡稳定计算工况及抗滑稳定最小安全系数见表 4.1-2。

表 4.1-2　　　　　　　　　　边坡稳定计算工况及抗滑稳定最小安全系数

工况		荷载					安全系数	备注
		土重	水重	孔隙压力	汽车荷载	地震压力		
设计工况	I	√	√	√	√		1.5	挖方渠段：设计水深、加大水深、地下水稳定渗流； 填方渠段：设计水深、加大水深、堤外无水； 渠道建成：渠内无水，施工期地下水位
	II	√	√	√	√		1.5	根据运行过程渠道水位，衬砌下方的排水条件确定作用坡面的衬砌压力和坡外水位
校核工况	I	√	√	√	√		1.3	挖方渠段：渠内无水，地下水稳定渗流； 填方渠段：渠内加大水位，堤外无水
	II	√	√	√	√	√	1.2	正常情况下增加地震荷载

3) 边坡稳定计算。边坡稳定计算选用中国水利水电科学研究院编制的土石坝边坡稳定分析程序（STAB95）。共选取 6 个代表断面进行计算，计算结果见表 4.1-3。

表 4.1-3　　　　　　　　　　禹州矿区段边坡稳定计算成果表

序号	设计分段桩号		代表断面桩号	长度/m	断面类型	计算边坡			边坡计算安全系数	
	起点	终点				内坡		外坡	设计工况 I	校核工况 I
						m_1	m_2	m_1		
1	SH (3) 70+550.8	SH (3) 71+618.6	SH (3) 70+845.0	1067.8	全挖	2	1.5		2.147	1.45
2	SH (3) 71+618.6	SH (3) 75+914.5	SH (3) 75+585.5	4295.9	全挖	2	1.5		1.747	1.493
3	SH (3) 75+914.5	SH (3) 77+923.8	SH (3) 76+597.6	2009.3	半挖半填	2		1.5	1.937	1.306
4	SH (3) 77+923.8	SH (3) 79+185.6	SH (3) 78+774.3	1261.8	半挖半填	2.5	2.25		1.575	1.342

续表

序号	设计分段桩号		代表断面桩号	长度/m	断面类型	计算边坡			边坡计算安全系数	
	起点	终点				内坡		外坡	设计工况Ⅰ	校核工况Ⅰ
						m_1	m_2	m_1		
5	SH (3) 79+185.6	SH (3) 80+822.8	SH (3) 80+113.9	1637.2	全挖	3.5	3.25		1.503	1.31
6	SH (3) 80+822.8	SH (3) 82+072.7	SH (3) 81+629.1	1249.9	全挖	2	1.5		1.919	1.303

3. 渠道填筑设计

(1) 填筑材料。对土料料源的选择遵循以下原则：优先利用工程开挖料，尽量少占农田。凡满足土料质量要求的可直接上堤填筑，仅含水量达不到要求的，可经过翻晒后上堤；当挖方弃料在质量、数量上不能满足填筑需求时，就近选择土料场取土。

为保证填筑效果，对选用土料的质量指标按表 4.1-4 控制。

表 4.1-4　　　　　　　　　　填 筑 土 料 质 量 指 标

序号	项目	渠堤填筑料
1	黏粒含量	10%～30%
2	塑性指数	7～17
3	渗透系数	碾压后小于 $1×10^{-4}$cm/s
4	有机质含量	<5%
5	水溶盐含量	<3%
6	天然含水量	与最优含水量或塑限接近
7	pH 值	>7
8	SiO_2/R_2O_3	>2

(2) 填筑标准。渠道填筑标准用设计填筑干密度和设计填筑含水量控制。

1) 设计填筑干密度。黏性土设计填筑干密度按下式计算：

$$\gamma_d = p\gamma_{d\max} \tag{4.1-1}$$

式中　γ_d——设计填筑干密度；

　　$\gamma_{d\max}$——标准击实试验最大干密度；

　　p——压实度，填方段压实度取 98%。

本段内挖方土料同类土岩性不均，压实性能有明显差异，很难在同一控制干密度和含水量下进行压实，根据渠道挖方及土料场击实试验成果，设计填筑干密度在 1.73～1.76g/cm³ 之间。

2) 设计填筑含水量。渠道设计填筑含水量取填土的击实试验最优含水量的平均值，与最优含水量的上限、下限偏差不超过 -2%～3%，公式为

$$\omega_0 = \bar{\omega}_0 \qquad\qquad (4.1-2)$$

式中 ω_0——设计填筑含水量；

$\bar{\omega}_0$——标准击实试验最优含水量的平均值。

本渠段设计填筑含水量为 14.2%～17.1%。施工时还要根据各料源具体指标，通过现场碾压试验，复核各段填筑标准。

4. 渠道衬砌设计

由于现场浇筑混凝土具有衬砌接缝少、整体性好、糙率小、施工管理方便、节省人力、造价略低等优点，渠道采用现浇混凝土衬砌。混凝土采用强度等级 C20，抗冻等级 F150，抗渗等级 W6。为了降低渠道糙率和防渗，渠道采取全断面衬砌，包括渠道过水断面的边坡和渠底，填方渠道至堤顶，挖方渠底至一级马道高程。渠道衬砌范围见图 4.1-5。

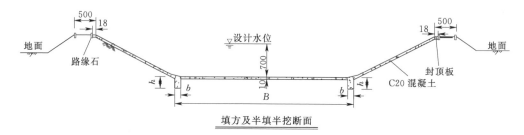

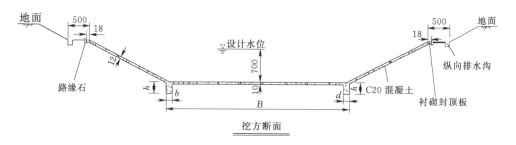

图 4.1-5 渠道衬砌布置图（单位：cm）

根据地基、气温、施工条件等以及规范规定和计算结果，确定渠坡现浇混凝土衬砌厚度为 12cm，渠底为 10cm。

为适应采空区沉降变形，设置纵、横伸缩缝，纵、横伸缩缝间距为 4m，并在此基础上增设沉降缝，间距为 2m。伸缩缝和沉降缝均为通缝，缝宽 2cm，缝上部临水侧 2cm 采用密封胶封闭，下部均采用闭孔塑料泡沫板充填。

5. 渠道防渗设计

采空区渠道选用强度高、均匀性好的机织布复合土工膜作为防渗材料，其规格为 900g/m² 的两布一膜，其中膜厚 0.5mm。土工膜要求平面搭接，搭接宽度不小于 10cm，其搭接处采用双峰焊接，焊接方向由下游向上游顺序铺设，上游边压下游边。在复合土工膜下增设砂石排水垫层，层厚为 20cm。

渠底防渗复合土工膜压在坡脚齿墙下，渠坡防渗复合土工膜顶部压在封顶板及路缘石下。

复合土工膜防渗渠段防渗示意见图 4.1-6。

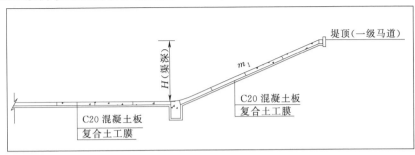

图 4.1-6　复合土工膜防渗示意图

6. 渠道防冻胀设计

根据沿线土质、地下水埋深、渠道走向、渠道一级坡的不同坡比等差异，选取代表性横断面计算完建期及运行期设计冻胀量。经计算，衬砌结构冻胀位移大于 0.5cm，需采取防冻胀措施。设计采用保温措施解决冻胀问题，保温材料采用聚苯乙烯泡沫塑料板，其中渠底厚度为 2.5cm，阳坡为 2cm，阴坡为 2.5～3.5cm。

7. 渠道排水设计

为保证渠道边坡及衬砌的稳定性，需对地下水位高于渠道设计渠底高程的渠段设置排水措施。

对于地下水位低于设计渠底的渠段，考虑到以下因素：①预测最高地下水位是依据 12 年的长观井资料和 22 年的雨量资料，其系列不是太长；②总干渠修建后，可能因截断地下水的排泄而引起地下水位的升高；③总干渠长期运行后，渠坡及渠基一定范围内会由于渗水而饱和，在渠道放空时，衬砌下会产生扬压力。在渠底和渠坡设置适当的排水设施，即在渠底及渠坡各设置一排纵向集水暗管，渠坡及渠底每隔 16m 设置 1 个逆止式排水器。

（1）高地下水位段排水设计。地下水排水方式有两种：一是外排，适用于总干渠附近存在天然沟壑等有自流外排条件的渠段或地下水水质不符合要求而必须外排的渠段；二是内排，对地下水水质良好，且不具备自流外排条件的渠段，将地下水排入总干渠。内排又分以下两种情况：

1）对于地下水位低于渠道设计水位且地下水质较好的渠段采用暗管集水，逆止式排水器自流内排。

在渠道两侧坡脚处设暗管集水，根据集水量的计算成果，每隔一定间距设一逆止式排水器。当地下水位高于渠道水位时，地下水通过排水暗管汇入逆止式排水器，逆止式阀门开启，地下水排入渠道内，使地下水位降低，减少扬压力，反之阀门关闭，其布置示意见图 4.1-7。

图 4.1-7　逆止阀自流内排示意图

这种排水措施在国内渠道排水设计中较为常用，但为满足渠道衬砌稳定的要求，内排措施需满足两个条件：①控制渠内水位的下降速度以保证地下水有较充裕的排出时间；②出水口畅通。第一个条件由于总干渠全线将采用节制闸控制水位，可以使渠内水位下降速度控制在一定的范围内。对于第二个条件由于地下水经多次过滤水质清洁，因此出水畅通应能得到保证。

2）对于地下水位高于或等于渠道设计水位的渠段，为保证排水措施的可靠性，采用内排与抽排相结合的方案。

（2）排水系统的结构及布置。

1）渠坡自流内排系统。

a. 集水暗管布置。集水暗管及其反滤材料采用近年来常用的一种新型材料——强渗软透水管。该管结构为两层尼龙纱织物中间设置一层土工布作为透水料，透水料以钢环支撑，开挖沟槽埋设后回填粗砂。强渗软透水管直径为 30cm。

若地下水位高于渠底 4m 以上，则布置双排纵向集水暗管，并每隔 16m 设一道横向连通管；4m 以下则布置单排纵向集水暗管。集水暗管采用软式透水管，软管周围设粗砂垫层。

b. 逆止式排水器。采用可更换型逆止排水器，其主要部件由硬聚氯乙烯（PVC－U）制作，设有进水室、出水室和逆止活动门。逆止活动门设置在进水室和出水室之间。集水暗管中的地下水通过连接管汇入进水室，当地下水位高于渠内水位即外水压力大于内水压力时，逆止活动门开启，地下水通过排水器排出；当内水压力大于外水压力时，由负压差自动关闭逆止活动门。

2）渠底自流内排系统。为了保证渠底衬砌板免受扬压力的破坏，在渠底正中间设一排纵向集水暗管，并每隔 16m 布置 1 个逆止式排水器。

4.1.3 采空区治理方案

1. 治理方案的比选

采空区地基处理方案有井下充填和地面充填两种措施。

井下充填主要有水砂充填、风力充填、矸石自溜充填和带状充填。水砂充填是井下利用充填设备将水砂充填至采空区，河砂、山砂、卵石、碎石、井下矸石、粉煤灰等均可用作充填料。风力充填是指将地面充填材料通过垂直管道溜入井下储料仓，然后由运输机输送到风力充填机，风力充填机利用风压通过充填管道将充填材料送入采空区充填，风力充填效果不如前面的水砂充填，但对材料、设备要求较低。矸石自溜充填是指矸石在自重的作用下，沿煤层底板自溜充填采空区，这种方法减小地表变形效果不大。带状充填是指沿工作面方向每隔一定距离垒一个矸石带来支撑顶板，构造面向前推进，矸石带也随之延长，此种方法需保证矸石带有足够的强度支撑上部覆岩。

地面充填是从地面对已沉陷的采空区垮落带及断裂带进行大口径灌浆并辅以骨料充填的处理方法。

由于禹州矿区段主要受已形成采空区的影响，煤层顶板覆岩已经破坏，地面沉陷盆地已经形成或正在形成，井下工作面巷道受到破坏，采场上部覆岩已经垮落，垮落带也已形成，无法采用井下充填法对采空区进行充填，只能采用地面充填处理措施。结合禹州矿区的实际情况，设计采用注浆法对采空区进行加固处理。

2. 注浆法的原理及效果

注浆法是应用广泛的地基处理技术，是指用人工的方法向地基土颗粒的空隙、土层界面或岩层的空隙（溶洞、溶隙、裂隙、空隙）或采空区的垮落带和断裂带里注入具有充填、胶结性能的浆液材料，以便硬化后增加其强度或降低渗透性，改善岩土层的物理力学性质，达到加固地基的目的。

对采空区进行注浆加固的措施在国内交通系统已有不少的应用实例，如：晋焦线、乌鲁木齐—奎屯线、大运线、京福线、京珠线、太旧线、郑少线、祁临线、巴彭线等对采空区的加固措施。经对注浆后采空区地表变形的综合评价，注浆后地表的变形速度明显减缓，可将破碎岩体的承载力提高 30%～50%，减少 50%～80%的残余变形。

3. 注浆处理范围

按《建筑物、水体、铁路及主要井巷煤柱留设与压煤开采规程》中的垂线法圈定保护煤柱边界，然后与采空区的实际区域取交集，确定注浆的处理范围，见图 4.1-8～图 4.1-10和表 4.1-5。注浆处理范围主要涉及原新峰煤矿采空区、梁北镇郭村煤矿采空区、梁北镇工贸煤矿采空区和梁北镇福利煤矿采空区，仅涉及刘垌一组煤矿的小部分巷道。

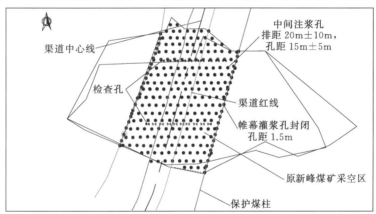

图 4.1-8　原新峰煤矿采空区处理范围图

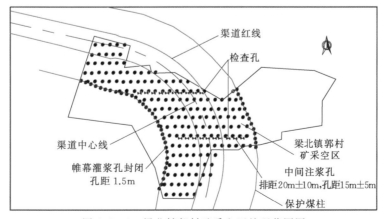

图 4.1-9　梁北镇郭村矿采空区处理范围图

表 4.1-5　原新峰煤矿、梁北镇郭村煤矿、工贸煤矿（浅层煤）渠线保护煤柱宽度

分段	桩号	基岩下山方向移动角 β/(°)	基岩上山方向移动角 γ/(°)	基岩走向方向移动角 δ/(°)	走向夹角 θ/(°)	煤层倾角 α/(°)	左岸冰火占地宽 /m	围护带宽度/m	地面高程/m	表土厚度/m	cotφ (φ=45°)	表土宽度 S=h×cotφ /m	煤柱线底高程/m	左岸保护宽度/m	右岸保护宽度/m	采空区段
1	SH（3）75+552.2	62.8	70	70	75.3	13	78.16	20	144	65	1.000	65	−180	258	215	
2	SH（3）75+642.2	62.8	70	70	75.3	13	72.68	20	143	65	1.000	65	−157	244	209	
3	SH（3）75+752.2	62.8	70	70	75.3	13	73.67	20	139	65	1.000	65	−131	234	201	
4	SH（3）75+852.2	62.8	70	70	75.3	13	70.77	20	137	65	1.000	65	−107	222	191	
5	SH（3）75+952.2	62.8	70	70	75.3	13	64.25	20	135.5	65	1.000	65	−83	206	181	
6	SH（3）76+052.2	62.8	70	70	75.3	13	67.39	20	137	65	1.000	65	−59	201	172	原新峰煤矿
7	SH（3）76+162.2	62.8	70	70	75.3	13	63.28	20	126.6	65	1.000	65	−32	183	167	
8	SH（3）76+242.2	62.8	70	70	75.3	13	63.87	20	132.9	65	1.000	65	−13	179	156	
9	SH（3）76+342.2	62.8	70	70	75.3	13	61.01	20	128.5	65	1.000	65	11	165	149	
10	SH（3）76+462.2	62.8	70	70	75.3	13	60.82	20	133	65	1.000	65	40	156	137	
11	SH（3）76+552.2	62.8	70	70	75.3	13	57.21	20	129.7	65	1.000	65	39	152	132	
12	SH（3）76+652.2	62.8	70	70	75.3	13	62.28	20	132.8	65	1.000	65	42	157	132	
13	SH（3）76+700.1	62.8	70	70	75.3	13	62.08	20	132.5	65	1.000	65	42	156	133	

续表

分段	桩号	基岩下山方向移动角 β/(°)	基岩上山方向移动角 γ/(°)	基岩走向方向移动角 δ/(°)	走向夹角 θ/(°)	煤层倾角 α/(°)	左岸永久占地宽/m	围护带宽度/m	地面高程/m	表土厚度/m	cotφ (φ=45°)	表土宽度 S=h×cotφ /m	煤柱线底高程/m	左岸保护宽度/m	右岸保护宽度/m	采空区段
14	SH（3）76+752.2	62.2	70	70	75.3	13	64.43	20	132.2	45	1.000	45	-174	227	207	
15	SH（3）76+862.2	62.2	70	70	75.3	13	62.61	20	131.5	45	1.000	45	-154	217	204	
16	SH（3）76+952.2	62.2	70	70	79.3	13	57.78	20	129.5	45	1.000	45	-138	205	201	
17	SH（3）77+052.2	62.2	70	70	88.8	13	52.27	20	126.5	45	1.000	45	-119	190	203	
18	SH（3）77+152.2	62.2	70	70	81.6	13	58.05	20	125	45	1.000	45	-100	189	192	梁北镇郭村煤矿
19	SH（3）77+252.2	62.2	70	70	72.1	13	60.31	20	122.4	45	1.000	45	-81	185	186	
20	SH（3）77+337.2	62.2	70	70	64	13	60.82	20	122.5	45	1.000	45	-66	180	183	
21	SH（3）77+422.2	62.2	70	70	55.9	13	59.91	20	123.6	45	1.000	45	-52	175	185	
22	SH（3）77+552.2	62.2	70	70	43.4	13	61.79	20	121.8	45	1.000	45	-34	170	170	
23	SH（3）77+652.2	62.2	70	70	33.9	13	61.79	20	121	45	1.000	45	-22	165	165	
24	SH（3）77+752.2	62.2	70	70	24.3	13	61.78	20	120	45	1.000	45	-12	161	163	
25	SH（3）77+852.2	62.2	70	70	14.8	13	61.78	20	120	45	1.000	45	-7	159	162	
26	SH（3）77+931.3	62.2	70	70	11.8	13	58.88	20	126.4	45	1.000	45	-3	157	161	

续表

分段	桩号	基岩下山方向移动角 β/(°)	基岩上山方向移动角 γ/(°)	基岩走向方向移动角 δ/(°)	走向夹角 θ/(°)	煤层倾角 α/(°)	左岸永久占地宽/m	围护带宽度/m	地面高程/m	表土厚度/m	cotφ (φ=45°)	表土宽度 S=h×cotφ/m	煤柱线底高程/m	左岸保护宽度/m	右岸保护宽度/m	采空区段
27	SH (3) 78+052.2	62.2	70	70	11.8	13	63.24	20	127.4	45	1.000	45	2	160	150	
28	SH (3) 78+152.2	62.2	70	70	11.8	13	62.09	20	128.5	45	1.000	45	−4	162	153	
29	SH (3) 78+252.2	62.2	70	70	11.8	13	58.95	20	128.5	45	1.000	45	−5	159	154	
30	SH (3) 78+352.2	62.2	70	70	11.8	13	59.08	20	129	45	1.000	45	−6	160	154	
31	SH (3) 78+452.2	62.2	70	70	11.8	13	55.06	20	130.5	45	1.000	45	−7	157	155	
32	SH (3) 78+552.1	62.2	70	70	11.8	13	64.00	20	133.6	45	1.000	45	−9	168	161	梁北镇工贸煤矿
33	SH (3) 78+652.1	62.2	70	70	11.8	13	67.44	20	135.5	45	1.000	45	−9	172	163	
34	SH (3) 78+777.1	62.2	70	70	11.8	13	75.56	20	136.4	45	1.000	45	−9	180	165	
35	SH (3) 78+952.1	62.2	70	70	11.8	13	74.73	20	132.5	45	1.000	45	−9	178	161	
36	SH (3) 79+052.1	62.2	70	70	11.8	13	78.19	20	130	45	1.000	45	−9	180	161	
37	SH (3) 79+152.1	62.2	70	70	11.8	13	80.27	20	133.9	45	1.000	45	0	181	162	
38	SH (3) 79+200.6	62.2	70	70	11.8	13	99.21	20	131	45	1.000	45	0	198	183	
39	SH (3) 79+252.1	62.2	70	70	11.8	13	99.04	20	133	45	1.000	45	0	199	187	
40	SH (3) 79+352.1	62.2	70	70	11.8	13	99.14	20	134.5	45	1.000	45	0	200	201	
41	SH (3) 79+452.1	62.2	70	70	11.8	13	106.47	20	139	45	1.000	45	0	209	203	

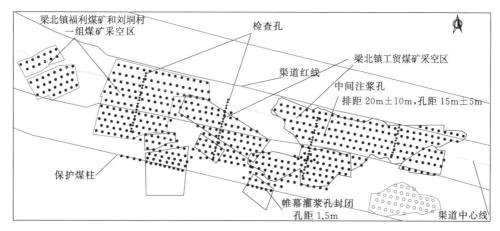

图 4.1-10 梁北镇工贸煤矿、福利煤矿采空区处理范围图

4. 注浆孔的布置、注浆顺序及钻孔方法

根据公路、铁路等行业的经验，在主要建筑物下布孔间距一般取 12~20m，在主要建筑物外侧孔距布置在 20~30m 之间。根据禹州采空区的情况，注浆孔采用梅花形均匀布设，排距 18m，孔距 18m，在施工时根据灌浆试验的注浆效果，调整布孔间距。

注浆顺序为首先对下山及边界实施隔断性帷幕注浆，以减少和阻止注入浆液的流失和浪费，然后对中间孔进行施工。帷幕注浆孔距为 2.0m。

用 $\phi130$ 钻头开钻，钻至完整基岩 5m 后，下入 127mm 套管护壁，然后变径 $\phi89$ 钻进至采空区垮落带煤层底板下 1.5m 以内终孔，见图 4.1-11。

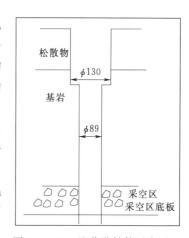

图 4.1-11 注浆孔结构示意图

5. 注浆材料和注浆量

（1）注浆材料。采用 425 号普通硅酸盐水泥和粉煤灰，按水固比为 1:1，其中水泥与粉煤灰为 0.15:0.85，浆液密度为 1.32~1.34，浆液中水、水泥和粉煤灰的干料用量分别为 $667kg/m^3$、$100kg/m^3$ 和 $567kg/m^3$。预计结石率 86%，无侧限抗压强度不小于 0.2~0.3MPa。

（2）注浆量。根据其他行业工程实践经验，采空区注浆量可按下列公式进行估算：

$$Q = A \cdot S \cdot m \cdot K \cdot \Delta V \cdot \eta \cdot C \qquad (4.1-3)$$

式中　Q——采空区注浆量，m^3；

　　　S——采空区治理面积，m^2，其值为采空区分布图上煤柱保护宽度内采空区的实际面积；

　　　m——采空区原采煤层厚度，m，其取值为采空区范围内钻孔处煤厚的平均值；

　　　ΔV——采空区剩余空隙率，即煤层被采出后，原空间经塌陷垮落岩块充填后剩余的空隙，一般取值在 0.2~1 之间；

　　　K——煤层采出率，根据矿区煤矿回采率实际情况，取 70%~75%；

A——浆液损耗系数，一般取值在 $1.0 \sim 1.5$ 之间；

η——注浆充填系数，一般取值在 $0.75 \sim 0.95$ 之间；

C——浆液结石率。

根据禹州段采空区的具体情况，注浆量计算采用参数见表 4.1-6。

表 4.1-6　　　　　　　　　禹州注浆范围及采用参数表

煤层	处理长度/m	处理面积/m²	A	m/m	ΔV	η	C	K
梁北镇郭村煤矿六₂、六₄煤	1055	245953	1.25	1.1	0.5	0.85	0.86	0.75
梁北镇工贸煤矿、福利煤矿六₂、六₄煤	1313	184945	1.25	0.95	0.5	0.85	0.86	0.75
原新峰煤矿六₂、六₄煤	747	267727	1.25	1.1	0.5	0.85	0.86	0.75
合计	3115	698625						

采空区处理工程量见表 4.1-7 和表 4.1-8。

表 4.1-7　　　　　　　　　采空区深层注浆工程量表

煤层	深层灌浆					
	处理长度/m	处理面积/m²	处理宽度/m	注浆量/m³	表土进尺/m	基岩进尺/m
梁北镇郭村煤矿六₂、六₄煤	1055	245953	1140	101976	41751	134857
梁北镇工贸煤矿、福利煤矿六₂、六₄煤	1313	184945	210	66224	31395	84453
原新峰煤矿六₂、六₄煤	747	267727	1450	111003	45447	101348
合计	3115	698625	2800	279203	118594	320657

表 4.1-8　　　　　　　　　采空区帷幕灌浆工程量表

煤层	帷幕灌浆				
	处理长度/m	表土造孔长度/m	孔数/个	基岩造孔长度/m	灌浆长度/m
梁北镇郭村煤矿六₂、六₄煤	1140	31350	570	101574	4389
梁北镇工贸煤矿、福利煤矿六₂、六₄煤	210	5775	105	15593	809
原新峰煤矿六₂、六₄煤	1450	39875	725	89320	5583
合计	2800	77000	1400	206487	10780

4.2 注浆材料研究

4.2.1 研究对象

（1）充填灌浆材料。研制高性能粉煤灰水泥充填灌浆材料用于充填灌浆区。新材料应具有高填充性、高流动性、高强、高耐久、低收缩和缓凝时间可控等特性，与普通粉煤灰水泥充填灌浆材料相比，各项性能指标明显提高。

（2）帷幕灌浆材料。研制高性能粉煤灰水泥帷幕灌浆材料，用于帷幕灌浆带。新材料应具有高填充性、有限流动性、高强、高耐久、低收缩和低孔隙等特性，与普通粉煤灰水泥帷幕灌浆材料相比，各项性能指标明显提高。

4.2.2 研究任务与内容

1. 研究任务

（1）充填灌浆。充填灌浆主要通过对采空区空腔和塌落散粒体孔隙加以填充，并对散粒体进行胶结，从而提高采空区地基稳定性。

通过掺入相关改性材料，使大掺量粉煤灰水泥浆改性，具有高效流化、减水等特性，激活粉煤灰活性，通过引入补偿收缩的功能组分，调节浆液凝结时间，最终使粉煤灰水泥充填灌浆材料具有高填充性、高流动性、高强、高耐久、低收缩和缓凝时间可控等特性。高性能粉煤灰水泥充填灌浆材料的研制，可大幅度提高采空区充填密实性、结石强度，加大灌浆孔间距，减少钻孔工程量，从而提高采空区基础处理质量及可靠性，节省工程投资，提高施工效率。

（2）帷幕灌浆。帷幕灌浆主要是在拟进行充填灌浆的采空区周边实施，其目的是形成封闭帷幕，以便在封闭区进行充填灌浆。通过掺入相关改性材料使大掺量粉煤灰水泥浆改性，增黏、减水，激发粉煤灰活性，通过引入补偿收缩的功能组分，调节浆液凝结时间，最终使粉煤灰水泥充填灌浆材料具有高填充性、较好的流变性能、较高的强度、高耐久性、低收缩性和凝结时间可控等特性。高性能粉煤灰水泥帷幕灌浆材料的研制，可较好地控制灌浆量及帷幕浆液扩散范围，大幅度提高帷幕充填密实性、结石强度，控制帷幕的被穿透性，从而提高采空区基础处理质量及可靠性，节省工程投资，提高施工效率。

2. 研究内容

根据相关要求，需进行高性能粉煤灰水泥充填灌浆材料 12 个配比和高性能粉煤灰水泥帷幕灌浆材料 10 个配比的性能试验。

高性能粉煤灰水泥充填灌浆材料配比见表 4.2－1 和表 4.2－2。

表 4.2－1　　　　　　　　高性能充填灌浆复合外加剂配比组成

序号	单项外加剂	Ⅰ型	Ⅱ型	Ⅲ型	Ⅳ型	Ⅴ型
1	高效减水剂	0.5		1	0.5	1
2	自流平流化剂	0.5	1.5	1	1	1

序号	单项外加剂	Ⅰ型	Ⅱ型	Ⅲ型	Ⅳ型	Ⅴ型
3	粉煤灰激活剂	1	1.5	2	1.5	1.5
4	缓凝剂	0.5	—	—	0.5	—
合计		2.5	3.0	4	3.5	3.5

注　表中数字为外加剂占水泥、粉煤灰重量的百分比。

表 4.2-2　　高性能粉煤灰水泥充填灌浆材料试验配比（重量比）

序号	材料	配比 A	配比 B	配比 C	配比 D	配比 E	配比 F
1	水	1	1	1	1	1	1
2	水泥	0.15	0.15	0.15	0.15	0.15	0.15
3	粉煤灰	0.85	0.85	0.85	0.85	0.85	0.85
4	复合外加剂		Ⅰ型	Ⅱ型	Ⅲ型	Ⅳ型	Ⅴ型
序号	材料	配比 G	配比 H	配比 I	配比 J	配比 K	配比 L
1	水	1	1	1	1	1	1
2	水泥	0.3	0.3	0.3	0.3	0.3	0.3
3	粉煤灰	1.7	1.7	1.7	1.7	1.7	1.7
4	复合外加剂	—	Ⅰ型	Ⅱ型	Ⅲ型	Ⅳ型	Ⅴ型

高性能粉煤灰水泥帷幕灌浆材料配比见表 4.2-3 和表 4.2-4。

表 4.2-3　　　　　高性能帷幕灌浆复合外加剂配比组成

序号	单项外加剂	Ⅰ型	Ⅱ型	Ⅲ型	Ⅳ型
1	高效减水剂	0.5	1	1	1
2	粉煤灰激活剂	1	1.5	2	1.5
3	速凝剂		1	2	
合计		2.5	3.5	5	2.5

注　表中数字为外加剂占水泥、粉煤灰重量的百分比。

表 4.2-4　　高性能粉煤灰水泥帷幕灌浆材料试验配比（重量比）

序号	材料	配比 a	配比 b	配比 c	配比 d	配比 e
1	水	1	1	1	1	1
2	水泥	0.15	0.15	0.15	0.15	0.15
3	粉煤灰	0.7	0.7	0.7	0.7	0.7
4	膨润土	0.15	0.15	0.15	0.15	0.15
5	复合外加剂	—	Ⅰ型	Ⅱ型	Ⅲ型	Ⅳ型
序号	材料	配比 f	配比 g	配比 h	配比 i	配比 j
1	水	1	1	1	1	1
2	水泥	0.3	0.3	0.3	0.3	0.3
3	粉煤灰	1.2	1.2	1.2	1.2	1.2
4	膨润土	0.5	0.5	0.5	0.5	0.5
5	复合外加剂	—	Ⅰ型	Ⅱ型	Ⅲ型	Ⅳ型

4.2.3 试验原材料及品质检验

1. 水泥

采用河南省禹州市中锦水泥有限公司生产的普通硅酸盐水泥 P·O42.5 水泥。水泥的品质检验执行《通用硅酸盐水泥》（GB 175—2007），水泥的化学成分检测结果见表 4.2 - 5，品质检验结果见表 4.2 - 6。

表 4.2 - 5　　　　　　　　水 泥 的 化 学 成 分

化学成分	CaO	SiO$_2$	Al$_2$O$_3$	Fe$_2$O$_3$	MgO	SO$_3$	K$_2$O	Na$_2$O	碱含量	烧失量
检测结果/%	56.58	22.90	6.78	2.81	2.84	2.81	1.20	0.31	1.10	3.50
GB 175—1999	—	—	—	—	≤5	≤3.5	—	—	—	≤5.0

表 4.2 - 6　　　　　　　　水 泥 的 品 质 检 验 结 果

检测参数	密度/(g/cm^3)	细度/%	比表面积/(m^2/kg)	安定性	标准稠度/%	凝结时间/min 初凝	凝结时间/min 终凝	抗压强度/MPa 3d	抗压强度/MPa 28d	抗折强度/MPa 3d	抗折强度/MPa 28d	水化热/(kJ/kg) 3d	水化热/(kJ/kg) 7d
检测结果	3.18	3.7	385	合格	26.0	168	224	27.0	48.1	5.6	7.2	248	288
GB 175—2007	—	≥10	—	合格	—	≥45	≤600	≥16.0	≥42.5	≥3.5	≥6.5	—	—

2. 粉煤灰

（1）粉煤灰的品质检验。试验采用平顶山姚孟电厂生产的科利尔牌Ⅱ级粉煤灰。粉煤灰的品质检验执行《用于水泥和混凝土中的粉煤灰》（GB/T 1596—2005），粉煤灰化学成分分析结果见表 4.2 - 7，品质指标检验结果见表 4.2 - 8。

表 4.2 - 7　　　　　　　　粉 煤 灰 化 学 成 分

化学成分	各化学成分所占百分比/%									
	CaO	SiO$_2$	Al$_2$O$_3$	Fe$_2$O$_3$	MgO	SO$_3$	K$_2$O	Na$_2$O	碱含量	烧失量
粉煤灰	1.93	60.17	30.16	3.52	0.58	0.22	0.98	0.56	1.20	1.44

表 4.2 - 8　　　　　　　　粉 煤 灰 的 品 质 检 验

检测项目	检测结果	GB/T 1596—2005（F 类）		
		Ⅰ 级	Ⅱ 级	Ⅲ 级
细度/%	11.0	≤12.0	≤25.0	≤45.0
需水量比/%	95	≤95	≤105	≤115
烧失量/%	1.78	≤5.0	≤8.0	≤15.0
含水量/%	0.20	≤1.0		
三氧化硫/%	0.34	≤3.0		
表观密度/(g/cm^3)	2.35	—		

（2）掺粉煤灰的胶砂强度试验。试验采用中锦 P·O42.5 水泥，分别掺加 30％的 HN 牌粉煤灰和科利尔牌粉煤灰，胶砂强度试验结果见表 4.2 - 9。从试验结果来看，科利尔牌粉煤灰相对差点，但两种粉煤灰质量总体相差不大，因此，在灌浆材料配比性能试验中全部采用科利尔牌粉煤灰进行试验。

表 4.2 - 9 水泥、粉煤灰的胶砂强度试验结果

项目	抗压强度/MPa				抗折强度/MPa			
	3d	7d	28d	90d	3d	7d	28d	90d
中锦水泥	31.4	39.7	51.8	61.0	5.9	7.1	8.7	9.6
中锦水泥掺加 30％HN 牌粉煤灰	—	26.6	38.6	54.8	—	5.2	7.5	9.6
中锦水泥掺加 30％科利尔牌粉煤灰	—	25.8	39.1	54.9	—	5.1	7.3	9.6

3. 高效减水剂

试验选用北京瑞帝斯建材有限公司生产的高效减水剂（液体）。外加剂检测使用基准水泥，北京普通的砂石骨料。减水剂的匀质性试验执行《混凝土外加剂匀质性试验方法》（GB/T 8077—2012），减水剂的品质检验执行《混凝土外加剂》（GB 8076—2008）。

检测结果见表 4.2 - 10，检测结果表明，高效减水剂满足 GB 8076—2008 中一等品的技术要求。

表 4.2 - 10 减水剂检测结果（掺量为 2.0％）

项 目		高效减水剂	GB 8076—2008 高效减水剂指标要求	
			一等品	合格品
K_2O		0.02		
Na_2O		1.00		
碱含量（$Na_2O+0.658K_2O$）/％		1.01	—	
减水率/％		32.0	≥12	≥10
泌水率比/％		35	≤90	≤95
含气量/％		4.6	≤3.0	≤4.0
凝结时间之差 /min	初凝	85	−90～+120	
	终凝	—		
抗压强度比 /％	3d	175	≥130	≥120
	7d	167	≥125	≥115
	28d	144	≥120	≥110
28d 收缩率比/％		96	≤135	
对钢筋锈蚀作用		对钢筋无锈蚀危害	应说明对钢筋有无锈蚀危害	

4. 自流平流化剂

自流平流化剂参照高效减水剂的试验方法进行试验，试验结果见表 4.2-11。

表 4.2-11　　　　　自流平流化剂检测结果（掺量为 1.2%）

项　目		自流平流化剂	GB 8076—2008 高效减水剂指标要求	
			一等品	合格品
减水率/%		25.0	≥12	≥10
泌水率比/%		32.0	≤90	≤95
含气量/%		3.2	≤3.0	≤4.0
凝结时间之差 /min	初凝	98	−90～+120	
	终凝	—		
抗压强度比 /%	3d	163	≥130	≥120
	7d	147	≥125	≥115
	28d	124	≥120	≥110
28d 收缩率比/%		97	≤135	
对钢筋锈蚀作用		对钢筋无锈蚀危害	应说明对钢筋有无锈蚀危害	

5. 其他添加材料

其他添加剂化学成分检测结果见表 4.2-12，其他性能未进行检测试验。

表 4.2-12　　　　　　几种添加材料的化学成分　　　　　　　　　%

化学成分	CaO	SiO_2	Al_2O_3	Fe_2O_3	MgO	SO_3	K_2O	Na_2O	碱含量	烧失量
粉煤灰激活剂	0.18	0.02	0.12	0.02	0.04	55.27	0.04	18.26	18.29	40.77
缓凝剂	15.84	9.65	2.33	0.72	0.20	14.98	0.36	11.14	11.38	40.06
速凝剂	21.06	25.00	23.05	3.02	1.98	0.22	1.02	7.74	8.41	14.12
膨润土	1.86	69.54	14.40	2.81	1.78	0.04	1.59	2.48	3.53	5.19

4.2.4　高性能灌浆材料试验

1. 浆液性能

浆液的拌制见图 4.2-1。直接将称量好的各粉体组分放入塑料桶中，将称量好的液体外加剂放入称量好的水中，然后将水缓缓加入装粉体组分的塑料桶中，开动搅拌器搅拌，搅拌均匀后，即可进行浆液性能的测试。灌浆材料浆液性能包括比重、黏度、扩展度、泌水性能等等。在本试验中，比重采用比重天平测试，见图 4.2-2，黏度采用标准漏斗测试，标准漏斗见图 4.2-3。

图 4.2-1　浆液搅拌图

图 4.2-2　比重天平图

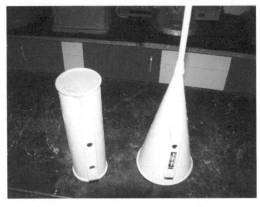

图 4.2-3　标准漏斗图

扩展度采用一般水泥、外加剂检测中的净浆扩展度的试验方法进行。泌水率测试时，首先将浆液搅拌均匀，然后取一定量的浆液放入带刻度和活塞的量筒中静置，隔一定时间将上面泌出的水取出，用浆液静置 24h 的泌水量与浆液总含水量的比值计算泌水率。

浆液的性能特征直接决定了该种灌浆材料的灌注特性及是否可灌。

（1）高性能粉煤灰水泥充填灌浆材料浆液的性能。高性能粉煤灰水泥充填灌浆材料浆液的性能试验结果见表 4.2-13。在进行凝结时间的试验过程中，发现灌浆材料凝结时间很长，有的甚至 90d 都没有凝结，无法进行试验。另外在试验中，能够测试标准漏斗黏度的不测试流动扩展度，不能测试标准漏斗黏度的才测试流动扩展度。

表 4.2-13　　　　　　　　高性能粉煤灰水泥充填灌浆材料浆液的性能

序号	检测性能	配比 A	配比 B	配比 C	配比 D	配比 E	配比 F
1	密度/(g/cm³)	1.400	1.40	1.390	1.380	1.360	1.350
2	标准漏斗黏度/s	21.9	22.9	20.4	24.3	24.7	24.2
3	流动扩展度/mm	>300	—	—	—	—	—
4	泌水率/%	15.38	12.10	32.55	27.04	21.91	27.44
5	初凝时间						
6	终凝时间						
	备注	可用	可用	可用	可用	可用	可用

序号	检测性能	配比 G	配比 H	配比 I	配比 J	配比 K	配比 L
1	密度/(g/cm³)	1.560	1.565	1.592	1.550	1.560	1.570
2	标准漏斗黏度/s	—	滴流	330.9	261.2	滴流	274.1
3	流动扩展度/mm	118	110	275	250	103	256
4	泌水率/%	1.31	1.38	4.56	4.17	1.29	6.70
5	初凝时间						
6	终凝时间						
	备注	膏状浆液	膏状浆液	可用	可用	膏状浆液	可用

表 4.2-14 是高性能粉煤灰水泥充填灌浆材料配比 B、粉体配比不变、改变其水灰比得到的不同浆液性能测试结果。通过黏度随水灰比的变化，可确定粉体可灌性能的临界水灰比。

表 4.2-14 　　　　　高性能粉煤灰水泥配比 B 浆液性能测试成果

水灰比	0.8	0.9	1.0
密度/(g/cm³)	1.435	1.410	1.40
标准漏斗黏度/s	34.1	25.8	22.9
泌水率/%	5.06	8.11	12.10

试验结果可看出减水剂对这种高水灰比材料的性能影响不大。但对于帷幕灌浆，由于本身要求的黏度大，因此，添加减水剂可能是有益的。

（2）高性能粉煤灰水泥帷幕灌浆材料的浆液性能。高性能粉煤灰水泥帷幕灌浆材料浆液的性能试验结果见表 4.2-15。在该试验结果中凝结时间是空白，未能测试出真实结果。表 4.2-15 中的空格表示没有试验结果，无法进行该配比的试验或试验结果不能测定。

表 4.2-15 　　　　　高性能粉煤灰水泥帷幕灌浆材料浆液的性能

序号	检测性能	配比 a	配比 b	配比 c	配比 d	配比 e
1	密度/(g/cm³)	1.395	1.395	1.380	1.375	1.365
2	标准漏斗黏度/s	46.5	42.3	47.9	61.6	37.1
3	流动扩展度/mm	163	195	190	171	205
4	泌水率/%	4.80	2.93	2.13	0.26	5.67
5	初凝时间					
6	终凝时间					
	备注	可用	可用	可用	可用	可用
序号	检测项目	配比 f	配比 g	配比 h	配比 i	配比 j
1	密度/(g/cm³)					
2	标准漏斗黏度/s					
3	流动扩展度/mm					
4	泌水率/%					
5	初凝时间					
6	终凝时间					
	备注	胶泥状	胶泥状	胶泥状	胶泥状	胶泥状

表 4.2-16 是高性能粉煤灰水泥帷幕灌浆材料配比 a，在粉体配比不变、水灰比改变的情况下，得到的不同浆液性能测试结果。通过扩展度随水灰比的变化，可确定粉体可灌性能的临界水灰比。

表 4.2-16　　　　　　　　　高性能粉煤灰水泥帷幕灌浆材料配比

水灰比	0.5	0.6	0.7	0.8	0.9	1.0
密度/(g/cm³)	1.521	1.505	1.485	1.442	1.421	1.395
标准漏斗黏度/s				滴流		46.5
流动扩展度/mm	66.4	69.8	92.7	118.3	144.5	179.3
备注	胶泥状	胶泥状	胶泥状	膏状液	膏状液	可用

2. 结石体的强度

将浆液装入试模，制作长方体 4cm×4cm×16cm 的试件。试件成型后，置于标准养护室，至可拆模时拆模，继续养护至 7d、28d、90d 龄期，进行抗折强度和抗压强度试验。试验见图 4.2-4～图 4.2-7。

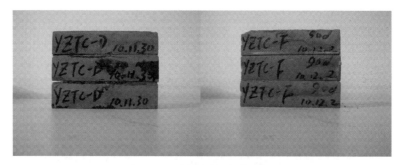

图 4.2-4　成型的部分试件

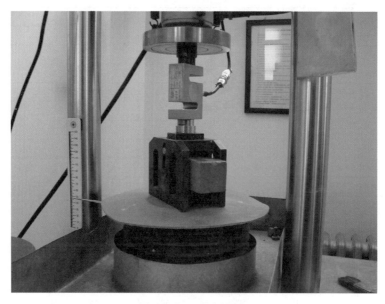

图 4.2-5　抗折试验

图 4.2-6 折后试件断面

图 4.2-7 抗压强度试验

高性能粉煤灰水泥充填灌浆材料结石体的强度试验结果见表 4.2-17。

表 4.2-17 高性能粉煤灰水泥充填灌浆材料结石体的强度

配比	抗压强度/MPa			抗折强度/MPa		
	7d	28d	90d	7d	28d	90d
A	0.8	2.0	4.49	0.4	0.9	1.1
B	—	—	2.82	—	—	0.97
C	1.2	5.18	9.24	0.5	1.1	1.55
D	—	—	11.26	—	—	2.64
E	—	—	6.37	—	—	2.08
F	2.5 (14d)	4.53	7.65	0.7 (14d)	0.9	1.58
G	1.7	3.8	9.5	0.6	1.3	1.9
H	—	—	6.41	—	—	1.44
I	1.9	7.4	10.4	0.9	1.1	2.2

配比	抗压强度/MPa			抗折强度/MPa		
	7d	28d	90d	7d	28d	90d
J	1.7	5.76	6.78	0.6	1.34	0.78
K	—	—	5.67	—	—	1.28
L	—	4.50	6.36	—	1.15	0.84

高性能粉煤灰水泥帷幕灌浆材料结石体的强度试验结果见表 4.2-18。

表 4.2-18　　　　　　　高性能粉煤灰水泥帷幕灌浆材料结石体的强度

配比	抗压强度/MPa			抗折强度/MPa			备注
	7d	28d	90d	7d	28d	90d	
a	—	0.9	1.30	—	0.3	0.45	未固化
b	—	0.9	2.82	—	0.3	0.97	
c	—	1.0		—	0.3		未固化
d	—	0.95		—	0.40		未固化
e	—	0.98		—	0.42	0.15	未固化
f	2.0	5.50	7.75	0.6	1.20	1.95	
g	2.7	6.64	8.40	0.8	1.64	1.59	

3. 结石体的弹性模量和极限拉伸变形

将浆液装入试模，制作长方体 4cm×4cm×16cm 的试件。试件成型后，置于标准养护室，至可拆模时拆模，为了考虑不同材料之间的可比性，尽可能养护至相同龄期，然后取出进行试验。图 4.2-8 是试验过程中的图片。

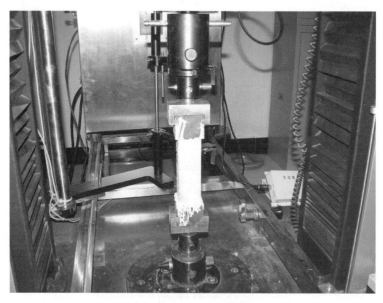

图 4.2-8　极限拉伸试验

充填灌浆材料结石体的弹性模量和极限拉伸变形试验结果见表4.2-19。

表 4.2-19　　　　　　　充填灌浆材料结石体的弹性模量和极限拉伸变形

配比	弹性模量/GPa	极限拉伸变形/10^{-6}
	90d	90d
A	—	0.233
B	—	0.227
C	3.88	0.252
D	—	—
E	—	—
F	—	0.252
G	—	—
H	—	0.251
I	—	—
J	—	—
K	—	0.229
L	—	—

帷幕灌浆材料结石体的静弹性模量和极限拉伸变形试验结果见表4.2-20。

表 4.2-20　　　　　　帷幕灌浆材料结石体的静弹性模量和极限拉伸变形

配比	静弹性模量/GPa	极限拉伸变形/10^{-4}	备注
	90d	90d	
a	—	0.233	
b	—	—	未固化
c	—	—	未固化
d	—	—	未固化
e	—	0.252	
f	4.76	0.373	
g		0.367	

4. 结石体的抗渗性

按照《土工试验规程》（SL 237—1999）渗透试验（SL 237-014—1999）中变水头渗透试验的有关规定进行。将搅拌好的浆液注入环刀中，环刀一端密封，等待悬浮物质沉淀，然后继续添加浆液，直至把环刀填满，放置在养护室，等待浆体凝结成结石体；浆体硬化后，由于灌浆材料硬化后的体积收缩比较大，结石体会与环刀自动脱开，因此，在试验前，还要将结石体与环刀之间涂上密封胶进行密封，并保证结石体固定在环刀内，见图4.2-9。将容器套筒内壁涂一层凡士林，然后将盛有试样的环刀推入套筒，并压入止水圈。把挤出的多余凡士林小心刮净。装好带有透水板的上、下盖，并用螺丝拧紧，不得漏气漏水。把装好试样的渗透容器与水头装置连通。

按图4.2-10所示装置，安装好整个试验装置。利用供水瓶中的水充满进水管，并注入渗透容器。开排气阀，将容器侧立，排除渗透容器底部的空气，直至溢出的水中无气泡。关

图 4.2 - 9 安装试件的试验装置

图 4.2 - 10 抗渗试验装置图片

闭气阀,放平渗透容器。在一定水头作用下静置一段时间,待出水管口有水溢出时,再开始进行试验测定。将水头管充水至需要高度后,开始试验,开动秒表,同时测记起始水头 h_1,经过时间 t 后,再测记终了水头 h_2。如此连续测记 2~3 次后,再使水头管水位回升到需要高度,再连续测记 6 次以上,试验终止,同时测记试验开始和终止时的水温。

计算渗透系数公式为

$$k_T = 2.3 \frac{aL}{At} \lg \frac{h_1}{h_2} \qquad (4.2 - 1)$$

式中 a ——变水头管的截面积,cm²;

L —— 渗径，等于试样高度，cm；

h_1 —— 开始时水头，cm；

h_2 —— 终止时水头，cm；

A —— 试验的断面积，cm^2；

t —— 时间，s。

将上面计算的渗透系数，换算成标准温度下的渗透系数：

$$k_{20} = k_T \frac{\eta_T}{\eta_{20}}$$ (4.2-2)

式中　η_T —— T℃时水的动力黏滞系数，10^{-6} kPa·s；

η_{20} —— 20℃时水的动力黏滞系数，10^{-6} kPa·s。

充填灌浆材料的渗透试验结果见表 4.2-21。表 4.2-21 表明该材料的渗透系数在同一数量级，并无较大的差别。渗透系数与试件强度有一定关系，强度低的试件，其渗透系数略大，这个差别实际上在渗透试验中也是可以忽略不计的。

表 4.2-21　　　　　　　　充填灌浆材料的渗透试验结果

配比	渗透系数/(cm/s)	配比	渗透系数/(cm/s)
A	8.26×10^{-6}	G	8.60×10^{-6}
B	7.26×10^{-6}	H	6.73×10^{-6}
C	7.25×10^{-6}	I	8.60×10^{-6}
D	7.69×10^{-6}	J	8.31×10^{-6}
E	6.56×10^{-6}	K	7.56×10^{-6}
F	5.26×10^{-6}	L	7.60×10^{-6}

帷幕灌浆材料结石体的渗透试验结果见表 4.2-22，其中配比 a、c、d 和 e 的灌浆材料直到试验时还未凝结（龄期 90d），因此未做渗透试验。从渗透试验结果来看，帷幕灌浆材料的渗透系数比充填灌浆材料大。

表 4.2-22　　　　　　　　帷幕灌浆材料结石体的渗透试验结果

配比	渗透系数/(cm/s)	备注	配比	渗透系数/(cm/s)	备注
a	—	未固化	e	—	未固化
b	4.05×10^{-8}		f	1.99×10^{-8}	
c	—	未固化	g	2.70×10^{-8}	
d	—	未固化			

4.2.5　设计推荐的灌浆材料

通过上述初步试验，随着水泥掺量增加，抗压强度增加，添加粉煤灰激活剂能提高固结体抗压强度，通过添加减水剂、自流平流化剂等，能改善浆液的流动性能。

根据需要可添加不同的减水剂、促凝剂、粉煤灰激活剂等。因配合比水泥含量较少，浆液凝结时间均在 24h 以上，充填灌浆材料配比 H 和 K（H 和 K 均含有缓凝剂）现 7d 还无法拆模，建议不添加缓凝剂。

帷幕灌浆材料配比 f、g、h、i、j 等的膨润土的掺量过高，水灰比偏小，浆液黏稠呈胶泥状，搅拌困难，无法灌注施工，试验室的情况下，能搅拌均匀，但无法成型，即使成型，试件也会留下许多缺陷，无法进行性能试验。

综合考虑上述试验结果，为满足施工单位现场施工的需要，确定高性能粉煤灰水泥充填灌浆材料配比及高性能粉煤灰水泥帷幕灌浆材料配比分别见表 4.2 - 23 和表 4.2 - 24。

表 4.2 - 23　　　　　　高性能粉煤灰水泥充填灌浆材料配比（重量比）

序号	材料	配比 A	配比 B	配比 C
1	水	1	1	1
2	水泥	0.15	0.15	0.15
3	粉煤灰	0.85	0.85	0.85
4	复合外加剂		Ⅰ型	Ⅱ型
4.1	高效减水剂		0.5	
4.2	自流平流化剂		0.5	1.5
4.3	粉煤灰激活剂		1	1.5
4.4	缓凝剂		0.5	

注　占水泥、粉煤灰重量的百分比。

表 4.2 - 24　　　　　　高性能粉煤灰水泥帷幕灌浆材料配比（重量比）

序号	材料	配比 c	配比 e
1	水	1	1
2	水泥	0.15	0.15
3	粉煤灰	0.7	0.7
4	膨润土	0.15	0.15
5	复合外加剂（单项）	2 型	4 型
5.1	高效减水剂	1	1
5.2	粉煤灰激活剂	1.5	1.5
5.3	速凝剂	1	

注　占水泥、粉煤灰重量的百分比。

注浆施工过程中应遵守下列原则：

（1）充填灌浆时，启灌采用配比 A，当泵量明显下降（为初始阶段的 1/3），改用配比 B；当泵量再次明显下降（为配比 B 初始注浆泵量 1/3），改用配比 C，直至灌浆结束。

（2）帷幕灌浆优先用方案配比 e，当止浆困难时可换用方案配比 c。

（3）现场施工试验的充填灌浆和帷幕灌浆压力和闭浆标准可不受施工技术要求的限制，可适当加大灌浆压力和降低闭浆泵量值，以利于在大面积施工时确定较优标准，加大值和降低值由参建各方在现场共同商定。

4.3 注浆方案数值模拟与计算

4.3.1 国内外研究现状

1. 三维地质建模分析技术

三维地质建模研究主要是为了满足地球物理、矿业工程和石油工程等的模拟与辅助工程设计需要而提出的。

国外的三维地质建模及可视化分析研究开展较早，在理论研究、软件开发和实际应用等方面发展较为成熟。在基础理论方面，不少学者从各种角度和所在领域提出了不同的理论与方法。加拿大学者 Houlding 最早于 1994 年提出三维地学建模（3D geoscience modeling）的概念，即在三维环境下将地质解译、空间信息管理、空间分析和预测、地质统计学、实体内容分析以及图形可视化等结合起来，并用于地质分析的技术，总体上体现了当前三维地质建模技术的核心成果，反映了该问题的研究水平。针对地质体建模的特殊性和复杂性，法国的 Mallet 教授提出了离散光滑插值（discrete smooth interpolation，DSI）技术，该技术基于对目标体的离散化，用一系列具有物体几何和物理特性的相互连接的节点来模拟地质体，目前已成为 GOCAD（地质目标计算机辅助设计）的核心技术，在国际上得到高度重视。

在国内，对于三维地质建模和可视化分析方面的研究还在探索中。目前，很多高等院校和研究单位结合所属领域开展了研究工作，取得了一定的理论和应用成果。如：中国科学院陈昌彦等应用拟和函数法开发研制了边坡工程地质信息的三维可视化系统，并应用于长江三峡永久船闸边坡工程的三维地质结构的模拟和三维再现工作中。中国矿业大学（北京）武强等设计了超体元实体模型，并提出基于特征的驾驭式可视化设计思路，建立了面向采矿应用的三维地质建模体系结构。南京大学、武汉大学、北京大学、中国科学院武汉岩土力学研究所等单位也做过相关的一些研究工作。

综上所述，三维地质建模与可视化模拟分析已经受到国内外专家学者越来越多的关注和重视，并取得了相当的成果。国内外三维地质可视化模型研究和应用成果主要应用在露天矿山开采和石油物探领域，并取得了较好的效果，但在水利水电工程设计与建设领域，其应用还有一定距离，真正用于特殊而复杂的水利水电工程地质三维建模与分析实践的非常少见。因此，针对该技术问题研究的不足，紧密结合实际工程，对禹州煤矿采空区工程三维地质建模与应用深入地开展了理论方法、关键技术和工程应用研究，进行了有益的探索，并取得了一定的成果。

2. 注浆数值模拟分析技术

注浆技术已经被广泛地应用于地基工程、桩基工程、边坡工程、隧道工程和煤矿开采等，但由于注浆具有掩蔽性及地层的复杂性，致使越来越多的学者对注浆技术进行了研究。目前研究注浆技术的主要手段分为模型实验和数值模拟。

在国外，1956 年，美国陆军工程兵团进行了单裂缝中浆液流动过程的模拟试验。1975 年，在美国德克萨斯举行的海滨技术会议上，Crounent 和 Gabai 首次阐述了有关二次注浆对大直径灌浆桩性能影响的试验研究。W. Wittke（1991）根据注浆压力变化梯度与浆液屈服强度的变化梯度之代数和为零，建立了平衡方程，推导出了宾汉流体在等厚光滑裂隙中的扩散距离。Koga. M 将岩石裂隙的注浆过程分为水泥颗粒的输移、岩石孔隙的闭合、浆液的固结 3 个过程，并对前两个过程进行了研究，分别建立了针对颗粒输移过程的宾汉流体输移方程和针对闭合过程的渗透输移。M. J. Yang 针对岩石裂隙产生的不确定性，采用蒙特卡洛法建立了多裂隙的岩石破碎带模型，将注浆液作为宾汉流体处理，分别模拟了浆液在单条和多条裂隙中的流动，并用实验验证了模型的正确性。Bolisetti Tirupati 提出了一个模拟多孔介质普通灌浆、帷幕灌浆的数值模型，该模型包括三维地下水径流渗透模型（MODFLOW）、三维多物质化学反应转移模型（RT3D）和浆液凝结模型。Sadrnejad Sa 通过采用固结理论中渗透系数按某种方式变化的方法，建立了一种模拟浆液在多孔介质中渗透的模型，该模型通过模拟孔隙流体压力随渗透系数的变化来研究浆液流动特性，并提出了一种针对不均匀介质的数值解法。S. Maghous 提出了耦合质量守恒方程和广义渗流方程的模型，模型通过线性的渗透定律实现闭合，该模型考虑了流体黏度的变化和孔隙率的变化。Wang S. Y 采用有限元分析软件 ABAQUS 模拟了压密注浆过程，采用莫尔-库仑模型模拟注浆过程中岩土孔隙扩张的过程，并在以全风化花岗岩为介质，进行了压密注浆实验，将实验数据与模拟数据进行对比，验证了模型的可靠性。

现代注浆技术在我国的发展历史较短，20 世纪 50 年代才开始应用于土建工程中，但发展较快，某些方面已达到世界先进水平。在注浆数值模拟方面，郝哲等利用蒙特卡洛法模拟岩体裂隙分布，根据现场注浆实践编制开发出一套反映裂隙岩体中注浆扩散情况的计算机模拟程序。杨米加等在裂隙结构模拟的基础上，建立了裂隙网络非牛顿流体的渗流模型，提出确定注浆参数的一般方法，讨论了裂隙岩体注浆过程中的渗流和应力耦合问题，分析了应力和渗流耦合对注浆过程的影响。阮文军建立了用于岩体裂隙的稳定性浆液注浆扩散模型，并开发了计算机程序，该程序可以计算任意时刻的注浆扩散范围、裂隙内某点处注浆压力随时间的变化情况。王万顺等将采空区垮落带、断裂带看作均质各向同性的岩层，假定注浆液在其中的运动服从达西定律和质量守恒定律，建立了三维渗流有限元模型，对某高速公路采空区垮落带、断裂带的注浆过程进行了数值模拟。赵林用 AUTOCAD VBA 编写的岩体结构面网络模拟程序，对具有不同分维数的裂隙岩体进行了模拟注浆，并对注浆参数敏感性进行了分析。闫常赫等基于渗透注浆的基本理论，将浆液作为牛顿流体，建立以灌浆孔为中心的三维渗流牛顿流体轴对称模型，模拟不同扩散类型、不同注浆压力下的路基土体注浆技术。李兴尚等利用离散元程序（PFC2D）建立了垮落矸石充填体的颗粒流模型，再现了煤层采出、顶板垮落、注浆充填、充填体压实整个动态发展过程，研究了充填率、充填材料的胶结强度和弹性模量等宏观性质对充填体压实特性的影响。罗平平等参考二维平行板间不可压缩黏性流体的运动方程，分析推导了宾汉浆液在等宽光滑倾斜裂隙中的流动方程。

从国内外已开展的一系列研究和应用来看，地下岩层注浆数值模拟已受到国内外专家学者越来越多的重视，并在注浆数值模拟的理论与方法方面取得了丰富的成果。从总体上看，无论国内还是国外，注浆数值模拟的研究都还处于初始阶段，各位学者在进行注浆扩散理论研究时，所采用的理论模型多为一维和二维模型，有少量三维渗透注浆的研究。目前针对注浆数值模拟大都着重于对裂隙或者注浆孔等单个方面的模拟，但对煤矿采空区、垮落区等整体情况的研究较少，而且在对工程实践中大规模、成批量的注浆孔同时进行注浆研究方面，几乎是一片空白。因此，这里基于计算流体动力学技术和三维几何结构模型，建立针对多种岩层、批量注浆孔的地下煤矿采空区注浆数值模型，模拟注浆扩散、渗透与注浆压力的变化规律，为现场注浆后浓度分布可视化及确定合理的注浆压力、注浆孔分布提供技术支持。

3. 注浆全过程可视化仿真分析技术

注浆全过程仿真是一个庞大而复杂的系统工程，它涉及当今众多的高科技领域，需要三维可视化、信息化、模拟仿真、科学计算等方面密切合作。注浆全过程仿真技术是基于流体动力学模拟浆液的运动全过程，通过粒子模拟液体的流动与碰撞，计算出正确的运动轨迹，得到浆液在注浆孔的运动全过程。目前对注浆动态全过程仿真未见报道，由于浆液和水流均属于流体类，浆液流动的模拟仿真可类比水流方面的研究。

在水流动态全过程仿真方面，国内外研究学者进行了一些研究。国外从 1986 年开始水流模拟研究，Fournier 和 Reeves 应用流体动力学方程的近似解模拟一系列流体轨迹线；Songxin Shi 等应用快速傅里叶转换法建立大规模水域表面模型，并结合动态几何波浪模型在水域表面产生洪峰。国外对水流数值模拟可视化应用中也已陆续推出了一些较为成功的商用可视化系统，如美国杨百翰大学研制的 SMS 软件，荷兰三角洲研究院研制的 Delft 3D 软件等。美国蒙大纳大学 Geoffrey 等利用水文学和遥感影像方法对洪水流域进行三维模拟分析，并取得了一定的进展。

国内对水流动态过程的三维可视化研究也广泛开展，董文锋等应用一维水动力学模型结合 OpenGL 和 GIS 技术研制了清江流域"洪水演进模拟仿真系统"，模拟流域洪水的淹没过程；陈忠贤等应用二维水流数学模型，采用基于图像的建模技术及基于图形数据的建模方法，实现了数模计算与三维虚拟仿真相结合的实时交互，开发了三峡水利枢纽模拟仿真系统；冶运涛等开发了汶川地震灾区堰塞湖溃决洪水淹没过程三维可视化系统，集成二维溃坝水流模型和在线监测数据，实现了唐家山堰塞湖蓄水过程模拟及溃决洪水演进过程的可视化动态仿真。

综上所述，目前注浆全过程的动态模拟还未见报道。因此，在这里基于三维注浆全过程数值模拟结果，采用三维可视化技术与流体动力学相结合进行注浆全过程模拟分析研究，并结合所建立的三维可视化虚拟场景对模型计算结果进行全局表达和注浆状态分析研究，实现注浆全过程动态仿真。

4.3.2 采空区工程地质三维建模与分析研究

4.3.2.1 禹州煤矿采空区工程地质三维统一模型的建立

1. 禹州采空区工程地质三维建模方法体系

禹州采空区工程地质三维建模总体结构见图 4.3-1。该体系可具体描述如下：基于原始地质勘探数据、二维地质解译剖面数据和工程设计数据，采用面向对象技术将建模对象进行分类；然后基于 NURBS 混合数据结构分别对自然地质对象（包括地形类、地层类、断层类等）和人工对象（包括采空区、渠道和注浆孔等）进行插值、拟合和几何建模，构建相应的三维地质模型和工程建筑物模型，最后对这两大类模型进行布尔操作运算，完成耦合地质信息和工程建筑物信息的工程地质三维统一模型。

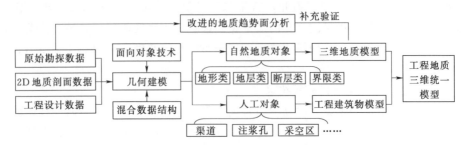

图 4.3-1 禹州采空区工程地质三维建模总体结构

2. 禹州采空区工程地质对象分类几何建模

（1）三维数字地形的 NURBS 简化建模。地表地形是地质形态中最直接最基本的部分，而数字地形模型（digital terrain model，DTM）不仅是整个模型建立过程中所有运算操作的受体，同时也是其重要的组成部分，必须满足存储量小、精确度高且易于图形操作运算的要求。这也一直是建立真正实用的三维地质模型的一个制约性问题。

这里引入 NURBS 技术构建 DTM，但由于实测的原始等高线往往不能很好地描述悬崖、沟壑等，从而出现不连续的现象，不能直接用来建立三维数字地形 NURBS 模型，而 TIN 模型能够很好地表示这些特殊复杂地形的造型，因此考虑基于 TIN 模型对其处理并利用 NURBS 算法简化，获得满足三维地质建模的 DTM，其简单的流程见图 4.3-2。

图 4.3-2 地形轮廓体生成流程

结合 TIN 数据模型和 NURBS 技术，进行三维数字地形简化建模的新算法描述如下：

1）处理等高线。若等高线密度太稀，则通过插值进行加密。

2）生成 TIN 模型。基于整理好的等高线，在 VisualGeo 中利用 Delaunay 算法生成 TIN 格式的三维 DTM，并消除由于等高线数据过于密集或采集信息缺乏所造成的细小、狭长三角形，获得高精度的 TIN 模型。

3）数据转换。将所产生的 TIN 模型从 VisualGeo 中转化到所开发的 NURBS 处理系统中形成多边形 mesh 曲面，并保证三角形没有丢失或产生变化。

4）获取控制点。在 NURBS 系统中从 mesh 曲面按 u 或 v 方向等间距（根据所需精度可取任意值）提取足够多的分布均匀且连续的轮廓线，并进行离散化处理，反算得到相应的控制信息点数据。

5）拟合 NURBS 地形曲面。根据 NURBS 算法，通过所设计的函数 FitSurface（U-spans，V-spans，Stiffness）重新拟合生成地形控制曲面，其参数分别表示 u、v 方向网格数和曲面柔韧度（一般取 0.01，该值越大曲面越平直）。

6）获得 NURBS 地形轮廓体。按照所需要的研究区域将上述 NURBS 曲面进行范围界定并裁剪，获得简化的 NURBS 地形模型；进一步利用计算机图形学的布尔操作运算，获得整个研究区域的地形轮廓体模型。

该建模方法思路清晰简单，较复杂的图形和数学运算封装在底层，处理速度快，实用性强，所得到的 NURBS - DTM 模型不仅可进行各种可视化地形分析，更为三维地质建模提供了可行的基础，见图 4.3 - 3。

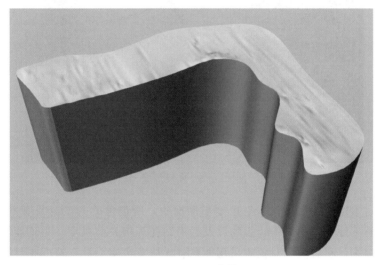

图 4.3 - 3　地形轮廓体模型

（2）地层类地质结构建模。地层类对象主要包括地层、覆盖层和层间错动带三类地质结构，下面以地层为主来说明该类地质对象的几何建模理论与方法。

对于多个成层构造地层，其接触关系有整合接触、平行不整合接触和角度不整合接触3 种，而从空间几何角度而言，在相互邻接的地层之间一般存在 4 种空间关系：包含、覆盖、相交和多层相交。若这些相互关联的地层面分别利用各自的地质数据进行构建，它们的结合面将难以精确地匹配到一起。这里提出一种简单的裁剪-叠加方法来缝合邻接地层，禹州煤矿地层模型见图 4.3 - 4。

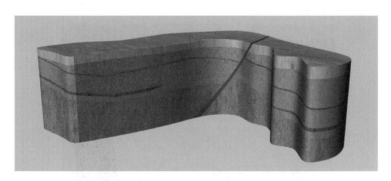

图 4.3 - 4　地层模型

（3）断层类地质结构建模。断裂构造是地壳上发育最广泛、最常见的一种地质构造，它使岩体的连续性和完整性遭到破坏，并使断裂面两侧岩块沿破裂面发生位移。将没有发生明显的相对位移或仅有微量位移的构造称为节理；将发生较大、明显的相对位移称为断层。禹州采空区区域内主要有一条断层（虎头山断层），见图 4.3-5。

图 4.3-5 断层模型

（4）人工对象建模。在禹州采空区地质勘探中，所包含的人工对象有采空区、渠道、注浆孔等与地质条件密切相关的建筑物以及勘探钻孔等相关勘探点。为了能够与地质对象进行布尔操作运算，所有人工对象均采用 NURBS 技术建模，具有精度高且数据量小的优点。相对于上述地质对象，人工对象的几何建模相对简单，而且若已有 CAD 或其他常用数据格式的三维模型，则可直接利用三维参数进行 NURBS 建模，效率极高。

对于人工渠道，渠道断面形态控制渠道的几何形态，渠道中心线则控制其空间位置。渠道断面是工程几何建模的重要参数，渠道断面线用符号 Cross_Sec_Curves 表示；而渠道中心线则是渠道的轴线，用符号 Rail_Curve 表示。根据这两项数据，再加上控制坐标，则利用路径扫描法快速实现渠道三维建模，这些可通过 Sweep(Rail_Curve，Cross_Sec_Curves) 函数完成。最后将所有完成的渠道清除多余的曲线或曲面，得到完整的渠道三维几何模型。

图 4.3-6 给出了利用 NURBS 数据结构建立的禹州采空区渠道建筑物的实体模型，它可以通过参数化建模完成。

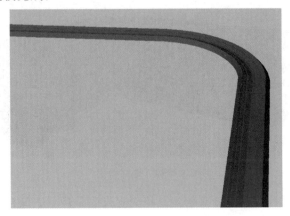

图 4.3-6 禹州采空区渠道的 NURBS 模型

3. 禹州采空区工程地质三维统一建模

（1）三维统一几何模型的建立。基于上述自然地质对象和人工对象分类建立的几何模型，主要采用实体构造技术和三维几何对象的任意布尔切割算法，全面考虑各部分对象之间的相互协调关系，完整地构建研究区域内工程地质的三维统一几何模型。禹州采空区工程地质三维统一几何模型见图 4.3-7。

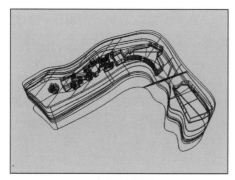 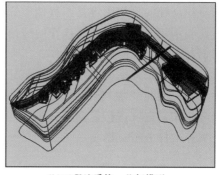

(a)地质几何模型 　　　　　　　　　　(b)工程地质统一几何模型

图 4.3-7　禹州采空区工程地质三维统一几何模型

（2）模型的颜色与纹理。在工程地质三维模型中，颜色是一个非常重要的物理特征，它可以明显地表现出不同层位之间、地层和断层之间的关系以及其他重要的地质结构面，尤其是在地质构造非常复杂的情况下。一般可简单地用颜色的方法显示地质体，但为了更真实地反映实际地质情况，更多地采用表面纹理（texture）来表现各种地质结构。

表面纹理的描绘用于表示细微的凹凸不平的物体表面，如岩石表面、布纹等。由于将这种细微的表面凹凸表达为数据结构，不仅非常困难，且无必要（因为通常只是为了逼真的视觉效果），因此可以用一种特殊的算法来模拟，将纹理逼真地显示出来，满足感官的观察需要。

（3）最终的三维统一模型。经过上述的颜色与纹理表达后，禹州煤矿采空区工程地质三维统一模型见图 4.3-8。

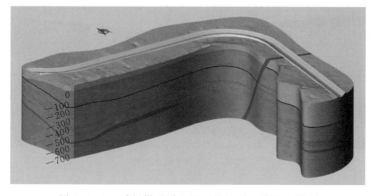

图 4.3-8　禹州煤矿采空区工程地质三维统一模型

4.3.2.2　禹州煤矿采空区工程地质信息三维可视化分析

工程地质剖面图分析主要包括地质横剖面图、纵剖面图、平切面图、斜切及曲面切等方面的剖切分析。此外，钻孔、平洞布置与模拟分析亦是地质模型剖切的一项重要内容。

针对采空区、垮落区和断裂区等不同高度进行的与工程密切相关的不同位置横剖图、纵剖图和不同高程的平切图等是工程地质分析中的重要内容，基于三维地质模型能够很方便地进行此类剖切分析，其运算操作的理论基础是三维几何对象的任意布尔切割算法，主要是剖切面与三维实体间的切割操作。

对禹州采空区工程地质三维统一模型进行上述的剖切分析。根据所提供的设计资料，对渠道中心线、梁北镇福利煤矿采空区、梁北镇工贸煤矿采空区、梁北镇郭村煤矿采空区、原新峰煤矿采空区进行了剖切分析，见图 4.3-9，采空区"三带"分布见图 4.3-10，数字钻孔模拟取样分析见图 4.3-11。

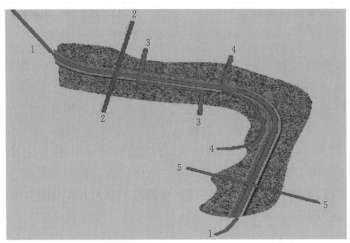

(a)禹州采空区工程地质剖面图位置

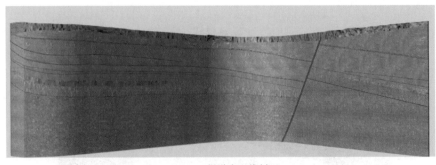

(b)1—1渠道中心线剖面

图 4.3-9（一）　禹州采空区工程地质剖面图

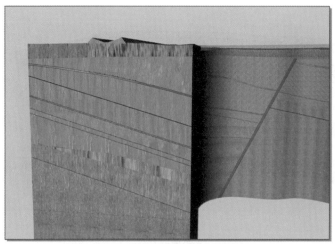

(c)2—2 梁北福利煤矿采空区剖面

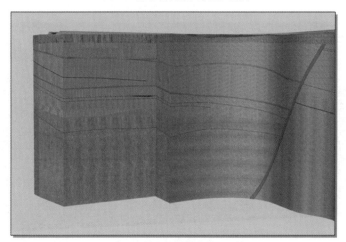

(d)3—3 梁北工贸煤矿采空区剖面

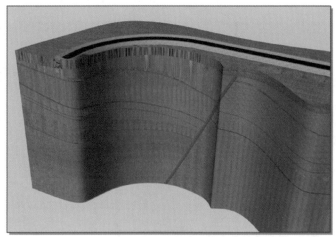

(e)4—4 郭村煤矿采空区剖面

图 4.3-9（二） 禹州采空区工程地质剖面图

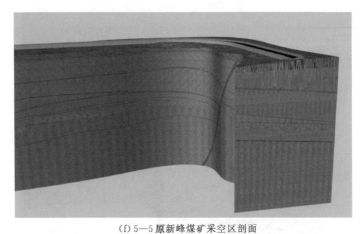

(f) 5—5 原新峰煤矿采空区剖面

图 4.3-9（三） 禹州采空区工程地质剖面图

图 4.3-10 采空区"三带"分布局部剖切图

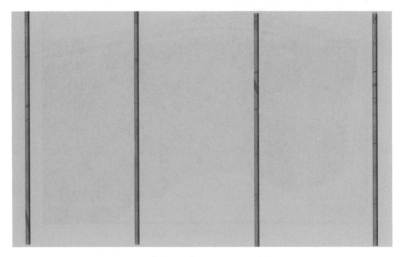

图 4.3-11 禹州采空区工程地质数字钻孔

4.3.2.3 基于三维地质模型的注浆数值模拟分析研究

1. 注浆数值模拟的理论基础

采空区充填注浆力求用较小的压力，达到较大的扩散距离，其中浆液的流变性对注浆工程起着十分重要的作用。对于一般的采空区注浆孔，要求浆液具有较好的流动性，因为流动性好，浆液流动时的压力损失就小，因而能自注浆点向外扩散更远；但对位于采空区治理边界的帷幕孔，反而要求浆液具有较小的流动性，以便控制扩散和降低浆液的损耗。

研究表明，采空区充填注浆的浆液按其流变性分为牛顿型或流塑型（宾汉流体）。由于采空区巷道空间大，阻力小，浆液流速较快，采用明渠流的雷诺数计算公式计算得雷诺数为 7952，大于紊流 575 的临界雷诺数，所以禹州煤矿采空区浆液为宾汉流体，流态为紊流。

根据采空区工程地质勘察成果，禹州段采空区上覆岩层，自下而上由垮落带、断裂带和弯曲带组成。弯曲带一般裂隙不太发育，注浆层位多是采空区的垮落带和断裂带。根据钻孔揭露情况，大部分垮落带岩芯多成碎片状，极易破碎，裂隙、孔隙杂乱无章。采空区由六₄、六₂煤层和中间隔层组成，中间隔层由于上下均为采空区，受到周围岩石的挤压容易产生裂隙或者破碎，也可以看作垮落带。

针对注浆浆液的物理、化学性质和注浆数值模拟的特点，需要作如下假定：①由于地下采空区分布复杂，垮落区石块碎裂、大小不一，将垮落区作为均质各向同性的岩层处理；②根据现场注浆实验，浆液流速较大，其雷诺数已超过临界值，故注浆浆液在整个采空区中作紊流流动；③粉煤灰、水泥颗粒为固体，与水混合形成的水泥粉煤灰浆液作为水固两相流来研究；④混凝土粉煤灰浆液的流变性比较符合流塑型（宾汉流体）流体的性质，因此将其作为宾汉流体来研究。

（1）基本控制方程。宾汉流体与颗粒的流动采用混合模型，混合模型是把两相混合物作为整体来考虑的。混合模型比两相流模型简单（如方程数目的减少），而且工程中需要的结果经常是混合物的特性，不是两相流中单项特性。采用标准 k-ε 湍流模型使方程组封闭。

在圆柱轴对称坐标系下，宾汉流体与颗粒流动的控制方程可表示如下：

$$\frac{\partial \rho}{\partial t}+\frac{\partial}{\partial z}(\rho w\phi)+\frac{1}{r}\frac{\partial}{\partial r}(r\rho u\phi)+\frac{1}{r}\frac{\partial}{\partial \theta}(r\rho v\phi)=\frac{\partial}{\partial z}\left(\Gamma\frac{\partial \phi}{\partial z}\right)+\frac{1}{r}\frac{\partial}{\partial r}\left(\Gamma r\frac{\partial \phi}{\partial r}\right)+\frac{1}{r}\frac{\partial}{\partial \theta}\left(\frac{\Gamma}{r}\frac{\partial \phi}{\partial \theta}\right)+S$$

$$(4.3-1)$$

式中　　Γ——广义扩散系数；

　　　　ϕ——任一输运量，分别是 1、Y_m、u、v、w、k 和 ε，$\phi=1$ 表示连续性方程；Y_m 为混合流体内组分 m 的质量分数；u、v、w 为速度；不同速度列于表 4.3-1 中；k 和 ε 分别为湍动能和湍动能耗散相；

　　　　S——方程的源相。

ϕ 对应的广义扩散系数与扩散源相见表 4.3-1。

表 4.3 - 1　　　　　　　　　　　φ 对应的广义扩散系数与扩散源相

变量 φ	广义扩散系数 Γ	源相 S
1	0	0
Y_m	μ_e/σ_Y	S_m
u	μ_e	$-\dfrac{\partial p}{\partial r}+\dfrac{\partial}{\partial z}\left(\mu_e\dfrac{\partial w}{\partial r}\right)+\dfrac{1}{r}\dfrac{\partial}{\partial r}\left(r\mu_e\dfrac{\partial u}{\partial r}\right)+\dfrac{1}{r}\dfrac{\partial}{\partial\theta}\left(\mu_e\dfrac{r\partial(v/r)}{\partial r}\right)-\dfrac{2\mu_e}{r}\left(\dfrac{1}{r}\dfrac{\partial v}{\partial\theta}+\dfrac{u}{r}\right)+\dfrac{\rho v^2}{r}+S_u$
v	μ_e	$-\dfrac{1}{r}\dfrac{\partial p}{\partial\theta}+\dfrac{\partial}{\partial z}\left(\mu_e\dfrac{\partial w}{r\partial\theta}\right)+\dfrac{1}{r}\dfrac{\partial}{\partial r}\left[r\mu_e\left(\dfrac{1}{r}\dfrac{\partial u}{\partial\theta}-\dfrac{v}{r}\right)\right]+\dfrac{1}{r}\dfrac{\partial}{\partial\theta}\left[\mu_e\left(\dfrac{1}{r}\dfrac{\partial v}{\partial\theta}+\dfrac{2u}{r}\right)\right]$ $+\dfrac{\mu_e}{r}\left[r-\dfrac{\partial(v/r)}{\partial r}+\dfrac{1}{r}\dfrac{\partial u}{\partial\theta}\right]-\dfrac{\rho uv}{r}+S_v$
w	μ_e	$-\dfrac{\partial p}{\partial z}+\dfrac{\partial}{\partial z}\left(\mu_e\dfrac{\partial w}{\partial z}\right)+\dfrac{1}{r}\dfrac{\partial}{\partial r}\left(r\mu_e\dfrac{\partial u}{\partial z}\right)+\dfrac{1}{r}\dfrac{\partial}{\partial\theta}\left(\mu_e\dfrac{r\partial v}{\partial z}\right)+S_w$
k	$\mu+\mu_t/\sigma_k$	$\rho G-\rho\varepsilon$
ε	$\mu+\mu_t/\sigma_\varepsilon$	$\dfrac{\varepsilon}{K}(c_1\rho G-c_2\rho\varepsilon)$

$$\mu_e=\mu+\mu_t,\ \mu_t=c_\mu\rho\frac{k^2}{\varepsilon},$$

$$\mu=\eta_b+\tau_0\bigg/\left\{2\left[\left(\frac{\partial u}{\partial x}\right)^2+\left(\frac{\partial v}{\partial r}\right)^2+\left(\frac{\partial w}{r\partial\theta}+\frac{v}{r}\right)^2\right]+\left(\frac{\partial u}{\partial r}+\frac{\partial v}{\partial x}\right)^2+\left(\frac{\partial w}{\partial x}+\frac{\partial u}{r\partial\theta}\right)^2+\left(\frac{1}{r}\frac{\partial v}{\partial\theta}+\frac{\partial w}{\partial r}-\frac{w}{r}\right)^2\right\}^{1/2}$$

$$G=-\mu_t\left\{2\left[\left(\frac{\partial w}{\partial z}\right)^2+\left(\frac{\partial u}{\partial r}\right)^2+\left(\frac{\partial v}{r\partial\theta}+\frac{u}{r}\right)\right]^2+\left(\frac{\partial w}{\partial x}+\frac{\partial u}{\partial z}\right)^2+\left(\frac{\partial v}{\partial x}+\frac{\partial w}{r\partial\theta}\right)^2+\left(\frac{1}{r}\frac{\partial u}{\partial\theta}+\frac{\partial v}{\partial r}-\frac{v}{r}\right)^2\right\}$$

引入宾汉流体的本构关系，即

$$\tau=\mu\left(\frac{\partial u_i}{\partial x_j}+\frac{\partial u_j}{\partial x_i}\right) \tag{4.3-2}$$

式中　　τ——偏应力张量；

μ——表观黏度，表示为 $\mu=\eta_b+\tau_0\bigg/\left(\dfrac{1}{2}A:A\right)^{1/2}$，其中 η_b 和 τ_0 分别为宾汉流体的塑性黏度和屈服应力，A 为应变率张量。

$$A=\frac{\partial u_i}{\partial x_j}+\frac{\partial u_j}{\partial x_i}$$

$$\mu=\eta_b+\tau_0\bigg/\left\{2\left[\left(\frac{\partial u}{\partial x}\right)^2+\left(\frac{\partial v}{\partial r}\right)^2+\left(\frac{\partial w}{r\partial\theta}+\frac{v}{r}\right)^2\right]+\left(\frac{\partial u}{\partial r}+\frac{\partial v}{\partial x}\right)^2\right.$$
$$\left.+\left(\frac{\partial w}{\partial x}+\frac{\partial u}{r\partial\theta}\right)^2+\left(\frac{1}{r}\frac{\partial v}{\partial\theta}+\frac{\partial w}{\partial r}-\frac{w}{r}\right)^2\right\}^{1/2}$$

$$\tag{4.3-3}$$

可见通过式（4.3-3）可以将表征宾汉流体物性参数的塑性黏度 η_b 和屈服应力 τ_0 引入控制方程，从而通过控制方程组来求解宾汉流体的流动问题。

混合密度：

$$\rho_m=\sum_{i=1}^N\alpha_i\rho_i \tag{4.3-4}$$

混合速度：

$$\overrightarrow{v}_m = \frac{\sum\limits_{i=1}^{N} \alpha_i \rho_i \overrightarrow{v}_i}{\sum\limits_{i=1}^{N} \alpha_i \rho_i} \qquad (4.3-5)$$

式中　　α ——体积分数，无因次；

　　　　$\overrightarrow{v}$ ——速度矢量，m/s；

　　　　i ——相。

上面的各个公式中用到的常数和标准 k-ε 模型中的常数是一样的，$c_1 = 1.44$，$c_2 = 1.92$，$c_\mu = 0.99$，$\sigma_k = 1.0$，$\sigma_\varepsilon = 1.3$。

（2）边界条件。直圆管中两相流体的边界条件如下：

1）进口条件为给定宾汉流体相和颗粒相的进口速度分布、压力分布以及相应的体积浓度分布，这里均取均匀分布。压力边界采用宾汉流体压降计算公式。

2）出口条件按局部单向化处理。

3）固体壁面边界条件：按固壁定律处理，所有固壁处的节点均采用无滑移条件，对靠近壁面的第一个网格节点采用标准壁函数方法。

壁面处网格节点速度：

$$u^+ = \begin{cases} y^+, & y^+ \leqslant y_m^+ \\ \dfrac{1}{k}\ln(Ey^+), & y^+ > y_m^+ \end{cases} \qquad (4.3-6)$$

湍流参数满足：

$$\begin{cases} k^+ = C_\mu^{-1/2} \\ \varepsilon^+ = \dfrac{C_\mu^{3/4}}{\kappa} \end{cases} \qquad (4.3-7)$$

其中　　$k^+ \equiv \dfrac{k\rho}{\tau_w}$，$\varepsilon^+ \equiv \dfrac{\varepsilon y}{k^{3/2}}$，$u^+ = \dfrac{u - u_w}{u_\tau}$，$u_\tau = \left(\dfrac{u_w}{\rho}\right)^{1/2}$

式中　　u ——流体切线速度；

　　　　u_w ——壁面切线速度；

　　　　τ_w ——壁面的剪应力；

　　　　E、κ ——经验系数和卡门常数。

$$y^+ = \rho u_\tau y / \mu \approx \rho C_\mu^{1/4} k^{1/2} y / \mu$$

y_m^+ 满足 $y_m^+ - \dfrac{1}{\kappa}\ln(Ey_m^+) = 0$。

4）压力边界。在Ⅰ序孔灌浆结束之后，通过自编程序解决Ⅰ序孔浆液的固结问题。

5）为了使模拟能够更加符合实际工程情况并更精确的模拟灌浆过程中浆液的耗散情况和浆液的损失量，在原有 CAD 模型的外围增加了一圈岩石层（12m）；在注浆深度方向，模型的最后一层即煤层底板下部增加了5m的岩石层，在垮落区上方考虑了断裂带。

（3）注浆数值模拟的求解方法。数值求解方法实际上是一种离散近似的计算方法。大多数数值求解方法的基本思想可归纳为：把原来在时间和空间上连续的物理量的场（如速度

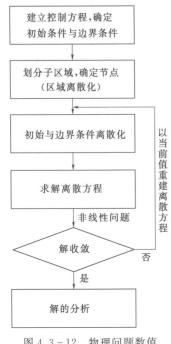

图 4.3 - 12　物理问题数值
求解的基本过程

场、温度场等），用有限个离散点上的值来代替，然后按一定的方式建立起关于这些值的代数方程组并求解，从而获得物理量场的近似解。数值求解的基本过程见图 4.3 - 12。

目前流场计算的主要方法有：有限差分法（finite difference method，FDM）、有限元法（finite element method，FEM）、有限分析法（finite analytic method，FAM）、边界元法（boundary element method，BEM）、有限体积法（finite volume method，FVM）等，其中有限体积法是目前广泛使用的方法之一。

（4）计算区域网格划分。网格的划分是计算流体力学的一个重要组成部分，网格质量的好坏直接影响到数值解的计算精度。

网格的划分是计算流体动力学计算过程中的前处理部分。网格的质量直接关系到模拟计算的效果。计算区域网格的划分可分为均匀网格、非均匀网格和贴体网格 3 种。前两种属于矩形网格，区别在于非均匀网格在某些局部（如流场变化强烈，流速等变量梯度较大处）可以把网格划分得密一些；而梯度较小处可以把网格划分得疏一些。但在处理沿形状不规则物体曲表面形成的流场时，采用矩形网格会出现沿壁处的网格一部分在流场中，另一部分在物体中的现象。在这些地方会出现速度方向与壁面的切线方向不平行甚至滑脱的情况，这会给流场的准确性带来影响。这时采用贴体网格就可以弥补这些缺陷，它可以沿物体壁面拟合坐标生成网格，使网格既完全在流域中，又保证有一定的正交性，贴体网格和矩形网格比较见图 4.3 - 13。

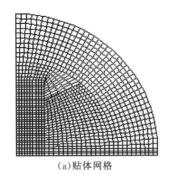
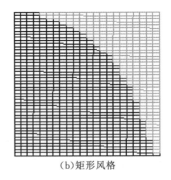

（a）贴体网格　　　　　　　　　（b）矩形风格

图 4.3 - 13　网格比较

根据上述分析，计算中网格划分选定为贴体网格，并对速度梯度变化较大的地方进行了适当加密。

2. 禹州煤矿采空区注浆数值模拟

禹州煤矿采空区注浆时，当孔口管压力在 1.0～1.5MPa，泵量小于 70L/min，稳定 10～15min 以上，即可结束该孔注浆施工。这里分别对 0.5MPa、1.0MPa、1.5MPa 3 种结束标准下的注浆过程进行数值模拟，以期为禹州煤矿采空区注浆施工提供参考。由于 3 种注浆压力工况下的浆液渗流过程相似，并且在本项目的实际工程中，注浆压力大多采用 1.0MPa，因此，限于篇幅，重点对孔口管压力为 1.0MPa 下的浆液渗流过程进行了详细分析。另外两种工况则仅对注浆结束后的浆液分布规律及注浆效果进行分析。

为了避免重复，下面在梁北镇工贸煤矿、福利煤矿采空区选取典型区进行注浆过程数值模拟分析。

（1）网格模型的建立。典型采空区平面分布图见图 4.3-14，其相应的地质模型见图 4.3-15。如前所述，该采空区埋深在 90~134m，六₄、六₂ 煤层厚度约为 1m，两煤层之间相距约 5.6m，垮落带厚度约为 4m，断裂带的厚度为煤层厚度的 17.5 倍，即约为 17.5m，注浆孔有 58 个，孔距和排距均为 18m，开孔孔径为 130mm，钻至入基岩 5m 后，孔径为 89mm，钻孔钻至煤层底板下 0.5~1.5m。注浆过程数值模拟分析时考虑钻孔下限至煤层底板下 1.5m。由于采空区上覆岩层很厚，为满足计算流体动力学计算速度和精度需要，网格模型范围选取垮落带以上 17.5m 至底板下 5m，包括断裂带、垮落带、采空区和底板基岩，其中以垮落带和采空区为重点。

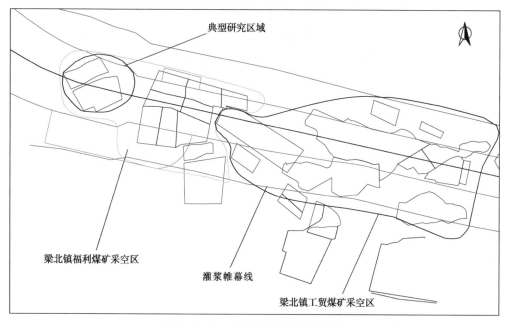

图 4.3-14　典型采空区平面分布图

基于前面建立的地质模型，通过地质模型数据与计算流体动力学模型数据之间的耦合转化，在耦合地质模型的基础上，建立计算流体动力学网格模型。首先，根据真实的 CAD 地形地质资料和工程基础数据资料，在犀牛软件中建立真实地质模型，然后将地质模型转化成 igs 格式，通过计算流体动力学软件的数据接口，将包含真实地质地形数据的 igs 格式文件导入到计算流体动力学软件中，实现了真实复杂地形在计算流体动力学软件计算网格模型中的精确表达，弥补了以往计算流体动力学建模中通过坐标绘制网格模型而使网格精确性不足的局限。最后，基于三维地质模型，采用贴体网格和局部加密网格划分技术划分计算网格。在全局选用较大的长度，生成与计算区域边界重合的、疏密程度不均匀的曲线网格，使得网格的边界与计算区域边界一一对应。并针对计算区域内的断裂带、垮落带、采空区及煤层底板下 5m 基岩区的重要程度，采用加密或放宽网格的办法，在不同区域建立不同疏密度的网格，注浆孔周围网格局部加密，既节省了时间，又提高了精度，能较好地模拟实际地质情况。该网格模型共有单元 289710 个，节点 227070 个，网格模型及局部分布见图 4.3-15。

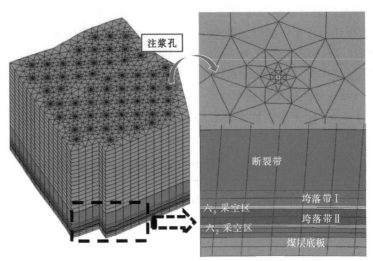

(a)采空区注浆三维立体计算网格　　　　(b)采空区计算网格横剖面

图 4.3-15　注浆数值模拟网格模型

（2）数值模拟结果分析。

1）1.0MPa 压力下注浆过程浆液渗流分析。

a. 粉煤灰混凝土浆液渗透过程动态分析（六$_2$采空区）。煤矿采空区充填注浆按照Ⅰ序孔和Ⅱ序孔的顺序进行注浆，Ⅰ序孔和Ⅱ序孔交错布置，先对Ⅰ序孔进行注浆，达到结束标准后对Ⅰ序孔进行封孔，然后再对Ⅱ序孔进行注浆，六$_2$采空区的Ⅰ序孔注浆的浆液渗透过程见图 4.3-16。

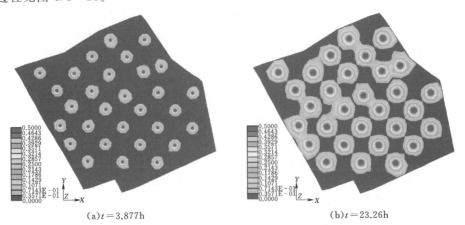

(a)$t=3.877$h　　　　　　　　(b)$t=23.26$h

图 4.3-16（一）　六$_2$采空区的Ⅰ序孔注浆浆液渗透过程（+z 方向，无因次）

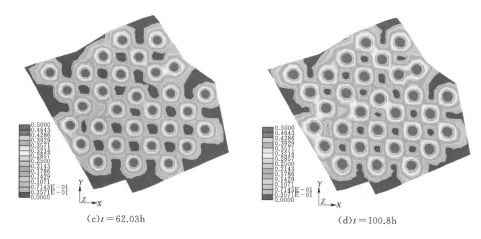

(c)$t=62.03h$ 　　　(d)$t=100.8h$

图 4.3-16（二）　六$_2$采空区的 I 序孔注浆浆液渗透过程（$+z$ 方向，无因次）

由图 4.3-16 可知，注浆 3.877h 时，浆液以注浆孔为中心，成圆环状向四周扩散，浆液浓度由注浆孔向四周逐渐减小，此时扩散半径约为 2.05m；注浆 23.26h 时，浆液扩散半径进一步扩大，扩散半径约为 9.80m；注浆 62.03h 时，扩散半径约为 13.78m；注浆约 100.8h 时，I 序孔注浆结束，此时两相邻 I 序孔的浆液扩散外缘重合，扩散半径约为 16.58m。由以上不同时间下扩散半径的变化可以看出，浆液扩散半径随着时间的增加而增大。

六$_2$采空区的 II 序孔注浆的浆液渗透过程见图 4.3-17。

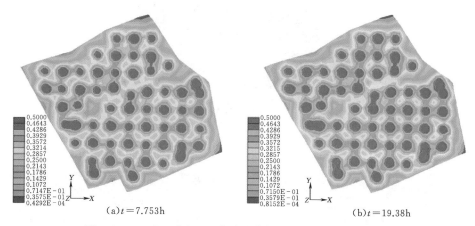

(a)$t=7.753h$ 　　　(b)$t=19.38h$

图 4.3-17　六$_2$采空区 II 序孔注浆浆液渗透过程（$+z$ 方向）

由图 4.3-17 可知，II 序孔注浆 7.153h 时，与 I 序孔的注浆浆液扩散外缘重合；注浆 19.38h 时，II 序孔注浆结束，扩散半径为 13.23m。注浆结束时，充填效果良好，六$_2$采空区的充填率达到 0.94。

六$_2$采空区 I、II 序孔注浆结束时的浆液浓度分布见图 4.3-18。

由图 4.3-18 可知，I 序孔注浆 100.8h 时，I 序孔注浆结束；II 序孔注浆 43.34h 时，II 序孔注浆结束。

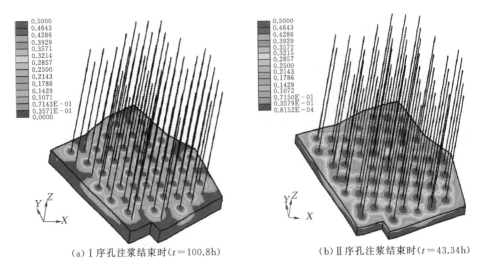

(a) I 序孔注浆结束时($t=100.8$h)　　　　　　(b) II 序孔注浆结束时($t=43.34$h)

图 4.3-18　六$_2$采空区 I 、II 序孔注浆结束时浆液浓度分布立体图

b. 浆液扩散断面分析。选取典型断面 A—A 进行浆液扩散分布分析，断面 A—A 位置见图 4.3-19，I 序孔和 II 序孔注浆时的浆液扩散分布情况分别见图 4.3-20 和图 4.3-21。

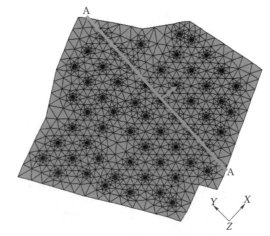

图 4.3-19　典型断面 A—A 位置图

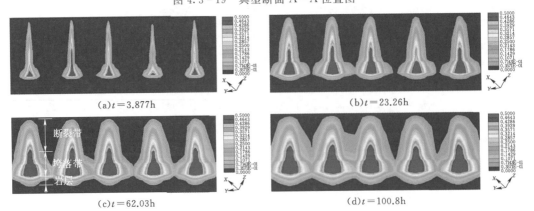

(a)$t=3.877$h　　　　　　　　　　　　(b)$t=23.26$h

(c)$t=62.03$h　　　　　　　　　　　　(d)$t=100.8$h

图 4.3-20　I 序孔典型断面 A—A 浆液浓度扩散分布图

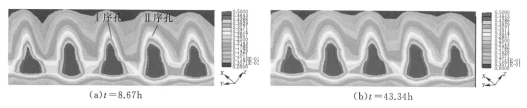

| (a)$t=8.67$h | (b)$t=43.34$h |

图 4.3-21 Ⅱ序孔典型断面 A—A 浆液浓度扩散分布图

由图 4.3-20 可知，浆液以各个注浆孔为中心点逐渐向四周扩散，在重力和灌浆压力的作用下，随着时间的增加，浆液首先在垮落带底部进行扩散［图 4.3-20（a）］，随着时间的推移，浆液在采空区和垮落带的扩散范围逐渐变大，浆液分布呈倒漏斗形状，这与实际工程中的 CT 扫描图和大连海事大学（张金娟，2009）的研究成果均相符合（图 4.3-22）。

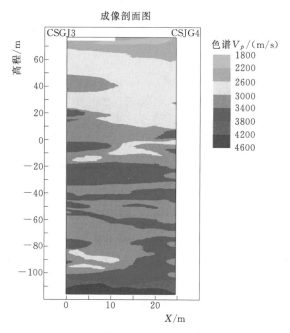

图 4.3-22 注浆浆液分布实际工程 CT 扫描图

基岩处［图 4.3-20（c）］由于孔隙率较低且岩层良好，未遭到破坏，受到的阻力相应地增加，因此此处的浆液扩散范围相对减小。如图 4.3-21 所示，Ⅱ序孔注浆时浆液扩散规律与Ⅰ序孔注浆时浆液的扩散规律相似，而且对比图 4.3-21（a）和图 4.3-21（b）可以发现，Ⅱ序孔注浆时，Ⅰ序孔浆液的主体不发生变化。

c. 垮落带、采空区和煤层底板的浆液浓度分布。图 4.3-23 为垮落带、采空区和煤层底板的浆液浓度分布图。由图 4.3-23 可知，垮落带Ⅰ、六₄采空区、垮落带Ⅱ、六₂采空区及煤层底板浆液浓度的分布随着埋深增大而增加，而受到煤层底板基岩的影响，浆液浓度减小，即在垮落带Ⅰ时浆液的平均浓度为 44.5%，六₄采空区、垮落带Ⅱ的浓度分别为44.5%，46%，六₂采空区时浆液的平均浓度增大到 47%。从浆液的浓度分布来看，浆液在扩散过程中受到了重力影响，但是到最后一层即煤层底板处浆液的平均浓度为 23.6%，浆液的浓度大幅度减小，主要是由于在煤层底板处岩层结构良好，孔隙率较低，空隙内的阻力比较大，而导致浆液的浓度较低。

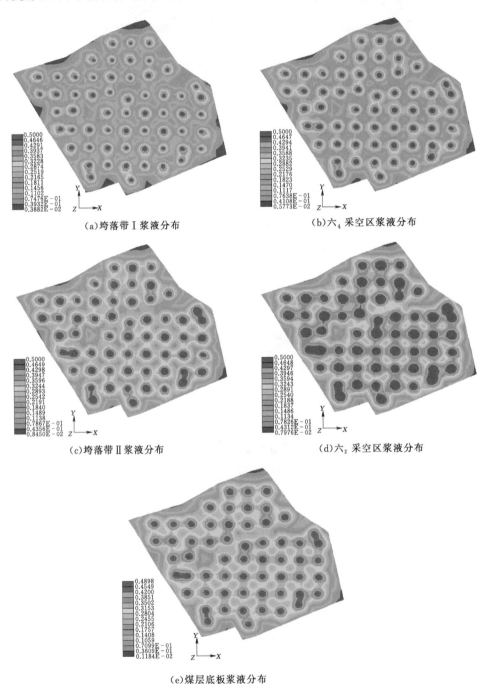

(a)垮落带Ⅰ浆液分布　　　　　　　(b)六₄采空区浆液分布

(c)垮落带Ⅱ浆液分布　　　　　　　(d)六₂采空区浆液分布

(e)煤层底板浆液分布

图 4.3-23　注浆结束时垮落带、采空区和煤层底板的浆液浓度分布

($+z$ 方向，$z=-129$m)

三维浆液浓度场分布见图 4.3 - 24。

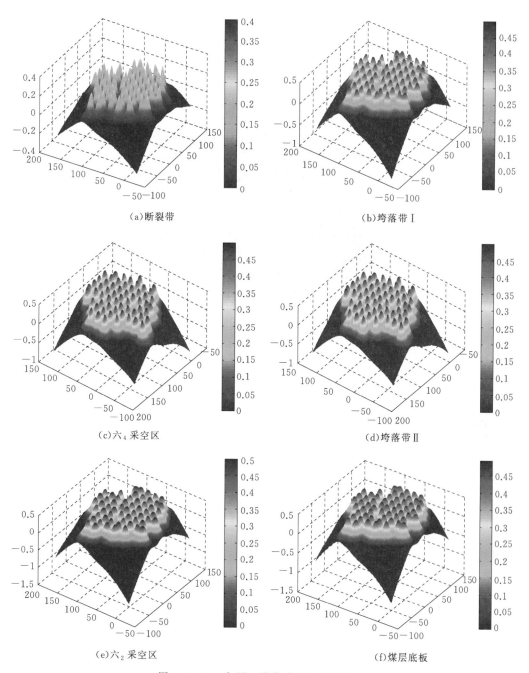

(a)断裂带

(b)垮落带Ⅰ

(c)六₄采空区

(d)垮落带Ⅱ

(e)六₂采空区

(f)煤层底板

图 4.3 - 24　各层三维浆液浓度场分布图

由图 4.3 - 24 可以直观地看出注浆区域的浆液分布情况，在 6 个区域，断裂带和煤层底板的浓度分布比较小，分别为 24% 和 23.6%，垮落带Ⅰ、六₄采空区、垮落带Ⅱ、六₂采空区的浓度分别为 44.5%、44.5%、46%、47%。另外，各层浆液浓度的分布规律相同，即浆液主要集中分布在注浆孔的周围。

d. 单孔浆液扩散半径分析。由于靠近边缘的注浆孔受到边界的阻挡作用，故选取位于注浆区域中间位置的注浆孔进行单孔注浆分析。

典型Ⅰ序和Ⅱ序注浆孔的位置见图 4.3-25。垮落带Ⅰ表面（埋深 120m）浆液扩散半径随时间的变化过程见图 4.3-26。

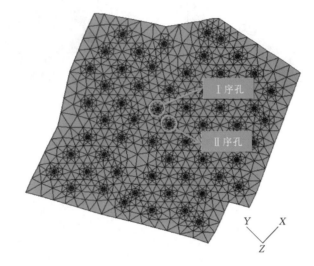

图 4.3-25　梁北镇福利煤矿采空区的典型注浆孔位置图

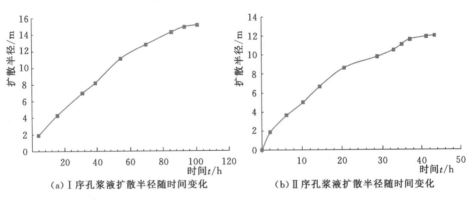

（a）Ⅰ序孔浆液扩散半径随时间变化　　（b）Ⅱ序孔浆液扩散半径随时间变化

图 4.3-26　注浆过程中垮落带Ⅰ的浆液扩散半径随时变化过程

（1.0MPa 压力下）

由图 4.3-26（a）可知，浆液的扩散半径随着注浆时间的增加而增大，注浆扩散半径的变化速率随时间逐渐减小。Ⅰ序孔注浆开始时段即 0～5h 时段，扩散半径比较小，扩散半径变化速率比较大（斜率较大）；5～55h 时段，注浆扩散半径的变化速率基本保持不变；55h 到注浆结束时段，扩散半径变化趋于稳定。注浆结束时，Ⅰ序孔的浆液扩散半径为 15.23m。根据球形扩散理论（张金娟，2009）计算得到的浆液扩散半径为 16.48m，模拟结果与理论分析结果基本吻合，误差为 7.58%。

由图 4.3-26（b）可知，Ⅱ序孔浆液扩散半径的变化规律与Ⅰ序孔相似。0～3h 时段浆液的扩散半径比较小，扩散半径的变化速率比较大（斜率较大）；3～25h 时，注浆扩散半径的变化速率基本保持不变；25h 到注浆结束时段，扩散半径的变化基本趋于稳定。注浆结束时Ⅱ序孔浆液扩散半径为12.02m。

e. 采空区注浆填充率分析。整个垮落带注浆充填率随时间的变化过程见图4.3-27，注浆结束后各层的充填率见图4.3-28。

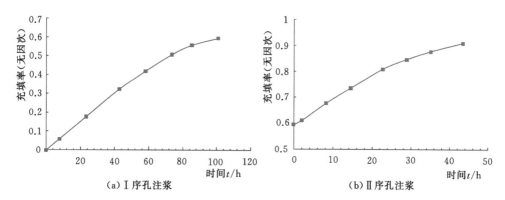

图4.3-27 Ⅰ、Ⅱ序孔注浆时整个垮落带充填率随时间变化过程
（1.0MPa压力下）

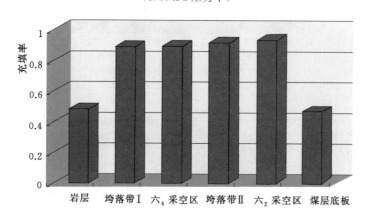

图4.3-28 1.0MPa各层的充填率

由图4.3-27（a）可知，Ⅰ序孔注浆时，0～78h时段充填率的变化呈线性趋势；78h后，充填率的变化趋于稳定。由图4.3-27（b）可知，Ⅱ序孔注浆时，充填率的变化趋势和Ⅰ序孔大致相似，0～17h时段充填率的变化呈线性趋势；从17h后，充填率的变化趋于稳定。

由图4.3-28可知，断裂带、垮落带Ⅰ、六$_4$采空区、垮落带Ⅱ及六$_2$采空区充填率随着埋深增大而增加。由于受到煤层底板基岩的影响，在煤层底板处孔隙率较低，孔隙阻力较大，因此浆液浓度较低，其充填率也相应较小。断裂带、垮落带Ⅰ、六$_4$采空区、垮落区Ⅱ、六$_2$采空区和煤层底板的充填率分别为0.48、0.89、0.89、0.92、0.94、0.472，整个垮落区的充填率为0.91。

2）0.5MPa、1.5MPa压力下的注浆结果分析。0.5MPa、1.5MPa注浆过程的浆液渗透规律与1.0MPa相似，限于篇幅，在此不再赘述，主要分析注浆的充填效果。

图4.3-29为0.5MPa压力下各层的充填率，图4.3-30为1.5MPa压力下各层的充填率。从图4.3-29和图4.3-30可以看出，0.5MPa、1.5MPa时各层的填充率变化规律

与 1.0MPa 时类似，即煤层底板的充填率最小，六$_2$ 采空区的充填率最大，垮落带 Ⅰ、六$_4$、垮落带 Ⅱ 的充填率随着埋深的增加而减小。0.5MPa 时，垮落带 Ⅰ、六$_4$ 采空区、垮落带 Ⅱ、六$_2$ 采空区、煤层底板的充填率分别为 0.42、0.83、0.84、0.854、0.82、0.34，全部注浆区（包括垮落带 Ⅰ、六$_4$ 采空区、垮落带 Ⅱ、六$_2$ 采空区）按照体积加权平均的充填率为 0.82；1.5MPa 时，垮落带 Ⅰ、六$_4$ 采空区、垮落带 Ⅱ、六$_2$ 采空区、煤层底板的充填率分别为 0.54、0.82、0.89、0.93、0.93、0.52，全部注浆区按照体积加权平均的充填率为 0.90。

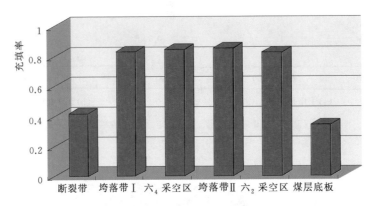

图 4.3 - 29   0.5MPa 各层的充填率

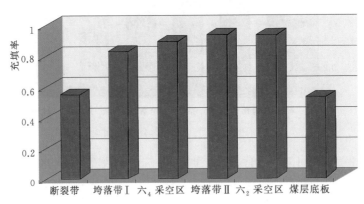

图 4.3 - 30   1.5MPa 各层的充填率

3）0.5MPa、1.0MPa、1.5MPa 注浆过程主要特征参数比较。图 4.3 - 31 为 3 种注浆压力下各层的充填率情况。由图可知，3 种注浆压力下充填率在各层中的变化规律是一致的，即煤层底板的充填率最小，六$_2$ 采空区的充填率最大，垮落带 Ⅰ、六$_4$ 采空区、垮落带 Ⅱ 的充填率随着埋深的增加而减小。分析比较各层充填率在 3 种注浆压力下的变化可以发现，随着注浆压力的增大，煤层底板和断裂带的充填率逐渐增大，煤层底板的充填率在 1.0MPa 压力下比 0.5MPa 压力下增加了 38.8%，在 1.5MPa 压力下比 1.0MPa 压力下增加了 10.2%。1.0MPa 时断裂带的充填率相对于 0.5MPa 时的充填率增加约 17.1%，1.5MPa 时断裂带的充填率相对于 1.0MPa 时充填率增加 14.6%。即随着压力增大，浆液的损失量也就越多。

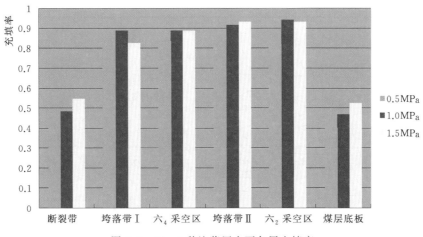

图 4.3 - 31 3 种注浆压力下各层充填率

根据表 4.3 - 2 可知，在压力 1.0MPa 时，数值模拟的干耗量为 19693815.9kg，实际的干耗量为 23545480kg，误差为 16.4%，与实际情况结果比较吻合。

表 4.3 - 2   注浆量模拟值与实际值

数值模拟	压强/MPa	0.5	1.0	1.5
	干耗量/kg	16936681.67	19693815.9	21269321.17
实际干耗量/kg		23545480		

3. 注浆数值模拟结论

根据现有资料，对禹州煤矿采空区进行了注浆数值模拟，以期对实际工程注浆数据提供理论支持。原新峰煤矿及梁北镇郭村煤矿采空区数值模拟分区见图 4.3 - 32～图 4.3 - 34，注浆数值模拟所取得的主要成果见表 4.3 - 3～表 4.3 - 10。

图 4.3 - 32 原新峰煤矿采空区模型分区图

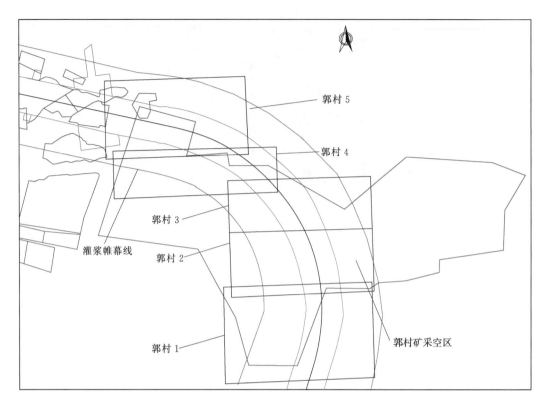

图 4.3 - 33　梁北镇郭村煤矿采空区模型分区图

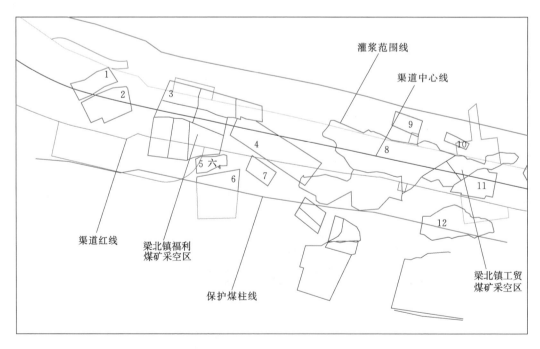

图 4.3 - 34　梁北镇工贸煤矿采空区和福利煤矿采空区模型分区图

表 4.3－3   **1.0MPa 灌浆压力下各采空区的充填率**

区域	分区号	断裂带	垮落带Ⅰ	六₄采空区	垮落带Ⅱ	六₂采空区	煤层底板	整体
梁北镇福利煤矿采空区	1、2	0.48	0.89	0.89	0.92	0.94	0.472	0.91
梁北镇工贸煤矿采空区	3	0.35	0.85	0.87	0.88	0.91	0.33	0.87
	5、6	0.39	0.89	0.91	0.93	0.96	0.35	0.92
	12	0.43	0.89	0.9	0.91	0.92	0.32	0.91
	4、7	0.32	0.86	0.88	0.9	0.92	0.28	0.88
	8、11	0.32	0.86	0.88	0.92	0.92	0.27	0.88
	9	0.44	0.84	0.88	0.93	0.95	0.46	0.88
	10	0.38	0.85	0.9	0.9	0.95	0.44	0.9
原新峰煤矿采空区	新峰1	0.36	0.88	0.9	0.93	0.94	0.38	0.91
	新峰2	0.36	0.89	0.9	0.94	0.94	0.32	0.92
	新峰3	0.38	0.88	0.9	0.93	0.94	0.41	0.91
	新峰4	0.32	0.86	0.86	0.9	0.94	0.3	0.88
	新峰5	0.28	0.84	0.84	0.88	0.93	0.24	0.86
梁北镇郭村煤矿采空区	郭村1	0.29	0.87	0.88	0.94	0.95	0.29	0.91
	郭村2	0.38	0.87	0.88	0.91	0.92	0.22	0.89
	郭村3	0.28	0.87	0.88	0.91	0.95	0.22	0.9
	郭村4	0.37	0.88	0.89	0.91	0.93	0.35	0.9
	郭村5	0.31	0.87	0.89	0.9	0.92	0.37	0.89

表 4.3－4   **1.0MPa 灌浆压力下帷幕的充填率**

区域	分区号	断裂带	垮落带Ⅰ	六₄采空区	垮落带Ⅱ	六₂采空区	煤层底板
梁北镇福利煤矿采空区	1、2	无	无	无	无	无	无
梁北镇工贸煤矿采空区	3	无	无	无	无	无	无
	5、6	0.4	0.9	0.9	0.9	0.94	0.36
	12	0.47	0.91	0.91	0.91	0.95	0.19
	4、7	无	无	无	无	无	无
	8、11	无	无	无	无	无	无
	9	无	无	无	无	无	无
	10	无	无	无	无	无	无
原新峰煤矿采空区	新峰1	0.25	0.9	0.9	0.9	0.93	0.23
	新峰2	0.32	0.89	0.89	0.89	0.95	0.32
	新峰3	0.33	0.9	0.9	0.9	0.94	0.27
	新峰4	0.36	0.87	0.87	0.87	0.91	0.32
	新峰5	0.38	0.85	0.85	0.85	0.93	0.33
梁北镇郭村煤矿采空区	郭村1	0.31	0.9	0.9	0.9	0.94	0.26
	郭村2	0.36	0.89	0.89	0.89	0.92	0.26
	郭村3	0.33	0.91	0.91	0.91	0.94	0.23
	郭村4	0.36	0.92	0.92	0.92	0.94	0.31
	郭村5	0.4	0.9	0.9	0.9	0.94	0.36

表 4.3－5　　　　　　　　　　0.5MPa 灌浆压力下各采空区的充填率

区域	分区号	断裂带	垮落带 I	六₄采空区	垮落带 II	六₂采空区	煤层底板
梁北镇福利煤矿采空区	1、2	0.42	0.83	0.84	0.85	0.82	0.34
梁北镇工贸煤矿采空区	3	0.29	0.76	0.76	0.8	0.84	0.28
	5、6	0.28	0.82	0.84	0.87	0.92	0.25
	12	0.41	0.79	0.81	0.84	0.86	0.25
	4、7	0.18	0.76	0.8	0.8	0.82	0.18
	8、11	0.23	0.76	0.8	0.83	0.87	0.23
	9	0.43	0.81	0.86	0.866	0.886	0.43
	10	0.34	0.77	0.82	0.87	0.93	0.41
原新峰煤矿采空区	新峰1	0.28	0.79	0.81	0.83	0.85	0.33
	新峰2	0.33	0.83	0.83	0.85	0.86	0.28
	新峰3	0.24	0.75	0.78	0.8	0.85	0.18
	新峰4	0.3	0.77	0.83	0.88	0.88	0.35
	新峰5	0.24	0.74	0.76	0.78	0.91	0.18
梁北镇郭村煤矿采空区	郭村1	0.23	0.7	0.85	0.89	0.9	0.2
	郭村2	0.3	0.79	0.82	0.82	0.83	0.18
	郭村3	0.22	0.8	0.82	0.83	0.85	0.19
	郭村4	0.22	0.75	0.84	0.86	0.87	0.19
	郭村5	0.23	0.77	0.78	0.81	0.84	0.26

表 4.3－6　　　　　　　　　　1.5MPa 灌浆压力下各采空区的充填率

区域	分区号	断裂带	垮落带 I	六₄采空区	垮落带 II	六₂采空区	煤层底板
梁北镇福利煤矿采空区	1、2	0.54	0.82	0.89	0.93	0.94	0.52
梁北镇工贸煤矿采空区	3	0.47	0.85	0.89	0.89	0.92	0.44
	5、6	0.55	0.91	0.94	0.954	0.974	0.57
	12	0.55	0.86	0.91	0.91	0.94	0.43
	4、7	0.43	0.873	0.893	0.92	0.93	0.39
	8、11	0.41	0.87	0.9	0.93	0.94	0.39
	9	0.47	0.85	0.9	0.95	0.97	0.51
	10	0.43	0.86	0.91	0.94	0.96	0.47
原新峰煤矿采空区	新峰1	0.49	0.9	0.92	0.94	0.94	0.46
	新峰2	0.47	0.88	0.89	0.94	0.94	0.41
	新峰3	0.45	0.865	0.89	0.93	0.95	0.34
	新峰4	0.5	0.89	0.9	0.94	0.95	0.49
	新峰5	0.39	0.87	0.87	0.9	0.94	0.35
梁北镇郭村煤矿采空区	郭村1	0.41	0.9	0.92	0.95	0.96	0.37
	郭村2	0.52	0.88	0.89	0.91	0.92	0.3
	郭村3	0.4	0.9	0.9	0.92	0.96	0.37
	郭村4	0.51	0.89	0.9	0.92	0.94	0.47
	郭村5	0.48	0.89	0.92	0.93	0.94	0.49

表 4.3-7   1.0MPa 灌浆压力下各采空区的水泥浆液颗粒的浓度

区域	分区号	断裂带/%	垮落带 I/%	六₄采空区/%	垮落带 II/%	六₂采空区/%	煤层底板/%
梁北镇福利煤矿采空区	1、2	24.0	44.5	44.5	46.0	47.1	23.6
梁北镇工贸煤矿采空区	3	17.5	42.6	43.8	44.3	45.5	16.4
	5、6	19.7	44.8	45.8	46.8	47.9	17.6
	12	22.5	44.5	45.0	45.5	46.0	16.2
	4、7	16.2	43.0	44.3	45.1	46.2	14.0
	8、11	14.4	42.8	44.2	45.9	46.0	13.6
	9	22.1	42.2	44.2	46.8	47.9	23.2
	10	19.1	42.5	45.0	46.3	47.8	21.8
原新峰煤矿采空区	新峰1	18.2	43.6	44.6	46.8	47.4	18.7
	新峰2	18.0	44.5	45.0	47.0	47.0	16.0
	新峰3	16.4	44.0	45.0	46.5	47.0	20.5
	新峰4	19.1	43.0	43.2	45.1	47.1	15.2
	新峰5	14.2	42.1	42.2	44.1	46.5	12.1
梁北镇郭村煤矿采空区	郭村1	14.4	43.5	43.9	46.9	47.5	14.3
	郭村2	19.1	43.6	44.0	45.5	46.1	11.1
	郭村3	14.1	43.5	44.1	45.7	47.6	11.1
	郭村4	16.5	44.2	44.5	45.5	46.5	17.5
	郭村5	15.5	43.5	44.5	45.5	46.1	18.5

表 4.3-8   0.5MPa 灌浆压力下各采空区的水泥浆液颗粒的浓度

区域	分区号	断裂带/%	垮落带 I/%	六₄采空区/%	垮落带 II/%	六₂采空区/%	煤层底板/%
梁北镇福利煤矿采空区	1、2	20.5	41.5	42.1	42.7	41.0	17.0
梁北镇工贸煤矿采空区	3	14.6	37.9	38.0	39.8	42.0	14.0
	5、6	14.1	40.8	42.0	43.6	46.0	12.6
	12	20.5	39.5	40.5	42.1	43.0	12.5
	4、7	9.0	38.2	40.0	40.1	41.1	9.2
	8、11	11.7	38.1	40.2	41.7	43.7	11.4
	9	21.7	40.3	42.8	43.2	44.0	21.4
	10	16.9	38.4	41.0	43.6	46.7	20.3
原新峰煤矿采空区	新峰1	14.1	39.5	40.5	41.5	42.5	16.5
	新峰2	16.4	41.6	41.5	42.5	43.3	14.2
	新峰3	11.8	37.6	39.1	40.0	42.5	9.2
	新峰4	15.0	38.7	41.5	44.0	44.2	17.4
	新峰5	12.1	37.2	38.0	39.1	45.5	9.1
梁北镇郭村煤矿采空区	郭村1	11.6	35.3	42.6	44.6	45.2	10.2
	郭村2	15.0	39.5	41.0	41.0	41.5	9.0
	郭村3	11.3	40.2	41.3	41.5	42.4	9.6
	郭村4	11.0	37.5	41.8	43.5	43.9	9.5
	郭村5	23.6	40.4	40.4	40.1	35.4	7.9

表 4.3-9　　　　　　　　　1.5MPa 灌浆压力下各采空区的水泥浆液颗粒的浓度

区域	分区号	断裂带/%	垮落带Ⅰ/%	六₄采空区/%	垮落带Ⅱ/%	六₂采空区/%	煤层底板/%
梁北镇福利煤矿采空区	1、2	20.5	41.4	44.5	46.6	46.7	27.3
梁北镇工贸煤矿采空区	3	23.6	42.6	44.4	44.6	46.2	21.8
	5、6	27.7	45.4	46.8	47.6	48.6	28.6
	12	27.5	43.1	45.5	45.5	47.2	21.5
	4、7	21.3	43.6	44.6	45.9	46.7	19.5
	8、11	20.7	43.7	44.9	46.3	47.0	19.6
	9	23.6	42.6	45.2	47.5	48.6	25.5
	10	21.3	43.1	45.4	46.9	48.0	23.5
原新峰煤矿采空区	新峰1	24.5	45.1	46.0	47.1	47.2	23.0
	新峰2	23.6	44.2	44.5	47.3	47.3	20.5
	新峰3	22.3	43.2	44.4	46.5	47.6	17.1
	新峰4	25.0	44.8	44.9	47.0	47.7	24.7
	新峰5	19.5	43.5	43.5	45.1		17.5
梁北镇郭村煤矿采空区	郭村1	20.4	45.0	46.5	47.5	47.9	18.6
	郭村2	26.1	44.2	44.0	45.5	46.2	15.1
	郭村3	20.1	45.0	44.9	46.0	47.9	18.7
	郭村4	21.3	36.1	41.2	46.0	45.0	23.5
	郭村5	24.0	44.3	45.6	46.2	46.8	24.5

表 4.3-10　　　　　　　　　　数值模拟灌浆量与实际灌浆的对比

区域	分区号	数值模拟干耗量/kg			实际干耗量/kg	相对误差/%
		0.5MPa	1.0MPa	1.5MPa	1.0MPa	
梁北镇福利煤矿采空区	1、2	16936681.67	19693815.9	21269321.17	23545480	16.4
梁北镇工贸煤矿采空区	3	17431450.35	22348013.27	24806294.47	93154480	13.7
	5、6	3943580.76	4868618.22	5744969.5		
	4、7	6058688.54	7264614.55	7918429.83		
	8、11	31886854.28	39660266.52	44419498.5		
	9	1435438.26	1849791.58	1960779.07		
	10	850743.21	1000874.37	1130988.04		
	12	2917272.5	3403484.6	3573658.83		
原新峰煤矿采空区		97525077.96	117500093.9	131600105.2	118567330	0.9
梁北镇郭村煤矿采空区		107267651.8	131616750.6	143462258.2	126223959.7	-4.3

从表 4.3-3 可知，在 1.0MPa 灌浆压力下，采空区的充填率都达到了 84%，部分模型区充填率达到 90% 以上，基本符合要求。

从表 4.3－10 数值模拟灌浆量与实际灌浆的对比可知，数值模拟（灌浆压力 1.0MPa）的灌浆量与实际工程（灌浆压力 1.0MPa）灌浆量相差不大，两者比较吻合。

原新峰矿、郭村矿均属正规大型煤炭企业开采，梁北镇工贸煤矿、梁北镇福利煤矿采空区属乡镇煤矿，开采方式有所不同。大型煤炭企业模拟灌浆干耗量相对差值较小；乡镇煤矿收集的采空区范围资料与实际采空区范围可能有所偏差，所以梁北镇工贸煤矿和梁北镇福利煤矿采空区模拟灌浆干耗量相对差值稍大。

4.4 注浆方案全过程仿真与可视化

4.4.1 三维可视化理论与方法

1. 三维可视化技术

可视化（visualization）是利用计算机图形学和图像处理技术，将数据转换成图形或图像在屏幕上显示出来，并进行交互处理的理论、方法和技术。它涉及计算机图形学、图像处理、计算机视觉、计算机辅助设计等多个领域，成为研究数据表示、数据处理、决策分析等一系列问题的综合技术。可视化技术最早运用于计算机科学中，并形成了可视化技术的一个重要分支——科学计算可视化（visualization in scientific computing）。科学计算可视化能够把科学数据，包括测量获得的数值、图像或是计算中涉及、产生的数字信息变为直观的、以图形图像信息表示的、随时间和空间变化的物理现象或物理量呈现在研究者面前，使他们能够观察、模拟和计算。

Autodesk 3DS MAX 是当前最常用的三维可视化软件平台之一。在 Autodesk 3DS MAX 中实现空间实体的三维可视化表达，就是要实现形体数据到三维图形的变换。三维可视化过程见图 4.4－1。

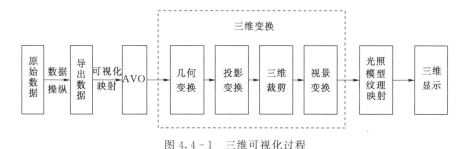

图 4.4－1 三维可视化过程

2. 禹州渠道工程三维可视化仿真

通过对禹州渠道沿线相关建筑物及周边环境的空间布置进行综合分析，并在此基础上实现相关建筑物及周边环境的空间布置的三维数字化与视景模拟，形象地反映各建筑物之间的关系，不仅能直观显示总布置及施工组织设计的设计成果，而且将极大地方便相关人员对禹州渠道工程进行决策及管理。

针对禹州渠道工程及相关场景三维仿真的研究，主要利用 3DS MAX 及其相关的三维仿真制作软件及插件，进行禹州渠道沿线相关建筑物、周边环境等空间布置的三维数字化，同时实现三维可视化巡航和视景的漫游。具体实现过程见图 4.4－2。

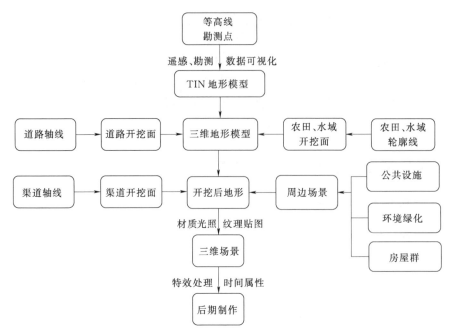

图 4.4-2　禹州渠道工程三维可视化建模过程

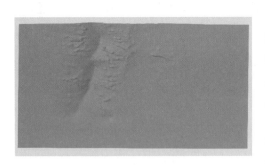

图 4.4-3　原始地形图

（1）地形可视化建模。禹州渠道工程施工场地地表 DTM（数字地形模型）的建立是整个枢纽布置三维数字建模的基础，所有水工枢纽工程与施工总布置建筑物均布置其上，而且为后续的地形填挖创造条件（图 4.4-3）。

（2）渠道等可视化建模。渠道工程施工总布置中还涉及大量的地形填挖分析，如渠道和道路的开挖，以及场地的平整等。地形的填挖是在施工场地原始地表上进行的，本项目采用放样造型技术建立渠道模型（图 4.4-4）。

在 3DS MAX 中用渠道模型切割方法来实现渠道地形开挖。图 4.4-5 为开挖后的数字地形模型图。

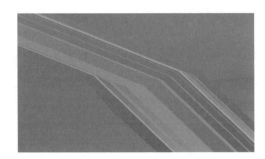

图 4.4-4　渠道模型图

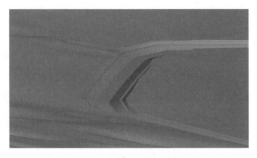

图 4.4-5　开挖模型

（3）农田水域等建模。渠道周边布置有农田水域等区域模型，见图4.4－6。

（4）房屋建筑群可视化建模。本研究采用堆砌建模方法实现房屋建筑群的建模，见图4.4－7。

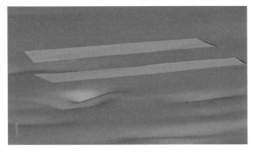

图4.4－6　田地开挖

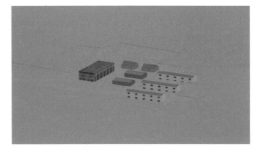

图4.4－7　房屋模型

（5）植被等可视化建模。树木等植被属于不规则物体的建模，见图4.4－8。

图4.4－8　不同类型树木的三维建模

3. 注浆全过程仿真

（1）注浆全过程仿真流程。三维模拟仿真具有可视化程度高、表现形式灵活多样、动态感和真实感强、资料更新方便等优点。它能够更直观、更准确地模拟禹州渠道工程注浆全过程，通过对真实地理环境以及人工注浆孔的模拟，实现研究区域的建筑物及其场景编辑、浏览、地物属性查询。基于注浆数值模拟结果，实现注浆过程显示、浆液在任意点的流速查询等，搭建起虚拟的禹州渠道工程仿真环境，能够任意角度浏览观察地形状况、渠道周边建筑及植被等情况，科学合理地分析禹州渠道工程的施工、运行、管理情况。注浆全过程动态显示功能的实现，首先需按照时间的先后顺序，从数学模型计算结果中提取浆液流动的信息，用来反映注浆深度、流速、注浆孔内压力等的动态变化情况，然后将此动态信息作为边界条件进行水流动力学解算，耦合研究区域的三维场景，得到注浆全过程的三维可视化仿真，以便科学、直观、逼真地表现各注浆孔的浆液流动过程。

数据流分析见图4.4－9。

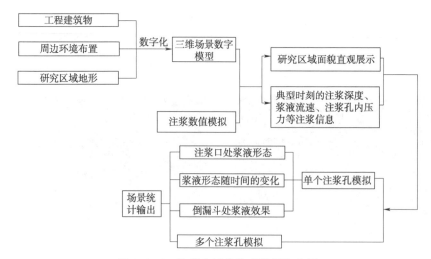

图 4.4-9 注浆全过程仿真数据流分析

（2）液相流的动态模拟。利用液相流运动，得到禹州渠道工程注浆全过程动态模拟场景，见图 4.4-10。

（3）浆液建模技术。通过注浆全过程数学模型的计算，得到注浆深度、流速、注浆孔内压力等的动态变化情况，采取常规的分析手段不能满足当前数学模型发展和水利信息化的要求，因此利用一些新的技术和手段可以开发出注浆全过程数值模拟结果的三维可视化系统。图 4.4-11 为禹州渠道工程注浆全过程动态仿真模拟。

图 4.4-10 禹州渠道工程注浆全过程
动态模拟场景

图 4.4-11 禹州渠道工程注浆全过程
动态仿真模拟

4. 三维动态全过程仿真后期处理与可视化输出

计算机动画是指用程序或工具生成一系列的静态画面，然后通过画面的连续播放来反映对象的连续变化过程。禹州渠道工程三维可视化仿真的三维演示原理流程见图 4.4-12。

3DS MAX 的动画效果都是基于其参数的变化来实现运动、形状的变化等动画效果。图 4.4-13 所示为经过材质灯光等处理后渲染的三维场景。

三维仿真中注浆全过程动态模拟可根据注浆量及注浆速度等数值模拟结果，分析并预演浆液在注浆孔中的三维动态过程，进行禹州渠道工程研究区域的视景巡航，也为禹州渠道工程措施的制定提供强有力的支持。

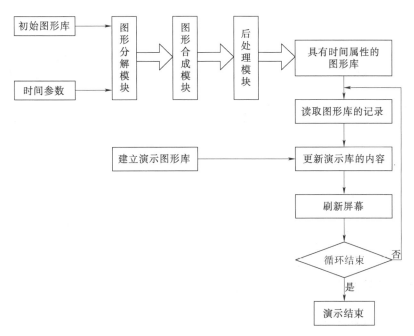

图 4.4 - 12　禹州渠道工程三维可视化仿真的三维演示原理流程

图 4.4 - 13　经过材质灯光等处理后渲染的三维场景

4.4.2　禹州渠道工程三维可视化仿真成果

1. 三维视景仿真成果

对禹州渠道工程沿线周边环境进行了静态巡航，运用基于 3DS MAX 的三维可视化仿真理论与方法实现了宏观视角布置及动态漫游过程的三维可视化仿真及巡航。将复杂的渠道布置用动态的画面形象地描绘出来，该成果为禹州渠道及周边建筑物的设计与分析提供了可视化决策信息支持，并对禹州渠道工程的管理与决策起到了重要的辅助作用。三维视景仿真成果见图 4.4 - 14。

2. 注浆全过程仿真成果

基于禹州渠道工程三维数值模拟结果，运用三维注浆全过程仿真理论与方法实现了三维浆液的动态全过程可视化过程。基于数值模拟结果进行工程灌浆施工过程的模拟仿真，

(a)　　　　　　　　　　　　　(b)

(c)　　　　　　　　　　　　　(d)

(e)　　　　　　　　　　　　　(f)

图 4.4 - 14　三维视景仿真成果图

为数值模拟和数据分析提供视觉交互手段，使人们观察到传统方法难以观察到的现象和规律，并可以对数学模型的合理性进行有效性分析。结果见图 4.4 - 15。

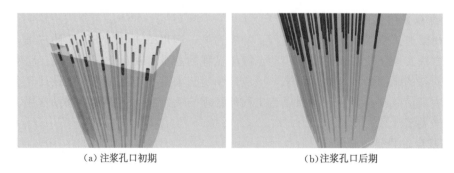

（a）注浆孔口初期　　　　　　　　　　（b）注浆孔口后期

图 4.4 - 15（一）　注浆全过程仿真成果图

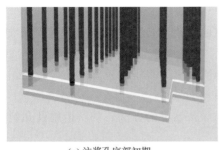

(c)注浆孔底部初期   (d)注浆孔底部后期

(e)Ⅰ序孔注浆结束   (f)Ⅱ序孔注浆结束

图4.4－15（二）   注浆全过程仿真成果图

4.5 注浆方案优化设计

4.5.1 生产性试验概况

南水北调中线一期工程总干渠禹州矿区段主要穿越 5 处采空区，累计长度为 3.11km。采空区处理分成 2 个施工标段，即 3 标 ［SH（3）75＋828.3～SH（3）77＋300］和 4 标 ［SH（3）77＋300～SH（3）79＋566.3］。3 标主要穿越原新峰煤矿采空区、郭村煤矿采空区；4 标主要穿越梁北镇郭村煤矿采空区、梁北镇工贸煤矿、梁北镇福利煤矿和刘桐村一组煤矿的采空区。

禹州段采空区多为老矿区，年代久远，采空区形态不规则，煤矿资料不全，矿道分布资料缺失，工程地质条件极为复杂。注浆方案设计在地表下 200～300m 的深度对老矿区先进行大规模的封闭，形成帷幕，然后对渠道下采空区进行大规模的充填灌浆，其工程量大、技术难度高。

为了保障采空区处理工程顺利实施，对采空区处理进行了生产性试验，其目的是研究适宜的灌浆材料、较优的浆液配比、合理的孔距、排距、较优的资源配置及合理的钻孔、灌浆参数等。

采空区生产性试验分为充填灌浆生产性试验和帷幕灌浆生产性试验。

1. 灌浆试验目的

（1）优化采空区钻孔施工工艺，确定采空区钻孔和灌浆施工方法。

（2）确定采空区灌浆工程的孔距、排距、孔序及孔深。

（3）确定灌浆原材料种类和较优的灌浆浆液配比。

（4）确定灌浆压力与结束标准。

2. 灌浆试验内容

（1）对灌浆方法进行试验研究，选择适宜的灌浆设备、灌浆压力、变浆标准、灌浆结束标准等。

（2）选择合适的钻孔设备及机具，验证地质钻机、跟管钻机等钻孔设备的钻孔参数及工效；研究适宜覆盖层和基岩部分造孔的钻头和型号。

（3）通过科学地选择钻孔工艺，对采空区深孔钻进的方法、护壁措施及孔斜保证措施进行探索研究。

（4）研究灌浆材料配置工艺，对灌浆浆液的性能进行验证。

（5）分序灌浆施工，掌握灌浆浆液的扩散范围，以确定合理的孔、排距。

3. 灌浆试验布设方案

现场试验区选择的原则：①地质条件要有较强的代表性；②能达到试验目的要求；③场地平整交通便利等。

（1）3 标段采空区处理充填灌浆生产性试验共划分为两个试验区，即原新峰煤矿和郭村煤矿充填灌浆试验区。试验区具体布设情况如下：

1）郭村矿充填试验区位于渠道永久征地线范围内，设计桩号 SH（3）77＋166.00～SH（3）77＋300。试验区共布设 7 排注浆孔，共计 47 个孔，Ⅰ序、Ⅱ序孔依次为 24 个和 23 个，前 5 排每排为 7 个注浆孔，孔距和排距均为 18m，后 2 排每排为 6 个注浆孔，孔距和排距均为 22m，见图 4.5-1（a）。

2）原新峰煤矿充填试验区位于渠道永久征地线范围内，设计桩号 SH（3）76＋150.48～SH（3）76＋302.48，试验区共布设 8 排注浆孔，共计 46 个孔，Ⅰ序、Ⅱ序孔各 23 个，前 6 排每排为 6 个注浆孔，孔距和排距均为 18m，后两排每排为 5 个注浆孔，孔距和排距均为 22m，见图 4.5-1（b）。

（2）4 标选择在 2 个试验场地分别进行帷幕灌浆试验和充填灌浆试验，试验区具体布设情况如下：

1）充填灌浆生产性试验场地选择在梁北镇工贸煤矿，位于渠道桩号 SH（3）78＋390～SH（3)78＋660 段，属永久征地线范围内。根据地质资料揭示，该范围充填灌浆孔孔深 165m 左右，地质勘探孔显示孔内漏水、孔口无回水，岩层软硬相间，空隙、裂隙发育，地质条件极其复杂，选择该区段布置的充填灌浆孔做生产性试验具有一定代表性，见图 4.5-2。

2）帷幕灌浆生产性试验场地选择在郭村煤矿，位于桩号 SH（3）77＋300～SH（3）77＋350 段采空区右侧边线。该范围为 4 标钻孔最深的区段，钻孔最大孔深近 300m，相关地质资料揭示该段地质条件复杂，覆盖层埋深厚，钻进过程中有大量黑色煤油返出等情况。因此选择该区段进行帷幕灌浆生产性试验具有一定的代表性，见图 4.5-3。

3）充填灌浆生产性试验分 2 个试验区进行，1 号试验区充填灌浆孔排距采用 18m×18m，2 号试验区孔排距采用 22m×22m。帷幕灌浆生产性试验也分 2 个试验段进行，1 号试验段孔距为 2.0m，2 号试验段孔距为 2.5m。

上述生产性试验于 2010 年 12 月 31 日开始，2011 年 6 月 11 日完成。完成的主要施工项目包括充填灌浆钻孔、充填灌浆、帷幕灌浆钻孔、帷幕灌浆、地质 CT（即检查孔、钻孔、地质 CT 扫描）等。

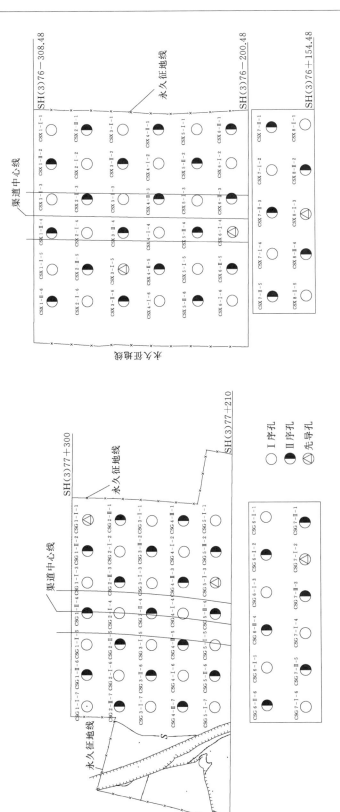

图 4.5-1 3标生产性试验区布置图

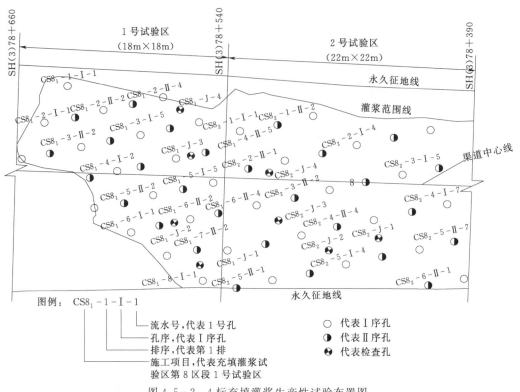

图 4.5 - 2　4 标充填灌浆生产性试验布置图

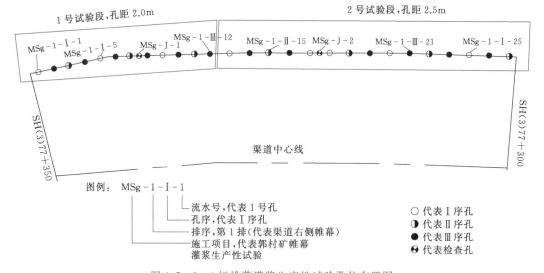

图 4.5 - 3　4 标帷幕灌浆生产性试验孔位布置图

4.5.2　生产性试验成果

1. 生产性试验灌浆量统计

3 标充填灌浆生产性试验，单孔灌浆干灰注入量详见表 4.5 - 1，其中最大单孔注入量为 1803.41t，孔号为 CSX3 - Ⅰ - 1，最小单孔注入量 1.14t，孔号为 CSG5 - Ⅰ - 2。

表 4.5-1　　　　　　　　　3 标充填灌浆生产性试验单孔干灰注入量

试验场地		孔数	总注入量 /t	最大单孔 注入量/(t/孔)	最小单孔 注入量/(t/孔)	平均单孔 注入量/(t/孔)	备注
郭村试验区	Ⅰ序孔	24	1445.0	516.30	1.53	60.2	全部封孔
	Ⅱ序孔	23	1371.1	373.16	1.14	59.61	
新峰试验区	Ⅰ序孔	23	7294.9	1803.41	5.18	317.17	
	Ⅱ序孔	23	3452.1	925.90	2.43	150.09	

　　4 标充填灌浆生产性试验单孔干灰注入量见表 4.5-2，其中最大单孔注入量为 920.62t，孔号为 CS82-4-Ⅰ-7；最小单孔注入量为 0.9t；平均单孔注入量为 159.7t/孔。

表 4.5-2　　　　　　　　　4 标充填灌浆生产性试验单孔干灰注入量

试验场地		孔数	总注入量 /t	最大单孔 注入量/(t/孔)	最小单孔 注入量/(t/孔)	平均单孔 注入量/(t/孔)	降幅 /%
1 号试验区	Ⅰ序孔	17	2876.38	565.72	6.56	169.20	—
	Ⅱ序孔	13	940.86	182.69	4.32	72.37	57.2
2 号试验区	Ⅰ序孔	16	5477.13	920.62	0.9	342.32	—
	Ⅱ序孔	15	825.35	353.74	3.58	55.02	83.9

　　从上述试验成果可得出以下几点结论：

　　（1）分序灌浆随着孔序的增加灌浆单耗呈递减趋势，说明Ⅰ序孔灌浆效果明显且浆液的流动性能良好。

　　（2）地层分布不均，各区各序单孔灌浆量最大值与最小值相差悬殊，主要原因是采空区巷道分布无规律，且灌浆孔位置不同，有些灌浆孔因钻至煤矿未开采的煤柱中，与巷道不连通，注入量很小；有些灌浆孔钻至巷道或断裂带中，造成注入量很大。

　　（3）由于采空区巷道分布的无规律特性，使得采空区主体充填灌浆工程总灌浆量很难推算和预料。

2. 灌浆过程曲线分析

　　典型孔单孔灌浆过程曲线分析见图 4.5-4。典型单孔灌浆曲线取值的原则为：灌浆过程中每 0.5~2h 取一个有代表性的时间节点上的流量和压力，灌浆结束前一段时间加大取值的数量。

　　从以上单孔灌浆资料统计及单孔灌浆过程曲线分析可以看出以下几点：

　　（1）对于所有充填灌浆孔的灌浆孔段，灌浆流量随时间呈骤降趋势，尤其对于灌浆历时较长的孔段，灌浆流量在 5~30min 内灌浆流量骤降至 0~10L/min。

　　（2）从单孔灌浆过程曲线来看，灌浆流量与灌浆压力呈负相关，即灌浆流量较大时，呈现的趋势基本为：灌浆过程流量为 100~130L/min，相应压力为 0~0.2MPa，而最后 5~30min 内灌浆流量骤降至 0~10L/min，相应压力升至 1.0~1.5MPa。

　　（3）3 标、4 标最大单孔耗灰量分别为 1803t、920.6t，可见灌浆的扩散性比较好，浆液性能能够满足施工要求。

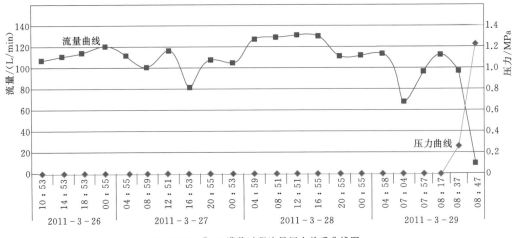

(a)CSX1-Ⅰ-5 灌浆过程流量压力关系曲线图

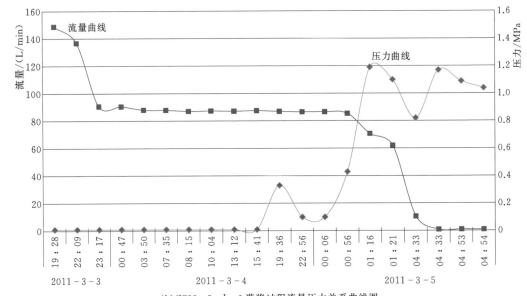

(b)CS82-2-Ⅰ-6 灌浆过程流量压力关系曲线图

图 4.5-4 灌浆过程曲线

3. 其他主要成果

（1）注浆孔孔径。开孔孔径分 ϕ130mm 和 ϕ110mm 两种，钻至深入基岩 5m 后，分别埋入 ϕ127mm 和 ϕ108mm 的套管，然后变径 ϕ91mm（89mm）和 ϕ76mm 钻至采空区中煤层底板以下 0.5～1.5m。经现场试验，开孔孔径改变对钻孔灌浆流量无实质性影响。

（2）注浆孔分序。充填灌浆和帷幕灌浆分两序施工是合理的。

（3）孔（排）间距。充填灌浆经过 18m 与 22m 两种孔距的注浆效果试验对比分析，18m×18m 的孔间距是满足要求的。帷幕灌浆生产性试验以孔距 2.5m 和孔距 2.0m 进行了对比试验，帷幕灌浆孔距由 2.0m 调整为 2.5m。

（4）浆液配比。对于充填灌浆材料，水固比为 0.8：1 和 0.5：1 的浆液稠度大，流动性较差、沉淀较快，长距离输浆易发生供浆管路堵塞现象，而水固比为1:1的浆液能较好地满足制浆、供浆的需要。建议充填灌浆不变浆，按配比A浆液灌浆直至结束。

对于帷幕灌浆材料，通过现场制供浆试验和灌浆过程曲线分析，两种浆液均能满足帷幕灌浆施工要求。两种浆液的性能与是否添加高效减水剂和粉煤灰激活剂关联性不大，而与是否添加速凝剂相关性明显。添加速凝剂后的浆液黏滞度明显提高，凝固时间缩短，有利于控制浆液的扩散范围。速凝剂可根据需要现场添加。帷幕灌浆采用连续注浆和间歇注浆相结合的方法，并根据不同情况，采用不同的材料配比。

（5）灌浆压力。对于充填灌浆，通过灌浆过程曲线分析，结束阶段的灌浆压力与灌浆流量呈负相关关系。当充填灌浆压力达到1.0~1.5MPa时，灌浆流量骤降至0~10L/min。说明设计要求的1.0~1.5MPa的灌浆压力可满足采空区处理要求。

对于帷幕灌浆，通过现场灌浆试验和灌浆过程曲线分析，结束阶段的灌浆压力与灌浆流量呈负相关关系。帷幕灌浆压力逐步提高至1.0~1.5MPa时，灌浆流量明显下降，可满足帷幕封闭效果的要求。

（6）灌浆结束标准。对于充填灌浆，从单孔灌浆过程曲线分析可以看出，灌浆流量呈骤降、灌浆压力呈急升趋势，即以100~130L/min的灌浆流量进行灌浆，灌浆过程中，灌浆流量为100~130L/min时，压力为零或脉动、无回浆的状态，而最后5~30min内灌浆流量骤降至0~10L/min，压力急升至1.0~1.5MPa，过渡阶段很短，符合充填灌浆的一般规律。因此，建议充填灌浆结束标准为：孔口压力1.0~1.5MPa，泵量小于10L/min，稳定10min，即可结束该孔注浆施工。

对于帷幕灌浆，从单孔灌浆过程曲线分析可以看出，结束阶段灌浆压力逐步上升至1.0~1.5MPa，而灌浆流量下降较快，最后5~30min内灌浆流量骤降至0~10L/min，未出现在设计压力下灌浆流量长时间不减小的情况。建议帷幕灌浆结束标准为：孔口压力1.0~1.5MPa，泵量小于10L/min，稳定10min，即可结束该孔注浆施工。

（7）孔内注浆段长度。全孔一次灌浆，灌浆段长度为基岩以下5m至终孔深度。由于采空区地质条件复杂，当基岩段钻孔出现掉钻、塌孔、大量失水等现象时，为防止孔内事故，保证钻孔施工顺利进行，应采用分段灌浆；当覆盖层钻进过程中出现掉钻、塌孔、大量失水等现象时，为保证渠道的安全运行，应按要求对覆盖层进行灌浆处理。

（8）根据注浆检查、弹性波CT检查和钻孔取芯情况以及钻孔成果资料分析等，综合判断采空区的处理效果。

4.5.3 优化后的注浆方案

根据现场生产性试验成果，在专家技术咨询的基础上综合考虑各方面情况，对孔间距，浆液的水固比进行调整。

调整后的采空区灌浆处理参数及相关要求如下：

（1）充填灌浆的孔排距采用18m，帷幕灌浆孔距由2.0m调整为2.5m。

（2）充填灌浆及帷幕灌浆孔口控制压力采用1MPa；灌浆结束标准采用孔口控制压力1.0MPa，灌浆流量不大于10L/min，稳定10min结束。

（3）为提高浆液的结石率，充填注浆浆液水固比由1:1调整为0.8:1。当单孔注浆总量达 5000L 时，应间歇 2h 后再继续灌浆，以后每增加 5000L 均应间歇 2h 后续灌，直至达到闭浆标准。

（4）帷幕灌浆要求包括以下几点。

1）帷幕灌浆先采用配比 K，当单孔注入量已达 700L 以上或灌浆时间已达 1h，而灌浆流量无明显减少，改为配比 L；当配比 L 单孔注入量达 700L 以上或灌注时间已达 1h，而灌浆流量无明显减少，应改为配比 M。

2）若配比 K 起始灌浆达 700L 且压力持续小于 0.2MPa，可跳过配比 L，直接采用配比 M。

3）当在煤层附近发生掉钻时，若掉钻距离较小，跳过配比 K 直接从配比 L 开始灌浆，若掉钻距离较大、下部存在巷道或大的空腔时，直接采用配比 M 开始灌浆。

4）配比 M 应采用间歇灌浆，具体要求如下：当配比 M 单孔注入量已达 700L 以上或灌浆时间已达 1h，应间歇 1h 后再继续采用 M 灌浆，以后每增加 700L 注入量应间歇 1h 后续灌，当注入总量达 3500L 后，间歇时间应不小于 2h，如此循环直至达到闭浆标准。高性能粉煤灰水泥帷幕灌浆材料配合比见表 4.5－3。

表 4.5－3　　　　　　　　高性能粉煤灰水泥帷幕灌浆材料配合比

序号	材料	配比 K	配比 L	配比 M
1	水	0.8	0.7	0.6
2	水泥	0.15	0.15	0.15
3	粉煤灰	0.75	0.75	0.77
4	膨润土	0.1	0.1	0.08
5	速凝剂①			2～3

① 速凝剂占水泥、粉煤灰重量的百分比。

（5）初始注浆控制量及总注浆控制量可按扣除孔容计算。间歇灌浆时，间歇前可采用配比 K 或配比 L 冲管，防止管道堵塞。本次配比调整后，现场应先进行试灌，取得相应工艺参数，再进行灌浆。

4.6　注浆质量检验标准

4.6.1　现场补充试验

在上述生产性试验的基础上，为了确定采空区灌浆效果的检查方法和检查标准，在现场进行了补充试验。

1. 补充试验目的

（1）分析不同止浆位置，单孔灌浆浆液的消耗情况及处理采空区的效果。

（2）进行灌前、灌后地质 CT 对比，分析波速提高百分比，评价采空区处理效果以及充填区域的处理情况。

（3）分析孔内光学成像与地质 CT 及取芯的一致性。

（4）通过测试提出不同岩性岩体灌前、灌后声波速度值以及岩体裂隙灌浆后充填情况。

2. 补充试验内容

（1）止浆位置试验。原设计钻至基岩 5m 后，下入 $\phi130mm$ 套管护壁，变径 $\phi89mm$，法兰盘设置在变径处，充填区域为基岩以下 5m 至采空区。

生产性试验后，提出采空区充填注浆的重点应是对煤矿的采空部分、垮落带和断裂带进行充填。因此，根据前期煤层地质勘测的复核结果，在采空区"三带"确定的情况下，法兰盘下移至"三带"以上区域，进行灌浆试验，以验证灌浆的实际处理区域的情况。

（2）CT 对比试验。为了更好的评定注浆效果，在灌浆处理之前，进行地质 CT 检查，探测处理前地层的情况；灌浆后在相同位置再进行 CT 检查，与灌浆前的 CT 测试结果进行对比，通过灌浆前后波速的变化，判断灌浆后的采空区处理效果。

（3）全孔壁光学成像试验。在钻孔取芯、注浆检查、地质 CT 的多种检查方法后，补充孔内光学成像，描述岩体裂隙灌浆前后裂隙的发展及充填状况等孔内地质情况，了解检查孔的岩体变化情况。

（4）单孔声波测试试验。采用单孔声波测试测定波速，以定性的划分地层，区分岩性，确定垮落带、破碎带的位置和厚度。通过灌浆前后的声波速度测试的结果对比，以判断灌浆对不同岩性地层的处理效果。

3. 补充试验成果

（1）CT 对比试验。3 标部分钻孔灌浆前后弹性波 CT 检测结果见图 4.6-1。由图可见，J3-3 和 J3-4 剖面在高程 60.00m 以上岩体弹性波速度低，为覆盖层，高程 60.00m 以下岩体弹性波速度有所提高。波速分布基本呈现随钻孔深度的增加而提高的趋势。

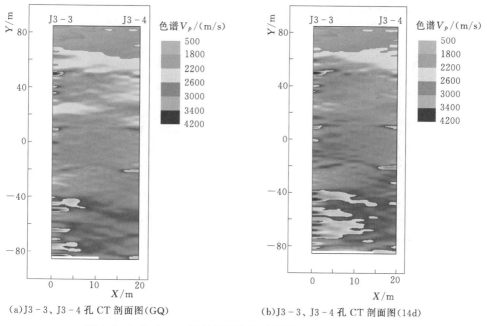

(a)J3-3、J3-4 孔 CT 剖面图(GQ)　　　　(b)J3-3、J3-4 孔 CT 剖面图(14d)

图 4.6-1（一）　3 标钻孔灌浆前后弹性波 CT 剖面图对比图

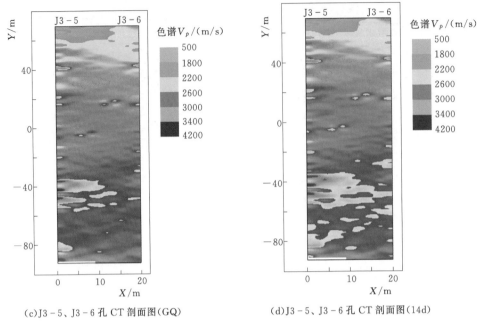

(c)J3-5、J3-6孔 CT 剖面图(GQ)   (d)J3-5、J3-6孔 CT 剖面图(14d)

图 4.6-1（二）   3 标钻孔灌浆前后弹性波 CT 剖面图对比图

4 标部分钻孔灌浆前后弹性波 CT 检测结果见图 4.6-2。由图可见，J4-3 和 J4-4 剖面在高程 80.0m 以上岩体弹性波速度低，高程 80.0m 以下岩体弹性波速度有所提高，波速分布基本呈现随钻孔深度的增加而提高的趋势。

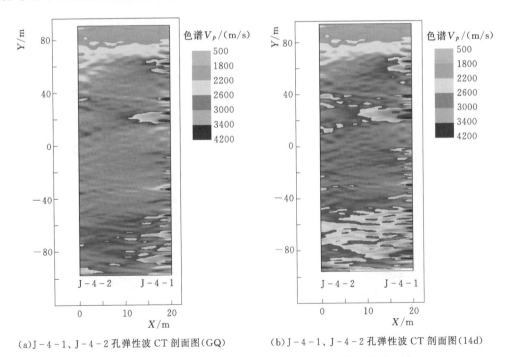

(a)J-4-1、J-4-2孔弹性波 CT 剖面图(GQ)   (b)J-4-1、J-4-2孔弹性波 CT 剖面图(14d)

图 4.6-2（一）   4 标钻孔灌浆前后弹性波 CT 剖面图对比图

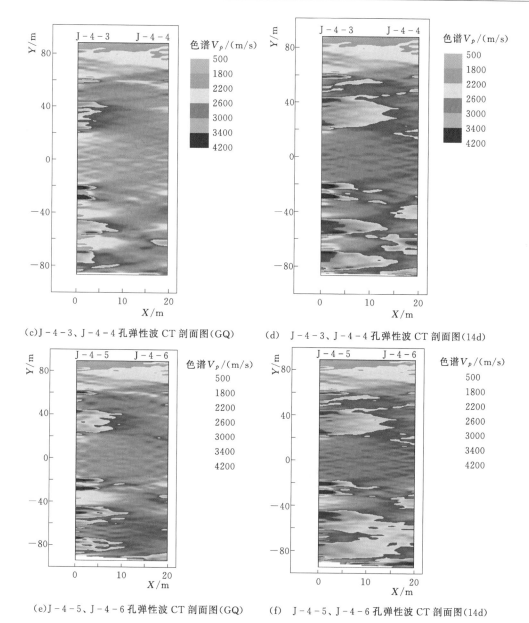

(c) J-4-3、J-4-4 孔弹性波 CT 剖面图（GQ）　　　(d)　J-4-3、J-4-4 孔弹性波 CT 剖面图（14d）

(e) J-4-5、J-4-6 孔弹性波 CT 剖面图（GQ）　　　(f)　J-4-5、J-4-6 孔弹性波 CT 剖面图（14d）

图 4.6-2（二）　4 标钻孔灌浆前后弹性波 CT 剖面图对比图

经充填灌浆处理后，岩体弹性波速度有所提高。灌浆前岩体弹性波速度大部分处于 2200m/s 以上，灌浆后岩体弹性波速度大部分处于 2600m/s 以上。灌浆后 14d 测试与灌浆后 28d 测试岩体弹性波速度变化不明显。

孔底以上 50m（即垮落带、断裂带分布区域），灌浆后岩体普遍都大于 2600m/s 以上，灌浆后低速区明显减少。

综上所述，采空区经充填灌浆处理后，岩体弹性波速度有所提高。

（2）单孔声波测试。采空区经充填灌浆处理后岩体声波速度平均提高 13％左右。图 4.6-3 为 4 标 J4-6 钻孔钻孔充填灌浆前、后声波测试对比曲线。

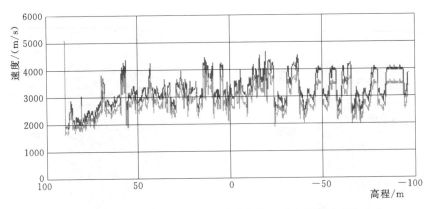

图 4.6-3 4 标 J4-6 钻孔钻孔充填灌浆前、后声波测试对比曲线

该钻孔高程 69.5m 以上为覆盖层，声波速度低。

高程 69.5m 以下岩体灌浆前声波速度在 1788～4082m/s 之间，平均为 2854m/s，灌浆后在 2020～4545m/s 之间，平均为 3244m/s；经充填灌浆处理后岩体声波速度平均提高 13.7%。

其他钻孔钻孔充填灌浆前、后声波测试对比曲线见图 4.6-4～图 4.6-8，灌浆后波速均有明显提高。

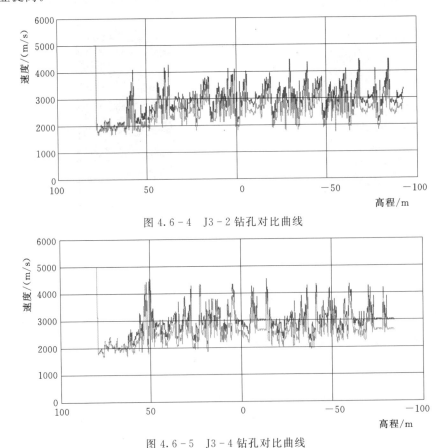

图 4.6-4 J3-2 钻孔对比曲线

图 4.6-5 J3-4 钻孔对比曲线

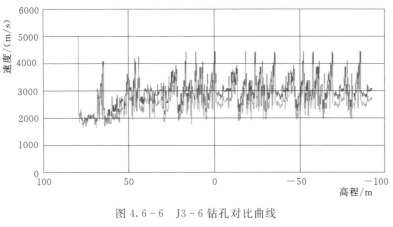

图 4.6-6 J3-6 钻孔对比曲线

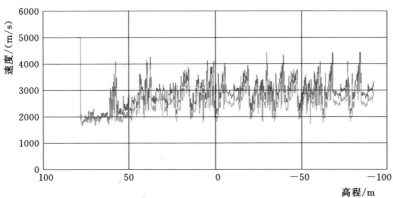

图 4.6-7 J4-2 钻孔对比曲线

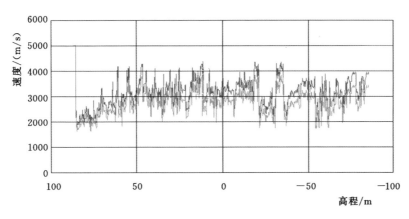

图 4.6-8 J4-4 钻孔对比曲线

（3）全孔壁光学成像。经钻孔全孔壁光学成像检测，充填灌浆处理后钻孔孔壁裂隙长度缩短，条数减少，破碎程度减轻，充填物基本密实，描述见表 4.6-1。

（4）注浆检查。3 标、4 标补充试验区各布置 6 个检查孔 J3-1～J3-6 和 J4-1～J4-6。从补充试验成果统计，充填灌浆检查孔单位注入量均小于该单元的平均单位注入量的 5%，统计结果见表 4.6-2 和表 4.6-3。

表 4.6-1　　　　　　　　　　钻孔全孔壁光学成像主要描述

名称	灌浆前				灌浆后			
	裂隙条数	裂隙长度/m	岩体破碎段	破碎段长度/m	裂隙条数	裂隙长度/m	岩体破碎段	破碎段长度/m
3 标								
J3-2	39	0.002~0.508	4	0.3~0.4	30	0.012~0.447	4	0.23~0.34
J3-4	20	0.002~0.218	6	0.2~0.5	18	0.02~0.218	2	0.1~0.2
J3-6	21	0.036~0.625	9	0.06~1.33	17	0.029~0.617	4	0.093~0.55
4 标								
J4-2	48	0.013~0.98	14	0.16~1.3	23	0.019~0.63	10	0.075~0.9
J4-4	48	0.03~0.98	12	0.1~1.2	45	0.024~0.788	12	0.1~0.494
J4-6	40	0.021~0.558	6	0.15~0.8	29	0.021~0.538	4	0.188~0.74

表 4.6-2　　　　　　3 标充填检查孔与该区域平均单位注入量对比表

孔号	检查孔单位干耗量/(kg/m)	该区域平均单位注入量/(kg/m)	比值/%
J3-1	28.98	951.90	3.04
J3-2	40.03		4.21
J3-3	25.29		2.66
J3-4	35.03	961.13	3.68
J3-5	23.65		2.46
J3-6	26.94		2.80

表 4.6-3　　　　　　4 标充填检查孔与该区域平均单位注入量对比表

孔号	检查孔单位注入量/(kg/m)	该区域平均单位注入量/(kg/m)	比值/%
J4-1	24.93	2190	1.14
J4-2	16.19	2190	0.74
J4-3	12.27	2190	0.56
J4-4	11.14	2190	0.51
J4-5	16.01	2190	0.73
J4-6	20.12	2190	0.92

　　帷幕灌浆检查孔单位注入量大部分小于该单元的平均单位注入量的 50%。统计见表 4.6-4。

表 4.6－4 帷幕灌浆检查孔与该区域平均单位注入量对比表

区域	孔号	检查孔单位注入量/(kg/m)	单元平均单位注入量/(kg/m)	比值/%
3 标				
梁北镇郭村试验区	WSG－J1	10.51	18.06	58.17
	WSG－J2	9.39		51.99
新峰试验区	WSXJ－1	159.78	548.72	29.12
	WSXJ－2	80.30		14.63
4 标				
梁北镇郭村试验区	MSg－j－1	9.78	19.20	50.94
	MSg－j－2	8.53		44.43

（5）止浆位置成果分析。上覆基岩段灌浆干耗灰量占全孔灌浆干耗灰量的 1.0%～3.4%，即终孔深度以上 50m 范围灌浆干耗灰量占全孔灌浆干耗灰量的 96.6%～99.0%，说明浆液主要灌注在断裂带和垮落带等部位。

（6）取芯率。3 标、4 标采空区注浆后的取芯率普遍较低。充填灌浆检查孔终孔深度以上 50m 以内范围岩芯采取率大部分大于 60%，终孔深度以上 50m 以外范围岩芯采取率大部分大于 70%，见表 4.6－5～表 4.6－7。

表 4.6－5 3 标补充试验充填灌浆检查孔取芯统计

孔号	孔口高程/m	孔深/m	终孔深度以上 50m 以外岩芯采取率/%	终孔深度以上 50m 以内岩芯采取率/%
J3－1	123.588	215.61	77.5	62
J3－2	118.957	211.3	75.6	70
J3－3	121.602	205.2	72.3	67
J3－4	121.168	205.55	72	66
J3－5	121.126	210.5	74.5	77
J3－6	118.514	211.14	71.7	67

表 4.6－6 4 标补充试验充填灌浆检查孔取芯统计

孔号	孔深/m	基岩段长/m	终孔深度以上 50m 以外岩芯采取率/%	终孔深度以上 50m 范围以内岩芯采取率/%
J4－1	220.2	188.2	71.5	66.0
J4－2	220.0	186.0	69.5	63.5
J4－3	205.2	167.6	72.0	65.5
J4－4	206.2	171.2	71.5	65.0
J4－5	209.5	169.7	70.5	65.5
J4－6	216.9	180.1	74.5	66.5

表 4.6 - 7　　　　　　　　　生产性实验帷幕检查孔取芯统计

区域	孔号	基岩段采取率/%
3 标		
梁北镇 郭村试验区	WSG - J1	68.8
	WSG - J2	71.6
新峰试验区	WSXJ - 1	73.7
	WSXJ - 2	74.1
4 标		
梁北镇 郭村试验区	MSg - j - 1	73.7
	MSg - j - 2	62.5

由表 4.6 - 7 可知，帷幕灌浆检查孔平均采取率大部分大于 60%。

4.6.2　治理质量检验标准

1. 检验方法选择

目前，在注浆质量检测工作中，物探方法虽施工便捷，且同样的经费检查的面积较大，但其受地形地质条件限制，直观性较差，精度稍低，在没有钻探或探井的配合下，只能对注浆治理效果定性或半定量的评价。钻探方法适应范围广，直观性强，岩芯可用于物理力学性质测试，是定量评价治理效果的必要手段，由于检查孔数量有限，为注浆孔的 3%～5%，代表性差，若增加钻孔检测工作量，则工期长，费用昂贵；而压浆（水）试验、钻孔电视都需与钻探配合；人工开挖的优势与钻探相似，但只适宜煤层埋藏浅、软质覆岩且地下水埋深大于煤层埋深等，受制因素较多，操作起来难度较大；高精度的变形观测结果表现直观，受检面积较大，是目前煤矿采空区治理质量与效果评价的主要手段之一，其检测结果是对注浆的总体效果的评价，对一些衡量注浆质量的主要技术指标（如注浆浆液的充填率、浆液的结石率、结石体抗压强度值等），则必须结合钻探和物探方法共同确定。因此，在选择检测方法时应综合考虑各种检测方法的适用前提，保证检测结果的可靠性和检测结论的科学性（尽量量化检测指标）。与此同时，检测周期、检测费用等因素也应在方法选择时一并考虑。

针对南水北调中线一期工程禹州段渠道工程特点及采空区工程地质特性，综合分析各方面因素，确定禹州采空区灌浆验收标准主要以弹性波 CT 和注浆检查为主，并辅助其他指标，综合评定灌浆效果。

2. 验收标准

（1）充填灌浆验收标准。

1）充填灌浆检查孔钻孔过程中无掉钻、卡钻、埋钻情况；全孔返水、无耗水量或耗水量小；周围地表观测点没有异常，基本稳定。

2）弹性波检测范围为孔底至孔底以上 50m，95% 以上的检测区域检测波速达到

2200m/s 以上为合格，并且低于 2200m/s 的低速区不能成片或带状，未发现空腔现象。

3）注浆检查：当检查孔单位注入量小于 30kg/m，则认为该区域注浆满足要求；当检查孔单位注入量在 30～300kg/m 之间，检查孔注浆的单位注入干料量小于该单元的平均单位注入干料量的 25% 则认为注浆满足要求；当检查孔单位注入量大于 300kg/m 时，认为灌浆不满足要求。

（2）帷幕灌浆验收标准。帷幕灌浆检查孔注浆的单位注入干料量小于 30kg/m 或单位注入干料量小于该单元的平均单位注入干料量的 25%，则认为注浆满足要求。

第 5 章

采空区治理施工技术

国内外在采空区上修建水利工程的案例不多，可以借鉴的工程经验很少，而采用地面钻孔注浆的方式进行采空区治理更是无规程、规范和技术标准可循。因此，对钻孔设备、钻孔工艺、注浆工艺、灌浆阻塞方式等进行试验、研究，将研究成果应用于采空区治理工程中，具有非常重要的意义。

5.1 设备选型

根据初步设计批复的采空区治理方案，南水北调中线一期工程禹州段采空区的煤系地层以软质岩为主，实际钻孔深度 120～340m，钻孔工程总量达 75 万 m，灌浆干耗灰量约 38 万 t，而施工工期仅 19 个月，施工高峰期钻孔工程总量达 10 万 m/月，灌浆干耗灰量近 6 万 t/月。由于采空区治理是渠道工程实施的第一步，只有采空区治理完成并验收合格后，才能进行后续的基础处理、土方工程、混凝土工程等，因此对采空区治理工程的工期要求很高，必须按计划进度完成。

采空区治理工程钻孔深度大、施工强度高、灌浆耗灰量大及工期要求高等特点，决定了工程施工必须采用先进的、与地层条件相适应的钻灌设备与机具。

5.1.1 钻孔设备、钻孔机具选择

1. 钻孔施工难点

注浆钻孔从上而下依次穿过黄土层（厚度约 40m）、卵石层（厚度约 10m）、基岩段（包括采空区弯曲带、断裂带、垮落带）等不同的岩土层，地质条件差，因此采空区钻孔存在以下难点：

（1）在卵石层和垮落带中钻进极易发生塌孔、埋钻、烧钻等孔内事故，同时由于卵石和垮落带的块石比较松散、破碎，粒径又与钻头直径相近，钻孔施工难度大。

（2）煤系地层以软质的泥岩、页岩、炭质页岩为主，钻孔过程中，若不能快速成孔，岩层长时间被水浸泡软化，极易发生塌孔、掉块现象。钻孔过程中经常出现下部塌孔、上部掉块现象，进行孔内事故处理费工费时。

（3）采空区治理采用"全孔一次成孔、全孔段一次灌浆"的施工方法，钻孔深度较大，钻进过程中在孔内沉积大量的岩粉无法排出，极易造成埋钻、烧钻现象。

2. 钻孔设备及其组合方式选择

（1）钻孔设备。选择 XY-2 型、XY-42 型、XY-4 型地质钻机，C6 型、SM400 型、

HTYP2000 型履带式跟管钻机，KW10 型潜孔钻机及便携式浅孔钻机，进行现场生产性试验，以选择适宜工程地层的钻孔设备，并根据不同地层条件选择合适的组合方式。主要钻孔设备见图 5.1-1，其性能参数见表 5.1-1。

（a）XY-2型钻机

（b）XY-42型钻机

（c）KW10 型潜孔钻机

（d）C6型履带式跟管钻机

（e）HTYP2000型履带式跟管钻机

（f）SM400型履带式跟管钻机

图 5.1-1　注浆用主要钻孔设备

表 5.1-1　　　　　　　　　　　　主要钻孔设备性能参数表

设备型号	钻杆直径 /mm	钻孔深度 /m	动力功率 /kW	卷扬单绳提升能力 /kN	卷扬提升速度 /(m/s)	立轴最大扭矩 /(kN·m)
XY-2	42	530	22	30	0.515～1.948	2.76
	50	380				
XY-4	43	1000	30	30	1.09～4.18	2.64
	50	700				
XY-42	42	1100	30	30	0.78～2.99	3.20
	50	820				
	60	610				
KW10	89	120	58	70		3.20
SM400	自带供风系统，最深可跟管钻进80m					
C6	自带供风系统，最深可跟管钻进80m					
HTYP2000	自带供风系统，最深可跟管钻进80m					

（2）设备在不同组合条件下的施工工效分析。结合生产性试验进行不同组合条件下的施工工效分析，共完成 61 个孔，总进尺 9489m。各种钻孔设备在不同的地质条件下的施工工效见表 5.1-2，表中数据为试验区各设备平均钻孔工效值。

　　　　　　　　　各种钻孔设备在不同地质条件下的施工工效　　　　　　　单位：m/h

地层＼工效＼设备	XY－2	XY－42	KW10	C6
黄土层	0.9	1.4	—	4.5
卵石层	0.6	0.9	—	1.5
基岩段（除最后 50m 外）	0.8	1.9	8.9	—
最后 50m	0.6	1.5	7.1	—

通过对钻孔设备工效与施工特点的综合分析研究，形成以下两种资源配置方式：

1）利用履带式跟管钻机对覆盖层适应能力强的特点，先采用跟管钻机钻至基岩接触面，然后改用地质钻机在岩石中钻进，直至全孔终孔。

2）利用潜孔钻机对基岩段特别是较硬基岩段适应能力强的特点，采用地质钻机钻进至深入基岩后，再采用潜孔钻机风动钻进直至终孔。由于 KW10 型潜孔钻机经济钻孔深度为 120m，超过 120m 时可改用地质钻机钻进。

3. 钻孔机具选择

（1）钻杆。选用单根钻杆长度达 6m、$\phi 50mm$ 规格钻杆，采用锁丝接头。实现了高回次进尺钻进工艺，达到了快速高效钻进施工的目的。

（2）钻头。煤系地层从上而下依次钻过黄土层（厚度约 40m）、卵石层（厚度约 10m）、基岩段（包括采空区弯曲带、断裂带、垮落带）等不同的地层，地质条件差。针对地层的上述特点，选用了合金钻头、金刚石钻头、全断面钻进钻头等，其中合金钻头主要用于黄土层钻进，金刚石钻头用于卵石层钻进，全断面钻头用于基岩段钻进。

5.1.2　灌浆设备、灌浆机具选择

1. 制浆、供浆系统布置

采空区灌浆工程量大、施工强度高，高峰期灌浆量达 6 万 t/月。为确保灌浆施工供浆充足、及时，必须采用快速、具备连续制浆能力、容量大、能够自动化控制的制浆设备。

经过市场调研，结合现场施工情况，共投入 7 座制浆能力达 $40m^3/h$ 的集中制浆站。集中制浆站布置情况见图 5.1－2，现场实物照片见图 5.1－3。

每座集中制浆站连续拌制 1∶1（0.8∶1）的水泥粉煤灰原浆，共配置 1 个 80t 水泥罐，2 个 80t 粉煤灰罐，2 台 ZJ－2000A 高速制浆机，1 套全自动电子称量系统，2 套低速搅拌与泵送系统。拌制原浆经管道输送至各作业面，再根据需要配制成不同比级的浆液，供现场注浆使用。

ZJ－2000A 高速制浆机的额定生产能力为每 3min 制备 2000L 的原浆，利用系数按 85％计算，则每天制备浆液总量为 816000L。若制备 1∶1 的水泥粉煤灰原浆，浆液比重为 1.400，则每天制浆能力达到 592t。若制备 0.8∶1 的水泥粉煤灰原浆，浆液比重为 1.435，每天制浆能力达到 650t，可满足高强度灌浆需求。

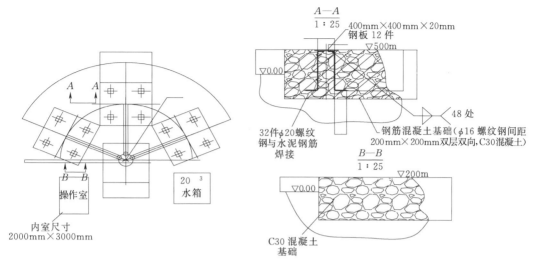

图 5.1-2 集中制浆站平面布置图

图 5.1-3 集中制浆站现场实物照片

2. 灌浆设备选择

采空区灌浆的特点是压力小、流量大，灌浆过程中基本以自流灌浆为主，另外考虑到高掺量水泥粉煤灰浆液的可灌性较传统的水泥浆的可灌性差。经综合考虑，灌浆设备采用排量超过 150L/min 的泥浆泵。

3. 灌浆记录装置

灌浆记录以采用高智能自动灌浆记录仪为主。考虑到充填灌浆历时较长，在施工现场复杂恶劣的环境条件下，记录仪长时间运行，不可避免地会发生信号中断、打印输出不完整等故障，此时，应立即采用手工记录灌浆过程。

5.2 注浆孔造孔技术

5.2.1 造孔工艺

采空区注浆孔造孔施工主要技术控制要点包括钻孔定位，选择合适的钻进方法和固壁方法，确保孔斜及孔径、孔深，孔底沉淀应冲洗干净等。钻孔施工工艺流程见图 5.2-1。

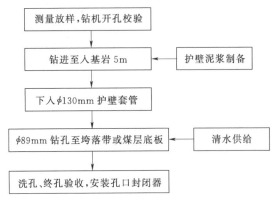

图 5.2-1　钻进施工工艺流程图

5.2.2　造孔工序质量控制

1. 钻孔定位

按照设计要求和报批的灌浆孔布设位置进行测量放样，确保孔位偏差不大于 10cm，

图 5.2-2　TC1610 全站仪

钻孔定位采用全站仪（图 5.2-2）和钢尺，经监理工程师复核检测合格后作为开孔位置，做好孔位标记。

2. 确保孔斜

根据钻机尺寸焊接钻机底部平台，钻机底部平台采用槽钢焊接，采用厚壁地质管焊接四角架。将钻机与底部平台及四角架（图 5.2-3）进行安装连接，钻机就位后平台底部垫平、垫实，然后对立轴钻杆前后左右 4 个方向采用水平尺校核控制，确保垂直，采用 KXP-1 型测斜仪（图 5.2-4）进行钻孔孔斜测量。为保证孔向准确，确保终孔孔斜不超过 2°，应采取以下控制措施：

图 5.2-3　地质钻机钻孔施工

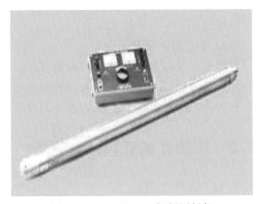

图 5.2-4　KXP-1 轻便测斜仪

（1）稳固钻机。采取镶铸地锚紧固钻机底盘的措施，使钻机在正常运转过程中始终处于平稳状态。

（2）采用合理的钻进方法和工艺技术参数，包括准确定向、控制机械钻速、不使用弯曲、瘪陷的钻杆等。

（3）根据钻孔情况，可每5m进行一次孔斜测量，及时了解钻孔轨迹。

（4）一旦发现钻孔超偏，尽快采取纠偏措施。纠斜措施包括：机座稳定、立轴方向正确，加强测斜频率，尽量使用长一些的钻具，钻孔变径时要采用导向设施，正确地控制压力、给水量、转速等钻进技术参数，扩孔纠偏、钻杆加导向接头以扶正钻杆，由于开孔最初20m深度内孔斜率对整孔孔斜影响最大，要求采用加长钻具做导向造孔施工。

3. 钻进方法

钻机安装平整稳固垂直后，按设计要求钻进施工。

钻孔施工应按灌浆程序，分序进行。钻孔作业时，所有钻孔统一编号，并注明各孔的施工次序。灌浆孔开孔孔径为110～130mm，采用优质膨润土浆液护壁钻进，钻入基岩5m后，根据需要下入ϕ108mm或ϕ127mm套管护壁，定量注入0.5：1的纯水泥浆液嵌固管脚。然后变径为ϕ89mm钻具进行钻进，钻至终孔。覆盖层以下岩体钻进施工采用清水做循环液。

4. 钻孔孔距、排距与孔序

主体工程充填灌浆孔的孔、排距采用18m×18m，排内分二序孔进行施工，按照先Ⅰ序后Ⅱ序的顺序灌浆施工。

主体工程帷幕灌浆为单排孔施工，帷幕灌浆孔孔距采用2.5m，排内分3序孔施工，按照先Ⅰ序后Ⅱ序再Ⅲ序的顺序灌浆施工。

5. 钻孔孔径及孔深

开孔孔径为130mm或110mm，钻入基岩5m后，埋入ϕ127mm或ϕ108mm的套管，然后变径为ϕ89mm钻具钻至采空区中煤层底板以下0.5～1.5m。

（1）为确保造孔孔径，施工中采取了以下技术措施：钻进中经常检查和更换磨损的钻头；采用旧钻头钻进时，要测量其直径，确保每次更换钻头的直径相同或接近；接近终孔时，检查并更换直径稍偏大且较完好的钻头钻进施工。

（2）为确保终孔孔深，施工中采取了以下技术措施：

1）采用伸缩系数很小的钢丝作为测绳，一端固定适当直径的测锤，另一端与卷扬连接，见图5.2-5。每5m固定一个铜箍并打印上字号，同时采用校验合格的钢卷尺进行校核。

2）采用两种方法进行孔深测量，即先测量机上余尺，起钻后测量钻杆和钻具的总长，计算出终孔孔深。同时，为防止孔内掉块或塌孔等情况，用测锤进行测量孔深，两种方法互相校核。

6. 钻孔取芯

钻孔采用绳索取芯，见图5.2-6。用单管及双管钻具进行取芯，取芯孔数量为充填灌浆孔和帷幕灌浆孔总数的3％，采空区岩芯采取率不小于30％，采空区上部覆岩部位岩芯采取率不小于60％。

图 5.2-5　孔深检测

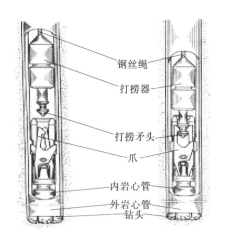

钢丝绳
打捞器
打捞矛头
爪
内岩心管
外岩心管
钻头

图 5.2-6　绳索取芯钻具示意图

7. 钻孔冲洗

终孔验收后，为增加浆液的扩散半径，将灌浆段采空区、岩石裂缝或空隙中的充填物带走，灌浆前注水冲洗钻孔，钻孔冲洗至回水澄清后即可。对于失水量较大或孔口不返水的钻孔，为防止大量冲水进入巷道影响灌浆充填效果，可根据现场实际情况不再洗孔。

5.3　注浆孔灌浆工艺研究

5.3.1　灌浆工艺及浆液配比

1. 灌浆工艺

注浆孔灌浆设备全部采用 BW250 型注浆泵进行灌浆，采用高智能灌浆自动记录仪进行灌浆记录。灌浆时，用集中制浆站制浆，同时将浆液输送到各集中灌浆泵站的储蓄浆槽内，然后在记录仪的监控下，对各注浆孔进行灌浆。对帷幕灌浆孔，需对浆液进行二次制备后进行灌浆。灌浆工艺流程见图 5.3-1。

终孔验收合格 → 套管内下设带法兰盘注浆管或直接安装孔口封闭器 → 灌前洗孔 10～20min → 灌浆 → 达到结束标准结束灌浆 → 灌浆封孔 → 起拔套管

图 5.3-1　灌浆工艺流程

2. 浆液配比

帷幕灌浆主要原材料采用 42.5 级普通硅酸盐水泥、Ⅱ 级粉煤灰和膨润土。在集中制浆站，配制水固比（质量比）为 1∶1、0.8∶1、0.7∶1 或 0.6∶1 的水泥粉煤灰膨润土浆液，然后输送到施工现场各二级制浆站，再按照设计要求及施工需要将集中制浆站输送的水泥粉煤灰浆液制备成配比 c、e、f、H、K、L 和 M 的浆液。进行帷幕灌浆时，按照设计要求进行上述配比的浆液变换，当变为膏状浆液时采用双卧轴强制式搅拌机（JS500）与螺杆灌浆泵（HS-B2）进行灌浆，浆液配比见表 5.3-1，膨润土及外加剂在二级制浆站拌和。

表 5.3-1 　　　　　　　　　　　　帷 幕 浆 液 配 比 表

序号	材料	配比 c	配比 e	配比 f	配比 H	配比 K	配比 L	配比 M
1	水	1	1	1	0.8~0.7	0.8	0.7	0.6
2	水泥	0.15	0.15	0.3	0.15	0.15	0.15	0.15
3	粉煤灰	0.7	0.85	1.2	0.60	0.75	0.75	0.77
4	膨润土	0.15		0.50	0.25	0.10	0.10	0.08
5	复合外加剂	Ⅱ型	Ⅳ型					
5.1	高效减水剂[①]	1			1			
5.2	粉煤灰激活剂[①]	1.5	1.5					
5.3	速凝剂[①]	1			1			2~3

① 占水泥、粉煤灰重量的百分比。

充填灌浆主要采用集中制浆站内配制的水固比（质量比）为1∶1与0.8∶1的水泥粉煤灰浆液，其中水泥与粉煤灰之比为0.15∶0.85。灌浆时，采用立式双层搅拌槽临时接浆液，采用BW250型注浆泵进行灌浆，采用多通道高智能灌浆自动记录仪进行灌浆记录及控制。

5.3.2 灌浆方法

1. 灌浆管路连接

回浆管路不宜安装在灌浆泵出口处，应加长管路至孔口回浆，防止长时间灌注时堵塞进浆管路；同时，应在孔口回浆管前安装一个止回阀，以便在灌浆初始阶段无压时，防止浆液回流而堵塞回浆管路。

2. 灌浆分序及灌浆方式

帷幕灌浆分为Ⅰ序、Ⅱ序、Ⅲ序孔进行灌浆，采用"纯压式"间歇灌浆的方法，浆液由稀到浓，特殊情况可灌膏状浆液和砂浆。

充填灌浆分为Ⅰ序、Ⅱ序孔进行灌浆，采用"纯压式"连续注浆的方法，施工后期根据设计文件要求，注浆孔采取了孔口封闭"纯压式"、限量间歇的灌浆方法。

3. 灌浆阻塞方式

帷幕灌浆阻塞方式一般采用孔口封闭装置与护壁套管（兼灌浆孔口管）丝口连接，进行封闭。实际灌浆过程中，根据钻孔孔内情况，漏量较大时，敞开孔口，加装漏斗，直接投入细集料或自流灌入膏状浆液，待孔口溢浆时再进行孔口封闭，加压继续灌注，采空区帷幕灌浆阻塞方式见图5.3-2。

充填灌浆阻塞方式采用以下两种：

（1）采用孔口封闭器或阻塞器在孔口与套管连接进行封闭，根据工程中大多数单孔都需进行多次注浆处理的实际情况，主体工程采用了此注浆方法，见图5.3-3。

（2）将一端带有法兰托盘（或胶球）的注浆管下入孔内变径处，定量注入水泥浓浆封闭管脚后，起拔套管并待凝，然后进行孔口封闭灌浆。该方法的优点是套管利用率高，缺点是只能用于一次成孔的孔段。

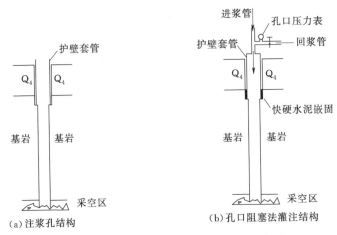

图 5.3-2　采空区帷幕灌浆阻塞方式示意图

（a）注浆孔结构　　　（b）孔口阻塞法灌注结构

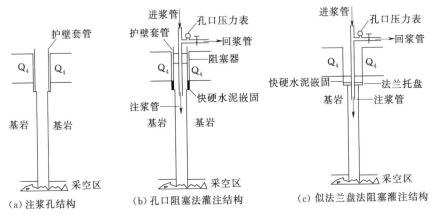

（a）注浆孔结构　　（b）孔口阻塞法灌注结构　　（c）似法兰盘法阻塞灌注结构

图 5.3-3　采空区充填灌浆阻塞方式示意图

5.3.3　灌浆参数

1. 灌浆段长度

灌浆段长度为变径后至终孔的长度。若灌浆段以上覆盖层存在塌孔、掉钻、大量失水等不良地质条件时，需立即进行注浆处理，以保证钻孔的顺利进行。注浆处理后扫孔，继续钻进至终孔深度，再按照设计灌浆结束标准对采空区灌浆，灌浆结束后及时封孔。

2. 注浆压力选择

为选择适宜的灌浆压力，在注浆试验过程中通过大量的资料分析，建立了灌浆流量与灌浆时间的对应关系，绘制了典型灌浆孔单孔灌浆过程曲线。典型单孔灌浆曲线取值的原则为：灌浆过程中每 $0.5 \sim 2h$ 取一个有代表性的时间节点上的流量和压力，灌浆结束前一段时间加大取值的数量。帷幕灌浆典型灌浆孔灌浆过程曲线见图 5.3-4，充填灌浆典型灌浆孔灌浆过程曲线见图 5.3-5。

从图 5.3-4 和图 5.3-5 分析可以看出，无论是帷幕灌浆还是充填灌浆，其灌浆流量与灌浆压力呈负相关关系，即灌浆过程中灌浆基本以自流（压力为 0）状态灌注，而最后 $5 \sim 30\text{min}$ 灌浆流量骤降至 10L/min 以下，灌浆压力从 0 升至 1.2MPa。

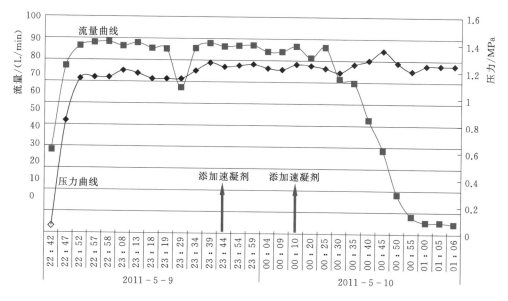

图 5.3-4 帷幕灌浆典型灌浆孔灌浆过程曲线

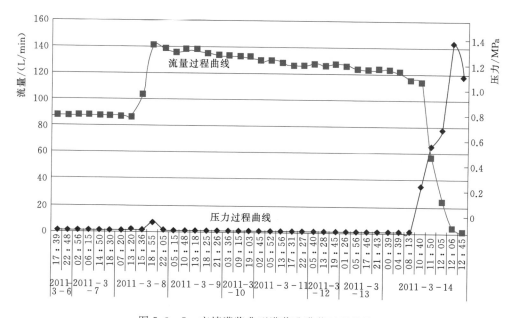

图 5.3-5 充填灌浆典型灌浆孔灌浆过程曲线

3. 注浆结束标准

（1）帷幕灌浆结束标准。当孔口压力在规定的压力值（1.0MPa），泵量小于10L/min，稳定10min，即可结束该孔的帷幕灌浆施工。

（2）充填灌浆结束标准。当孔口压力在规定的压力值（1.0MPa），泵量小于10L/min，稳定10~15min，即可结束该孔的充填灌浆施工。

5.4　特殊问题处理

5.4.1　深井巷道钻、灌施工技术难点

深井巷道钻、灌施工技术难点如下：

（1）由于煤矿开采的特点，采空区存在大量的各类矿井、巷道与洞穴，渠基下部地质条件极为复杂，充填灌浆处理难度大。另外，要对地下 200～300m 深度的老矿区通过帷幕灌浆形成封闭区，技术难度也很大。

（2）高掺量粉煤灰的水泥粉煤灰浆液，所形成的结石体强度低且强度增长慢，特别是 200～300m 深的采煤巷道内存在积水且温度较低，高掺粉煤灰的水泥粉煤灰浆液在其中凝结时间较长。

（3）由于巷道是倾斜的，在其中进行灌浆时，浆液的流动性大，封堵难度更大。

（4）在进入基岩后的造孔过程中，经常遇到抽风、吹风、严重失水、烧钻、掉钻、卡钻及塌孔埋钻等特殊情况，另外在部分区域还遇到了卵石堆积体和平顶山砂岩地层，造孔施工难度大。

5.4.2　特殊情况技术处理措施

1. 钻孔工程中特殊情况处理

（1）塌孔埋钻、卡钻处理。煤系地层以软质泥岩为主，砂岩多为泥质胶结，采用全断面钻进的施工方法，会有大量岩粉产生，极易发生埋钻现象；"三带"分布明显，裂隙发育，掉块现象时有发生，卡钻频次比较高。

出现这种情况时，重点在于事前预防：①采用扭矩较大的回转钻机，可有效避免卡钻、埋钻现象的发生；②钻进过程中加大冲洗液的数量和冲洗压力，及时将岩粉冲出孔外；③护壁套管的管径应大于终孔孔径两个级差，便于在出现孔内事故时进行套取处理。

发生塌孔、埋孔时，采用打吊锤和返钻杆的方法捞取孔内全部钻杆及钻具，然后向孔内灌注水灰比为 1∶1～0.5∶1 的浓水泥浆液或充填灌浆浆液，当灌浆流量明显变小且孔内开始起压时停止灌浆，待凝 6～12h 后进行扫孔施工。如果发现塌孔部位有掉块或渗漏量较大，需要再次灌浆处理。

（2）孔口抽风或排风。在造孔过程中，当钻至某个深度区域，孔口出现抽风或排风时，可判定此区域存在通风井或巷道等洞穴。为防止继续钻进中施工的钻渣及污水充填或堵塞地下通道，要及时停止造孔，对其进行灌浆处理。灌浆正常结束后待凝 6～12h 后，继续钻进施工，直至终孔验收并灌浆封孔。

（3）严重失水，孔口不返水。当出现孔口返水量明显减少甚至孔口不返水情况时，继续造孔施工，同时要确保造孔供水正常且供水量尽量加大，防止出现烧钻。在孔口不返水的情况下造孔时，还要注意孔内钻进情况，对出现掉块、卡钻和不进尺的情况采取先灌浆处理，待凝 6～12h 后，扫孔并继续钻进施工直至终孔。

（4）平顶山砂岩地层造孔。在郭村煤矿采空区造孔施工过程中遇到了平顶山石英砂岩层，一般在孔深 5～120m 段出露，地层坚硬，造孔效率极低。

经研究试验,采用新的造孔工艺。先采用地质回转钻机对上部土层进行造孔,开孔孔径130m。进行平顶山砂岩1～2m后,用纯水泥浆液镶筑 ϕ127mm套管,待凝8～12h后,采用潜孔钻机继续造孔,孔径94mm。根据孔口返出的岩粉判断是否穿过平顶山砂岩进入到煤系地层,当进入煤系地层1～2m时进行孔内护壁,在孔内注入水泥浆液待凝8～12h,最后用XY-4型地质回转钻机扫孔并进行该孔深下部基岩造孔直至终孔。

采用新的造孔工艺后,效果显著,单孔造孔工效达到了30.5m/(台·日),比同孔深正常灌浆孔工效8.0m/(台·日)提高了近4倍。

(5)卵石堆积体地层造孔。采空区加固处理主体灌浆工程施工中,新峰矿区段渠道右岸局部范围内遇到了卵石堆积体,深度范围为20～32m,卵石层厚为6～8m。由于卵石多为石英砂岩、石英岩、凝灰岩等坚硬岩石,块径4～10cm,结构松散,局部覆盖层黏土质矿物含量高,易于吸水膨胀,极易出现缩孔、塌孔、卡钻等现象,现有设备、机具无法穿透该地层。根据该地层孔深较浅的特点及现场实际情况,通过跟管钻机在该地层进行跟管施工,用护壁套管防止了卵石的塌方,解决了造孔难的问题。

2. 注浆特殊情况技术处理措施

(1)串浆。在采空区注浆过程中,一个孔灌注时,有时会在周围临近孔,甚至隔一孔出现孔内"串浆"现象。出现这一现象时,待被串通孔出浓浆后,采取两孔或多孔同时灌注。

(2)不吸浆。采空区灌浆过程中,部分钻孔钻到煤矿预留的煤柱,与煤矿采空区不贯通;部分钻孔钻到煤矿采空区塌陷部位,且塌陷情况比较严重,与相邻部位的贯通性较差,出现了个别孔不吃浆的现象。针对这一现象,采取将灌浆压力适当加大,将塌陷部位的薄弱面击穿而增强可灌性,当增加压力不能击穿时,需关注周边孔的灌注情况,采取适当措施确保周边孔的灌浆连续性,以增大其扩散范围。

(3)灌浆中断。灌浆施工过程中可能因供浆不及时、供浆管路堵塞、灌浆管路堵塞等原因造成灌浆中断,应尽早恢复灌浆。恢复灌浆时,先用开灌水固比浆液灌注,如灌浆流量与中断前相近可改用中断前水灰比的浆液灌注。如果灌浆流量较中断前减少很大,应采用压力水洗孔,使孔内畅通后继续灌注。

(4)注浆孔吃浆量大难以结束。灌浆段注浆时遇见大量吃浆且难以结束的情况时,采取以下技术措施:

1)充填灌浆。采用连续灌浆方式可以适当限流、限量、间歇与待凝等措施,尽量确保在浆液不大量浪费的情况下切实充填好采空区巷道或大的裂缝。

2)帷幕灌浆。采用低压、浓浆、限流、限量、间歇灌浆及设计要求的各类配比浆液(包括膏状浆液)进行灌注,必要时浆液中掺加适量速凝剂灌后待凝6～12h重新扫孔,以开灌水固比浆液进行灌浆,直至结束。也可在浆液中掺加细砂等掺合料进行灌注,当注入量明显减小时改换开灌水固比浆液进行灌浆至结束。

a. 速凝膏状浆液灌注方法。帷幕灌浆先用配比e,当单孔注入量已达700L以上或灌浆时间已达1h,且灌浆流量无明显减少、灌浆压力无明显上升时,改为配比c。当配比c单孔注入量达700L以上或灌注时间已达1h,且灌浆流量无明显减少、灌浆压力无明显上升时,则改为配比H。当配比H单孔注入量达到3500L以上且灌浆流量无明显减少、灌浆压力无明显上升时,则改为配比M。当配比M灌浆总量达3500L以上且灌浆流量无明显减少、灌浆压力无明显上升时，则间歇 1h 后继续灌浆，如此直至达到闭浆标准结束灌浆。帷幕灌浆配合比见表 5.4-1。

表 5.4-1 　　　　　　　　　　　　　帷 幕 灌 浆 配 合 比

序号	材料	配比 c	配比 e	配比 H	配比 M
1	水	1	1	0.8～0.7	0.6
2	水泥	0.15	0.15	0.15	0.15
3	粉煤灰	0.70	0.70	0.60	0.77
4	膨润土	0.15	0.15	0.35	0.08
5	复合外加剂	Ⅱ型	Ⅳ型	Ⅱ型	
5.1	高效减水剂①	1	1	1	
5.2	速凝剂①	1		1	2～3

① 占水泥、粉煤灰重量的百分比。

上述帷幕灌浆施工方法中，配比 H 和配比 M 属于膏状浆液。当遇到钻孔过程中有掉钻现象时，可采用以浆携砂法进行灌注。

b. 速凝膏状浆液灌浆设备配置。速凝膏状浆液灌浆设备包括双卧轴强制式搅拌机 (JS500)、螺杆灌浆泵 (HS-B2)、高压灌浆泵 (BW250)、孔口封闭器 1 套及灌浆自动记录仪 1 套。

c. 速凝膏状浆液灌浆工艺流程。速凝膏状浆液灌浆工艺流程为：水泥粉煤灰原浆集中拌和→送入双卧轴强制式搅拌机→掺加膨润土粉→（搅拌均匀后）掺加速凝剂→送入螺旋灌浆泵计量槽→进入灌浆孔管道系统。

d. 速凝膏状浆液灌浆过程控制：①采用集中制浆站制备水泥粉煤灰浆液，输送至布置于作业面的强制搅拌机内。在现场的膏状稳定浆液拌制平台，通过人工加入定量的膨润土粉搅拌均匀，再根据需要均匀加入速凝剂搅拌后，放入螺旋灌浆泵计量槽。②计量槽内浆液通过螺旋灌浆泵向孔内挤压式充填。螺旋灌浆泵与灌浆孔之间通过直径 32mm 的高压灌浆管连接，采用孔口封闭器向孔内纯压式灌浆。③前期灌浆按每孔段定量灌注，采用多次复灌法处理，后期灌浆孔可根据灌浆情况单孔单次灌注量进行增加。

e. 速凝膏状浆液特性。速凝水泥膏状浆液通常是指在普通水泥浆中掺入大量的膨润土、粉煤灰等掺合料及少量速凝剂构成的低水灰比的速凝膏状浆液。其基本特征是浆液的凝结时间可以根据速凝剂的掺量进行调整，且浆液的初始剪切屈服强度值可以克服其本身重力的影响。

速凝水泥膏状浆液由于具有水下不分散、较强的抗水流冲释性能、自堆积性能及易控的凝结时间等特点，用于动水条件下的堵漏和防渗，能节省灌浆材料和时间，也可用于节理裂隙开度较大的岩体或堆石体的灌浆。与常规水泥灌浆相比，具有灌浆过程易于控制、灌浆效果比较可靠，可减少浆液的浪费，且能在动水条件下凝结等优点，但需要专门的搅拌和泵入设备，施工工艺较复杂。

f. 浆携砂封堵灌注。部分帷幕灌浆孔由于造孔过程中发生掉钻且深度较大，按照设计要求采用常规方法进行灌浆施工时，灌浆量很大且在几天内都没有结束趋势，为防止大量浆液自帷幕边界向外流失，采取了孔口安装漏斗用 c 配比帷幕浆液携带粗砂进行灌注的方法。经过多次间歇式灌注粗砂，当注浆量明显减小时，采用设计帷幕浆液 e 配比进行灌浆至结束。

（5）钻孔特殊情况统计如下。

1）钻孔时孔内掉钻及严重失水等特殊情况统计见表 5.4 - 2。

表 5.4 - 2　　　　　　　　　典型孔内掉钻及返水情况统计

孔号	特殊情况说明	孔号	特殊情况说明
CX2 - Ⅰ - 4	68m 孔口吹风，严重失水	CG2 - Ⅰ - 12	209～210.7m 掉钻
CX2 - Ⅱ - 5	68m 孔口吹风，严重失水	CG3 - Ⅰ - 13	210.93～211.93m 严重失水
CX2 - Ⅰ - 6	68m 孔口吹风，严重失水	CG11 - Ⅰ - 14	143～145m 掉钻
CX2 - Ⅱ - 7	68m 孔口吹风，严重失水	CG11 - Ⅰ - 18	140～142m 掉钻
CX3 - Ⅰ - 2	100～110m 严重失水	WXY - Ⅰ - 33	90.4m 严重失水
CX3 - Ⅰ - 6	65m 孔口抽风、严重失水	WXY - Ⅱ - 104	112m 严重失水
CX3 - Ⅱ - 7	65m 孔口抽风、严重失水	WXY - Ⅱ - 118	155m 严重失水
CX3 - Ⅰ - 8	69.25m 孔口抽风、严重失水	WXY - Ⅰ - 184	170m 严重失水
CX3 - Ⅰ - 10	70.15m 孔口抽风、严重失水	WXY - Ⅰ - 264	170m 严重失水
CX40 - Ⅰ - 10	240m 严重失水	WGZ - Ⅲ - 022	125m～145.8m 掉钻
CX2 - Ⅰ - 4	94.2m 至终孔漏，95.5～96.3m 掉钻 78m 吹风	CX2 - Ⅰ - 6	68.1m 处漏水排风；82.8～96.8m 不返水，80.4m 漏水
CX3 - Ⅰ - 6	65.4m 处漏水、吸风，111.9～118m 泥质砂岩不返水	CSX3 - Ⅰ - 5	82.64～83.44m 为空洞 112.8～115.6m 孔口有严重吸风现象，且伴有流水声
CSX3 - Ⅰ - 1	钻至 99.4m 时，孔口有严重吸风现象，在 101m 时漏浆	CSX5 - Ⅰ - 5	62.0～66.5m 孔口有抽风现象；75.8～90.0m 孔口有吸风现象；96.2～101.0m 孔口有吸风现象

2）灌浆时典型串浆情况见表 5.4 - 3。

表 5.4 - 3　　　　　　　　典 型 串 浆 情 况 统 计

孔号	灌浆特殊情况	串孔（外漏）间距/m
CSX3 - Ⅰ - 5	钻孔至 151m，注浆 540284.06kg，与 CSX1 - Ⅰ - 3、CSX3 - Ⅰ - 1、CSX3 - Ⅰ - 3、CSX4 - Ⅰ - 4 发生串浆	51.60、36.00、72.00、24.76
CSX4 - Ⅰ - 2	钻孔至 145.6m，注浆 89443.88kg，与 CSX4 - Ⅰ - 4 发生串浆	36.00
CSX4 - Ⅰ - 4	钻孔至 135.03m，注浆 51859.2kg，与 CSX3 - Ⅰ - 3 发生串浆	26.11
CSX4 - Ⅰ - 6	钻孔至 151.81m，注浆 146462.9kg，与 CSX4 - Ⅰ - 4 发生串浆	36.00
CSX6 - Ⅰ - 4	钻孔至 154.8m，注浆 752922.95kg，与 CSX3 - Ⅰ - 3 发生串浆	56.87
CSX6 - Ⅱ - 5	钻孔至 140.3m，注浆 258919.71kg，与 CSX5 - Ⅱ - 6 发生串浆	26.09
CSX7 - Ⅰ - 2	钻孔至 145m，注浆 390838.15kg，与 CSX8 - Ⅰ - 5 发生串浆	69.57
CSX8 - Ⅰ - 3	钻孔至 150m，注浆 14947.09kg，与 CSX7 - Ⅱ - 1 发生串浆	49.19

采空区施工特殊情况处理相关图片见图 5.4 - 1～图 5.4 - 5。

图 5.4-1　常规设备施工平顶山砂岩
（钻头损坏情况及取出的岩石）

图 5.4-2　浅孔钻机配合常规钻机
（采用新工艺进行平顶山砂造孔施工）

(a)

(b)

(c)

(d)

图 5.4-3　帷幕浆液携带砂子灌浆

(a)

(b)

图 5.4-4（一）　采空区部分注浆孔吸风及吹风情况

图 5.4 - 4（二） 采空区部分注浆孔吸风及吹风情况

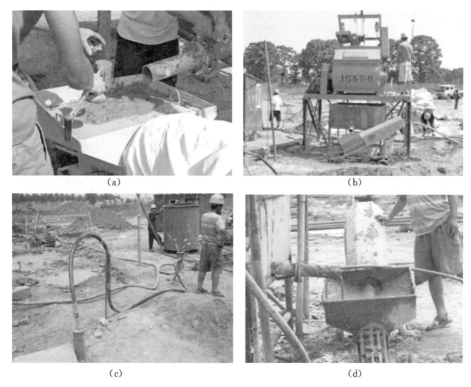

图 5.4 - 5 速凝膏状浆液灌浆封堵施工现场

5.5 采空区处理成果综合分析

5.5.1 采空区灌浆工程量

采空区处理工程包括帷幕灌浆和充填灌浆，帷幕灌浆单孔最大灌浆量达 156.4t，单孔最小灌浆量为 1.4t，平均单耗为 13.8t/孔；充填灌浆单孔最大灌浆量可达 2867.9t，单孔最小灌浆量为 1.1t，平均单耗为 209.1t/孔。帷幕及充填灌浆钻孔总进尺为 73.9 万 m，灌浆总量为 38.2 万 t，其中帷幕钻孔进尺为 28.7 万 m，帷幕灌浆 2.035 万 t，帷幕及充填灌浆总平均单耗 111.5t/孔。

帷幕及充填灌浆工程共完成检查孔进尺约为 40158m，灌浆总量约为 2034t，平均单耗分别为 2.7t/孔和 19.7t/孔，总平均单耗为 11.2t/孔。

综上所述，充填灌浆检查孔与注浆孔相比，平均单耗降低 90%，灌浆效果显著。采空区加固处理工程中灌浆孔及检查孔钻、灌工程量及单耗详见表 5.5 - 1。

表 5.5 - 1　　　　　　　　　　采空区帷幕与充填灌浆工程量及单耗统计表

施工区域	灌浆种类	开始日期	结束日期	灌浆孔数/个	钻孔进尺/m	灌浆量/kg	平均单孔耗灰量/kg	平均单位耗灰量/(kg/m)
原新峰煤矿采空区	帷幕灌浆	2011 - 5 - 2	2012 - 2 - 28	548	113230.90	10693925.32	19514.46	119.10
	帷幕检查孔	2011 - 6 - 29	2012 - 4 - 10	30	6213.77	82941.94	2764.73	17.59
	充填灌浆	2011 - 3 - 18	2012 - 3 - 12	794	163695.42	118567330.07	149329.13	910.82
	充填检查孔	2011 - 12 - 26	2012 - 4 - 22	44	9084.86	417887.31	9497.44	58.54
梁北镇郭村煤矿采空区	帷幕灌浆	2011 - 4 - 22	2011 - 12 - 4	572	142071.46	8555888.69	14851.24	85.26
	帷幕检查孔	2011 - 6 - 1	2012 - 4 - 25	31	8013.82	68150.83	2321.36	13.58
	充填灌浆	2011 - 2 - 25	2012 - 12 - 21	1059	174052.80	126239040.78	137154.36	762.19
	充填检查孔	2011 - 6 - 7	2012 - 4 - 15	42	8169.74	559991.38	9549.21	53.42
梁北镇工贸煤矿采空区	帷幕灌浆	2011 - 8 - 25	2012 - 2 - 15	154	31825.30	1104594.40	7172.69	42.80
	帷幕检查孔	2012 - 4 - 10	2012 - 4 - 13	7	1455.10	21712.30	3101.80	19.10
	充填灌浆	2011 - 2 - 22	2012 - 4 - 21	592	103953.10	93172317.80	157385.20	1168.30
	充填检查孔	2011 - 5 - 6	2012 - 4 - 8	38	6552.60	719052.90	18922.40	148.10
梁北镇福利煤矿采空区	充填灌浆	2011 - 5 - 14	2012 - 3 - 18	60	10057.70	23545508.20	392425.10	3669.00
	充填检查孔	2012 - 3 - 16	2012 - 3 - 18	4	668.00	164025.00	41006.30	379.80
各区帷幕孔合计				1274	287127.66	20354408.41	13846.13	82.39
各区充填孔合计				2189	451759.02	361524196.85	209073.45	1627.58
各区帷幕检查孔合计				68	15682.69	172805.07	2729.30	16.76
各区充填检查孔合计				128	24475.20	1860956.59	19743.84	159.97

5.5.2　成果分析

1. 帷幕灌浆

（1）分序资料分析。采空区加固处理帷幕灌浆工程共划分为 3 个区域，帷幕灌浆孔总计 1274 个，分 3 序孔施工，灌浆段总长度为 230553.21m，总灌浆干灰消耗量 20328t，平均单耗为 22.8t/孔，各矿区帷幕灌浆分序综合灌浆成果详见表 5.5 - 2。

表5.5-2　　　　　　　　　　帷幕灌浆分序综合灌浆成果汇总表

采空区	孔序	孔数/个	灌浆长度/m	灌浆干灰消耗量/kg	平均单孔注入量/(kg/孔)	平均单位注入量/(kg/m)
原新峰煤矿采空区	Ⅰ	137	22310.60	3735109.06	27263.57	167.41
	Ⅱ	137	22460.47	3144269.71	22950.87	139.99
	Ⅲ	274	45020.58	3788381.84	13826.21	84.15
	小计	548	89791.66	10667760.61	19466.72	118.81
梁北镇郭村煤矿采空区	Ⅰ	144	29515.31	4398225.39	30025.79	146.49
	Ⅱ	144	28844.49	2006378.07	13699.12	68.23
	Ⅲ	284	56617.16	2151285.23	7507.27	37.58
	小计	572	114976.96	8555888.69	14705.16	72.91
梁北镇工贸煤矿采空区	Ⅰ	39	6718.80	396194.90	38637.90	91.80
	Ⅱ	38	6164.00	266335.60	28879.90	76.00
	Ⅲ	77	12901.80	442063.90	22005.30	61.60
	小计	154	25784.60	1104594.40	28086.10	72.90
合计	Ⅰ	320	58544.71	8529529.35	31975.75	135.23
	Ⅱ	319	57468.96	5416983.38	21843.30	94.74
	Ⅲ	635	114539.54	6381730.97	14446.26	61.11
	总计	1274	230553.21	20328243.70	22755.10	97.03

从表5.5-2中可以看出以下几点。

1）帷幕灌浆各序孔平均单耗递减率。原新峰煤矿矿区Ⅰ序孔平均单位耗灰量为167.41kg/m，Ⅱ序孔为139.99kg/m，Ⅲ序为118.81kg/m，各序孔平均单耗逐级递减率依次为16.4%和15.7%，Ⅲ序孔比Ⅰ序孔平均单耗量减小了29.3%。

郭村矿区Ⅰ序孔平均单位耗灰量为146.49kg/m，Ⅱ序孔为68.23kg/m，Ⅲ序孔为37.58kg/m，各序孔平均单耗逐级递减率依次为53.4%和45%，Ⅲ序孔比Ⅰ序孔平均单耗量减小了74.3%。

梁北镇工贸矿区Ⅰ序孔平均单位耗灰量为91.80kg/m，Ⅱ序孔为76.00kg/m，Ⅲ序孔为61.60kg/m，各序孔平均单耗逐级递减率依次为17.2%和18.9%，Ⅲ序孔比Ⅰ序孔平均单耗量减小了32.9%。

整个采空区帷幕灌浆Ⅰ序孔平均单位耗灰量为135.23kg/m，Ⅱ序孔为94.74kg/m，Ⅲ序孔为61.11kg/m，各序孔总平均单耗量逐级递减率依次为30%和34.2%，Ⅲ序孔比Ⅰ序孔平均单耗量减小了54.8%。

2）各序孔的频率分布累计曲线随着孔序的增加骤减趋势明显。以帷幕孔数最多的郭村矿采空区为典型代表绘制了单耗频率曲线，见图5.5-1。

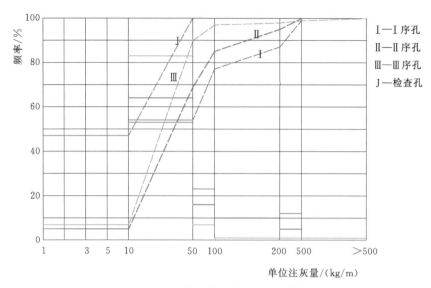

图 5.5-1 帷幕灌浆单耗频率曲线图

3）从单元工程灌浆成果统计情况来看，大部分单元工程随着孔序的增加，单位注入量呈递减趋势，且递减效果明显；随着孔序的增加，单位注入量的区间频率、段数分布逐步向较小的区间聚集，符合一般灌浆规律，说明灌浆效果较好。

4）个别单元出现反序现象。经分析，出现反序现象的单元，灌浆单位注入量普遍较小（一般小于 20kg/m），帷幕灌浆孔与采空区不连通或连通性差，灌浆主要以充填小空隙、裂隙为主，灌浆规律性较差，从而导致后序孔比前序孔单位注入量偏大。

（2）压浆质量检查。每个帷幕灌浆单元布置 1 个检查孔，其中生产性试验区布置 2 个检查孔。检查孔压浆检查干耗灰量与其所在的单元工程干耗灰量对比分析见表 5.5-3。

表 5.5-3　　　　　　　　帷幕灌浆质量检查孔压浆情况统计表

项目	帷幕检查孔						帷幕灌浆孔	检查孔占单元平均单孔干耗比例/%
单元编号	孔号	孔深/m	段长/m	单孔干耗量/(kg/孔)	单位干耗量/(kg/m)		单元平均干耗量/(kg/孔)	
原新峰煤矿采空区								
05/001	WXZ-J001-01	146.34	99.34	2255.29	22.70		19347.79	11.66
05/002	WXZ-J002-01	162.29	114.79	2353.97	20.51		24894.51	9.46
05/003	WXZ-J003-01	167.98	116.98	1625.54	13.90		30379.34	5.35
05/004	WXZ-J004-01	184.40	133.40	1760.38	13.20		31487.70	5.59
05/005	WXZ-J005-01	194.17	135.97	1704.79	12.54		15799.98	10.79
05/006	WXZ-J006-01	204.74	134.74	3139.49	23.30		21756.40	14.43
05/007	WXZ-J007-01	218.12	166.32	2761.33	16.60		19831.51	13.92
05/008	WXZ-J008-01	226.07	174.27	1941.95	11.14		17731.33	10.95
05/009	WXZ-J009-01	245.46	186.06	3241.58	17.42		31543.50	10.28
05/010	WXZ-J010-01	247.31	198.31	3646.06	18.39		36915.76	9.88

续表

| 项目 | 帷幕检查孔 | | | | | 帷幕灌浆孔 | 检查孔占单元 |
单元编号	孔号	孔深 /m	段长 /m	单孔干耗量 /(kg/孔)	单位干耗量 /(kg/m)	单元平均干耗 量/(kg/孔)	平均单孔干耗 比例/%
05/011	WXZ－J011－01	276.19	233.49	2227.47	9.54	31769.49	7.01
05/012	WXZ－J012－01	285.47	242.57	2642.65	10.89	16304.17	16.21
05/013	WXZ－J013－01	309.10	254.00	1588.08	6.25	22091.12	7.19
05/014	WXZ－J014－01	313.90	254.10	2382.27	9.38	22280.25	10.69
05/015	WXY－J015－01	121.90	75.90	1791.16	23.60	8637.67	20.74
05/016	WXY－J016－01	133.00	87.70	2121.45	24.19	13325.03	15.92
05/017	WXY－J017－01	137.06	91.46	1529.16	16.72	11705.64	13.06
05/018	WXY－J018－01	147.47	102.47	1745.93	17.04	14077.86	12.40
05/019	WXY－J019－01	161.48	111.48	1624.57	14.57	9474.26	17.15
05/020	WXY－J020－01	177.29	135.49	2043.63	15.08	15184.31	13.46
05/021	WXY－J021－01	182.11	137.11	2341.38	17.08	13703.95	17.09
05/022	WXY－J023－01	207.62	162.62	1831.44	10.77	15255.31	12.01
05/023	WXY－J024－01	221.03	170.03	2541.33	13.21	14028.17	18.12
05/024	WXY－J025－01	230.46	192.36	1513.94	8.36	15729.07	9.63
05/025	WXY－J026－01	236.80	181.10	1726.13	8.22	11314.83	15.26
05/026	WXY－J027－01	256.27	209.96	1958.09	9.37	12114.40	16.16
05/027	WXY－J028－01	265.54	209.01	1531.40	7.39	13686.78	11.19
05/028	WXY－J029－01	268.60	207.34	1930.13	20.04	13130.44	14.70
05/029	WSXJ－1	140.30	96.30	15387.09	153.41	54678.75	28.14
05/030	WSXJ－2	145.30	100.30	8054.26	80.30		14.73
梁北镇郭村煤矿采空区							
06/001	WGZ－J001－01	219.70	173.96	1527.63	8.78	9437.94	16.19
06/002	WGZ－J002－01	245.20	194.60	1972.52	10.14	13362.41	14.76
06/003	WGZ－J003－01	257.60	186.90	2234.92	11.96	21567.59	10.36
06/004	WGZ－J004－01	259.00	203.10	1719.24	8.46	13402.07	12.83
06/005	WGZ－J005－01	289.10	214.40	2468.76	11.51	6026.73	40.96
06/006	WGZ－J006－01	302.82	224.41	2168.06	9.66	4937.09	43.91
06/007	WGZ－J007－01	325.96	229.26	2419.08	10.55	4501.93	53.73
06/008	WGZ－J008－01	340.83	242.13	2544.93	10.51	4583.71	55.52
06/009	WGY－J009－01	217.00	176.20	1949.29	11.06	11591.77	16.82
06/010	WGY－J010－01	220.40	188.80	2034.14	10.77	6210.25	32.75
06/011	WGY－J011－01	226.80	185.30	1806.02	9.75	11825.36	15.27
06/012	WGY－J012－01	233.03	191.43	1863.38	9.73	24041.56	7.75
06/013	WGY－J013－01	239.96	161.55	2160.13	13.37	4531.02	47.67

| 项目 | | 帷幕检查孔 | | | | 帷幕灌浆孔 | 检查孔占单元平均单孔干耗比例/% |
单元编号	孔号	孔深/m	段长/m	单孔干耗量/(kg/孔)	单位干耗量/(kg/m)	单元平均干耗量/(kg/孔)	
06/020	WSG-J1	217.80	184.80	1941.61	10.51	3394.50	57.20
06/020	WSG-J2	219.52	188.52	1770.39	9.39		52.15
郭村1单元	Mg-J-1	211.70	183.10	2574.80	14.06	4780.00	53.87
郭村2单元	Mg-J-2	235.90	181.10	2390.11	13.20	31820.00	7.51
郭村3单元	Mg-J-3	229.40	161.20	2486.68	15.43	11500.00	21.62
郭村4单元	Mg-J-4	222.30	179.50	2234.24	12.45	11540.00	19.36
郭村5单元	Mg-J-5	221.30	176.10	2341.96	13.30	16800.00	13.94
郭村6单元	Mg-J-6	219.40	173.70	2302.25	13.25	13950.00	16.50
郭村7单元	Mg-J-7	227.40	181.10	2552.63	14.10	16210.00	15.75
郭村8单元	Mg-J-8	240.10	194.50	2464.01	12.67	24500.00	10.06
郭村9单元	Mg-J-9	245.60	199.60	2477.82	12.41	29520.00	8.39
郭村10单元	Mg-J-10	249.20	202.80	2884.83	14.23	15220.00	18.95
郭村11单元	Mg-J-11	262.50	211.70	2588.22	12.23	26180.00	9.89
郭村12单元	Mg-J-12	267.00	221.00	2140.23	9.68	28440.00	7.53
郭村13单元	Mg-J-13	286.80	236.20	2502.08	10.59	31980.00	7.82
郭村14单元	Mg-J-14	293.40	242.80	2382.18	9.81	31190.00	7.64
郭村15单元	MSg-J-1	194.00	163.30	1583.25	9.70	3340.00	47.40
	MSg-J-2	199.60	171.40	1246.28	7.27		37.31
梁北镇工贸煤矿及福利煤矿采空区							
6区1单元	M6-J-1	198.90	150.90	2266.66	15.02	14650.00	15.47
6区2单元	M6-J-2	198.60	150.90	2423.24	16.06	19450.00	12.46
12区1单元	M12-J-1	209.50	162.80	2949.53	18.12	3010.00	97.99
12区2单元	M12-J-2	210.30	163.10	3010.53	18.46	8420.00	35.75
12区3单元	M12-J-3	210.00	167.50	4227.96	25.24	12880.00	32.83
12区4单元	M12-J-4	217.00	174.70	3554.73	20.35	11950.00	29.75
12区5单元	M12-J-5	210.80	168.90	3279.69	19.42	11150.00	29.41

从表 5.5-3 可以看出以下几点：

1）帷幕灌浆质量检查孔压浆检查单孔最大耗灰量为 15.38t，最小耗灰量 1.25t；单位注入量最大 153kg/m，最小 6kg/m，压浆检查干耗灰量普遍较小，说明灌浆效果较好。

2）检查孔压浆检查干耗灰量与其所在单元平均干耗灰量相比较，除 12区 1单元因单元平均干耗灰量较低（3.01t/孔）而递减不明显外，递减率基本都在 60% 以上，说明灌浆效果明显。

（3）钻孔取芯检查。

1）钻孔取芯情况。取芯孔包括帷幕灌浆钻孔取芯和质量检查孔取芯，其中帷幕灌浆钻孔取芯在灌前进行，主要起勘探取芯作用，以获得详细的地质资料，为后期的大规模施工提供保障；质量检查孔取芯在灌后进行，主要检查结石情况。

部分帷幕灌浆钻孔岩芯采取率见表5.5-4，部分质量检查孔岩芯采取率见表5.5-5。

表 5.5-4　　　　　　　　　部分帷幕灌浆钻孔岩芯采取率统计表

孔号	孔深/m	黄土层厚/m	卵石层厚/m	基岩段长/m	采取率/%
MSg-1-Ⅰ-5	216.8	17.2	7.2	192.8	58.5
MSg-1-Ⅰ-25	250.6	18.4	7.1	225.1	61.5
Mg-2-Ⅰ-25	245.0	18.0	17.0	210.0	58.5
Mg-2-Ⅰ-71	223.2	24.0	7.5	191.7	56.2
Mg-2-Ⅰ-111	219.9	20.0	11.0	188.9	62.0
Mg-2-Ⅰ-171	236.2	20.0	4.0	212.2	56.8
Mg-2-Ⅰ-271	278.4	28.0	8.0	242.4	64.5
合计	1670.1	145.6	61.8	1463.1	59.7

表 5.5-5　　　　　　　　　部分质量检查孔岩芯采取率统计表

孔号	孔深/m	黄土层厚/m	卵石层厚/m	基岩段长/m	采取率/%
MSg-J-1	194	17.4	8.3	168.3	62.0
MSg-J-2	199.57	16.0	7.0	176.57	61.0
Mg-J-1	237.9	36.4	13.1	188.2	55.8
Mg-J-2	235.9	36.4	13.1	186.2	60.8
Mg-J-3	229.4	25.4	17.8	181.2	63.5
Mg-J-4	222.3	21.7	16.1	184.5	61.7
Mg-J-5	221.3	22.9	17.3	181.1	63.5
Mg-J-6	219.4	24.2	16.5	178.7	59.4
Mg-J-7	227.4	25.7	15.6	186.1	63.6
Mg-J-8	240.1	24.8	15.8	199.5	60.2
Mg-J-9	245.6	31.0	10.0	204.6	61.0
Mg-J-10	249.2	31.2	10.2	207.8	58.0
Mg-J-11	262.5	40.0	5.8	216.7	63.0
Mg-J-12	267.0	27.0	14.0	226.0	59.1
Mg-J-13	286.8	40.0	5.6	241.2	61.9
Mg-J-14	293.4	40.0	5.6	247.8	57.9
M6-J-1	198.9	28.0	15.0	156.9	54.4
M6-J-2	198.6	28.0	14.7	155.9	62.6
M12-J-1	209.5	31.9	9.8	167.8	61.5
M12-J-2	210.3	33.0	9.2	168.1	63.0

续表

孔号	孔深/m	黄土层厚/m	卵石层厚/m	基岩段长/m	采取率/%
M12-J-3	210.0	31.0	6.5	172.5	64.0
M12-J-4	217.0	31.6	5.7	179.7	63.5
M12-J-5	210.8	29.8	7.1	173.9	61.0
合计	5286.87	673.4	259.8	4349.27	60.97

由表5.5-4和表5.5-5可以看出，帷幕灌浆灌前钻孔平均岩芯采取率为59.7%，灌后质量检查孔平均岩芯采取率为60.97%，经灌浆处理后，采取率提高1.27%。钻孔采取率普遍较小，且灌前、灌后岩芯采取率提高较小，主要有以下几方面原因：

a. 煤系地层主要为泥岩、炭质页岩，岩芯偏软，遇水极易软化，因此岩芯采取率普遍较低。

b. 采空区帷幕灌浆主要以充填采空部分、垮落带、断裂带的空腔、孔隙为主，对裂隙、尤其是细微裂隙充填较差。另外，帷幕灌浆采用高掺量粉煤灰的水泥粉煤灰浆液，浆液结石体强度较低，在提高岩体的整体性、抗变形能力、防渗能力方面较差。因此，灌浆、灌后岩芯采取率提高较小，这也符合煤矿采空区"三带型"发育的特点。

2）结石获得情况分析。帷幕灌浆主要材料为水泥、粉煤灰、膨润土，其中粉煤灰掺量高达70%，属高掺粉煤灰范畴。这样的浆液形成的结石体的强度较小，而且浆液凝结时间较长，一般大于90d，因此，钻孔取出的结石较少，部分结石体统计情况见表5.5-6和图5.5-2。

表5.5-6　　　　　　　　　部分帷幕灌浆质量检查孔结石获得情况统计表

孔号	结石获得情况
Mg-J-1	在226.0m处见有50cm结石
Mg-J-2	在228.1m处见有1m长结石
Mg-J-3	在222.0m处见有20cm长结石
Mg-J-4	在210.8m处见有20cm长结石
Mg-J-11	在234.0m处见有少量块状结石

结石

图5.5-2　浆液结石照片

2. 充填灌浆

（1）分序成果分析。采空区加固处理充填灌浆工程共划分为 4 个区域，分 2 序孔施工，充填灌浆孔总计 2189 个，充填灌浆段总长度为 358405m，充填总灌浆量 361524t，平均单耗为 216.1t/孔，各矿区充填灌浆分序综合灌浆成果见表 5.5 − 7。

表 5.5 − 7　　　　　　　　　充填灌浆分序综合灌浆成果汇总表

采空区	孔序	孔数/个	灌浆长度/m	灌浆干灰消耗量/kg	平均单孔耗灰量/(kg/孔)	平均单位耗灰量/(kg/m)
原新峰煤矿采空区	Ⅰ	398	65223.15	76344489.46	191820.33	1170.51
	Ⅱ	396	64952.69	42222840.61	106623.33	650.06
	小计	794	130175.84	118567330.07	149329.13	910.82
梁北镇郭村煤矿采空区	Ⅰ	368	70746.07	74768733.57	196411.25	1033.45
	Ⅱ	375	71313.25	51470307.20	132692.45	700.85
	小计	743	142059.32	126239040.77	164551.85	867.15
梁北镇工贸煤矿采空区	Ⅰ	290	38826.00	57656272.70	198814.70	1472.30
	Ⅱ	302	40926.40	35516045.10	117602.80	879.90
	小计	592	79752.30	93172317.80	157385.70	1168.30
梁北镇福利煤矿采空区	Ⅰ	30	3217.00	16452512.40	548417.10	5114.20
	Ⅱ	30	3200.40	7092995.80	236433.20	2216.30
	小计	60	6417.40	23545508.20	392425.10	3669.00
合计	Ⅰ	1086	178012.22	225222008.13	283865.85	2197.62
	Ⅱ	1103	180392.74	136302188.71	148337.95	1111.78
	总计	2189	358404.96	361524196.84	216101.90	1654.70

从表 5.5 − 7 中可以得出以下几点。

1）充填灌浆各序孔平均单耗递减率如下。

a. 原新峰煤矿采空区Ⅰ序孔平均单位耗灰量为 1170.51kg/m，Ⅱ序孔为 650.06kg/m，平均单位耗灰量递减 44.5%。

b. 梁北镇郭村煤矿采空区Ⅰ序孔平均单位耗灰量为 1033.45kg/m，Ⅱ序孔为 700.85kg/m，平均单位耗灰量递减 32.2%。

c. 梁北镇工贸煤矿采空区Ⅰ序孔平均单位耗灰量为 1472.3kg/m，Ⅱ序孔为 879.90kg/m，平均单位耗灰量递减 40.2%。

d. 梁北镇福利煤矿采空区Ⅰ序孔平均单位耗灰量为 5114.2kg/m，Ⅱ序孔为 2216.3kg/m，平均单位耗灰量递减 56.7%。

e. 全部采空区Ⅰ序孔平均单位耗灰量为 2197.62kg/m，Ⅱ序孔为 1111.78kg/m，总平均单位耗灰量降低了约 50%，递减效果明显。

2）从充填灌浆各序孔的频率分布累计曲线随着孔序的增加呈明显的骤减趋势明显。原新峰煤矿采空区充填灌浆孔数最多，充填灌浆单耗频率曲线见图 5.5 − 3，表 5.5 − 8 为原新峰煤矿采空区充填灌浆分序单耗频率统计表。

表 5.5 - 8 　　　　　　　原新峰煤矿采空区充填灌浆分序单耗频率统计

孔 序			Ⅰ	Ⅱ	合计
孔数			398	396	794
灌浆长度/m			65223.15	64952.69	130175.84
灌浆干灰耗量/kg			76344489.46	42222840.61	118567330.07
平均单孔耗灰量/(kg/孔)			191820.33	106623.33	149329.13
平均单位耗灰量/(kg/m)			1170.51	650.06	910.82
单位注灰量频率〔区间段数/(频率/%)〕	平均单孔耗灰量/(kg/孔)	<10	1 (0.3)	0 (0)	1 (0.1)
		10~100	12 (3)	30 (7.6)	42 (5.3)
		100~500	120 (30)	185 (46.7)	305 (38.4)
		500~1000	96 (24)	94 (23.7)	190 (24)
		1000~10000	162 (40.7)	87 (22)	249 (31.3)
		>10000	7 (2)	0 (0)	7 (0.9)

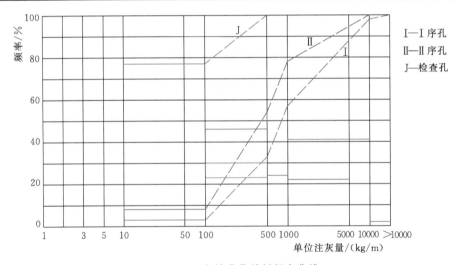

图 5.5 - 3　充填灌浆单耗频率曲线

　　从分序灌浆资料分析，随着孔序的增加，单位耗灰量的区间频率、段数分布向较小的区间聚集，符合一般灌浆规律，说明灌浆效果较好。

　　3）从各孔序灌浆统计情况来看，一般也是随着孔序增加，单位耗灰量呈减少趋势且减少较明显，同时单位耗灰量的区间频率和段数分布向较小的区间聚集，符合一般灌浆规律，说明灌浆效果明显。

　　4）个别单元出现反序现象，如梁北镇工贸煤矿 8 区 3 单元Ⅰ序孔平均单位耗灰量为1478kg/m，Ⅱ序孔平均单位耗灰量为 2397.9kg/m；梁北镇工贸煤矿 4 单元Ⅰ序孔平均单位耗灰量为 1412.6kg/m，Ⅱ序孔平均单位耗灰量为 1763.7kg/m。出现这一情况，是由于钻孔孔排距较大（18m×18m），小区域范围内可能出现部分Ⅰ序孔与煤矿采空区不连通或连通性较差，而部分Ⅱ序孔可能直接钻至煤矿采空区部分或巷道内，导致Ⅱ序孔吸浆量偏大，甚至个别Ⅱ序孔吸浆量远远大于Ⅰ序孔的平均值，从而出现Ⅱ序孔平均单位耗灰量大于Ⅰ序孔平均单位耗灰量。

（2）注浆质量检查与分析。充填灌浆单元结束14天后，均按设计要求布置检查孔进行钻孔取芯、压浆检查及CT检测。

1）质量检查要求。

a. 布孔原则。检查孔及CT钻孔成对布置，布孔数量不低于灌浆孔数量的3%，相邻的两孔间距宜小于30m。一般布置在钻孔和注浆情况比较特殊的部位，如注浆孔两孔连线上或三孔、四孔的中心位置。

b. 钻孔取芯。使用地质回转钻机，采用ϕ89mm钻具取芯或绳索取芯，取芯范围为检查孔孔底以上50m范围内。重点观察岩芯的采取率和浆液结石情况。

采用孔口封闭的纯压式灌浆法注浆检查，注浆检查材料为水泥粉煤灰浆液，水泥：粉煤灰为0.15：0.85，水固比0.8：1，水泥采用普硅42.5级水泥，粉煤灰采用Ⅱ级粉煤灰。

c. 注浆检查压力。注浆检查压力采用1.0MPa。

d. 注浆检查结束标准。注浆检查结束标准与注浆孔灌浆结束标准相同。

e. 钻孔CT扫描。在注浆检查前先进行钻孔弹性波CT扫描，采用一孔激发另一孔接收方式进行检测，见图5.5-4。

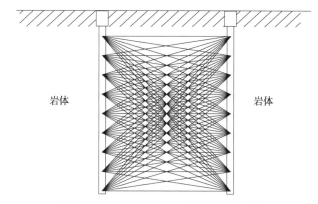

图5.5-4 弹性波CT成像检测原理图

2）质量检测成果分析。

a. 注浆质量检查。对于充填灌浆，每个单元工程布置两个检查孔，检查结果见表5.5-9。

表5.5-9　　　　　　　　　　　　充填灌浆压浆质量检查与分析

项目	充填灌浆检查孔					充填灌浆施工孔	检查孔平均单孔干耗占所在单元比例/%
单元编号 (ZG3.5/S3/01/)	孔号	孔深 /m	段长 /m	单孔干耗量 /kg	单位干耗量 /(kg/m)	单元平均单孔干耗量 /(kg/孔)	
05/030	CX-J30-1	124.86	82.16	21734.16	264.53	262946.04	8.27
05/030	CX-J30-2	127.33	83.13	10703.44	128.76		4.07

续表

项目	充填灌浆检查孔					充填灌浆施工孔	检查孔平均单孔干耗占所在单元比例/%
单元编号 （ZG3.5/S3/01/）	孔号	孔深 /m	段长 /m	单孔干耗量 /kg	单位干耗量 /（kg/m）	单元平均 单孔干耗量 /（kg/孔）	
05/031	CX－J31－1	136.10	95.90	17728.22	184.86	146956.83	12.06
05/031	CX－J31－2	135.82	95.82	14061.40	146.75		9.57
05/032	CX－J32－1	190.38	142.38	13904.59	97.66	152131.61	9.14
05/032	CX－J32－2	190.82	143.82	13122.43	91.24		8.63
05/033	CX－J33－1	235.54	187.54	9940.45	53.00	168918.97	5.88
05/033	CX－J33－2	235.72	187.72	8224.16	43.81		4.87
05/034	CX－J34－1	258.29	216.39	9132.28	42.20	77401.98	11.80
05/034	CX－J34－2	258.79	216.89	9947.34	45.86		12.85
05/035	CX－J35－1	299.40	262.20	6026.87	22.99	50847.59	11.85
05/035	CX－J35－2	300.13	263.63	4044.60	15.34		7.95
05/036	CX－J36－1	172.50	130.50	17368.23	133.09	179968.46	9.65
05/036	CX－J36－2	172.39	128.89	17232.47	133.70		9.58
05/037	CX－J37－1	212.66	160.86	14546.10	90.43	217110.30	6.70
05/037	CX－J37－2	213.96	162.16	12157.66	74.97		5.60
05/038	CX－J38－1	218.77	173.77	9661.83	55.60	255736.11	3.78
05/038	CX－J38－2	221.35	177.15	8266.53	46.66		3.23
05/039	CX－J39－1	275.68	233.68	5239.95	22.42	166964.22	3.14
05/039	CX－J39－2	270.47	228.47	7615.73	33.33		4.56
05/040	CX－J40－1	287.12	245.22	5076.64	20.70	163137.97	3.11
05/040	CX－J40－2	282.29	238.09	7056.11	29.64		4.33
05/041	CX－J41－1	121.06	75.76	4034.38	53.25	82564.91	4.89
05/041	CX－J41－2	116.38	70.88	5035.80	71.05		6.10
05/042	CX－J42－1	171.75	123.75	3032.92	24.51	116998.43	2.59
05/042	CX－J42－2	170.32	122.32	4043.50	33.06		3.46
05/043	CX－J43－1	183.66	146.66	5063.66	34.53	116980.75	4.33
05/043	CX－J43－2	182.96	137.66	7027.28	51.05		6.01
05/044	CX－J44－1	225.73	179.23	3038.27	16.95	97770.19	3.11
05/044	CX－J44－2	220.30	173.80	5031.38	28.95		5.15
05/045	CX－J45－1	251.78	205.88	6048.90	29.38	46298.92	13.06
05/045	CX－J45－2	256.65	209.95	4098.82	19.52		8.85

项目	充填灌浆检查孔					充填灌浆施工孔	检查孔平均单孔干耗占所在单元比例/%
单元编号 (ZG3.5/S3/01/)	孔号	孔深 /m	段长 /m	单孔干耗量 /kg	单位干耗量 /(kg/m)	单元平均单孔干耗量 /(kg/孔)	
05/046	CX－J46－1	269.70	209.90	4040.83	19.25	69832.97	5.79
05/046	CX－J46－2	274.30	214.50	5056.24	23.57		7.24
05/048	CSXJ－1	135.00	94.80	14103.13	148.77	233630.73	6.04
05/048	CSXJ－2	135.00	97.00	27058.22	278.95		11.58
05/048	CSXJ－3	150.00	109.50	20047.40	183.08		8.58
05/048	CSXJ－4	140.60	98.60	27888.53	282.85		11.94
05/043	J3－1	215.61	174.61	5060.70	28.98	153551.38	3.30
05/043	J3－2	211.30	170.30	6817.30	40.03		4.44
05/043	J3－3	205.20	163.20	4127.89	25.29		2.69
05/043	J3－4	205.55	163.55	5822.40	35.60		3.52
05/043	J3－5	210.50	169.50	4008.48	23.65	165396.158	2.42
05/043	J3－6	211.14	171.14	4609.89	26.94		2.79
06/014	CG－J14－1	232.60	180.60	12435.42	68.86	181321.91	6.86
06/014	CG－J14－2	237.20	186.80	10482.35	56.12		5.78
06/015	CG－J15－1	259.20	217.20	9855.22	45.37	69753.32	14.13
06/015	CG－J15－2	253.76	201.76	8096.54	40.13		11.61
06/016	CG－J16－1	288.90	214.20	8164.44	38.12	54040.03	15.11
06/016	CG－J16－2	294.46	216.66	9796.89	45.22		18.13
06/017	CG－J17－1	309.54	201.98	8166.60	40.43	49071.12	16.64
06/017	CG－J17－2	306.23	205.63	7621.30	37.06		15.53
06/018	CG－J18－1	220.37	188.17	10682.11	56.77	231529.79	4.61
06/018	CG－J18－2	216.95	182.62	13280.51	72.72		5.74
06/019	CG－J19－1	241.30	212.10	6898.44	32.52	211933.70	3.25
06/019	CG－J19－2	244.40	204.40	10996.40	53.80		5.19
06/021	CSGJ－1	227.71	185.51	11622.33	62.65	61956.45	18.76
06/021	CSGJ－2	229.70	189.70	4951.13	26.10		7.99
06/021	CSGJ－3	236.00	199.00	10547.07	53.00		17.02
06/021	CSGJ－4	235.72	194.02	10018.93	51.64		16.17
郭村矿1单元	Cg－J－1	185.50	140.50	55453.52	394.69	185500.00	23.19
	Cg－J－2	187.20	142.20	69125.58	486.12		28.90

续表

项目	充填灌浆检查孔					充填灌浆施工孔	检查孔平均单孔干耗占所在单元比例/%
单元编号 (ZG3.5/S3/01/)	孔号	孔深 /m	段长 /m	单孔干耗量 /kg	单位干耗量 /(kg/m)	单元平均单孔干耗量 /(kg/孔)	
郭村矿 2 单元	Cg-J-7	185.10	137.90	7098.91	51.48	185100.00	2.45
	Cg-J-8	187.90	141.10	7525.50	53.33		2.60
郭村矿 3 单元	Cg-J-9	182.70	133.50	3866.20	28.96	182700.00	1.29
	Cg-J-10	184.40	135.50	4655.68	34.36		1.55
郭村矿 4 单元	Cg-J-11	204.30	158.40	5211.22	32.90	204300.00	2.00
	Cg-J-12	211.40	170.60	5907.48	34.63		2.26
郭村矿 5 单元	Cg-J-13	217.60	171.60	9532.00	55.55	217600.00	5.95
	Cg-J-14	215.80	169.80	5239.16	30.85		3.27
郭村矿 6 单元	Cg-J-15	212.10	167.70	3924.88	23.40	212100.00	2.84
	Cg-J-16	217.30	171.30	6708.63	39.16		4.86
郭村矿 7 单元	Cg-J-17	207.00	157.00	11915.73	75.90	207000.00	8.98
	Cg-J-18	206.10	162.50	17201.80	105.86		12.96
郭村矿 8 单元	Cg-J-5	206.50	165.10	22187.90	134.39	206500.00	15.23
	Cg-J-6	204.30	158.40	15691.47	99.06		10.77
	Cg₁-J-1	245.80	215.00	65092.47	302.76		44.68
	Cg₁-J-2	240.20	207.70	78889.84	379.83		54.15
郭村矿 9 单元	Cg-J-3	213.80	172.80	5055.19	29.25	213800.00	2.34
	Cg-J-4	220.70	179.10	6092.51	34.02		2.82
1 区	C1-J-1	166.20	107.90	113803.30	1054.71	166200.00	29.41
	C1-J-2	164.50	105.50	8896.15	84.32		2.30
2 区	C2-J-1	169.30	110.30	24688.48	223.83	169300.00	6.48
	C2-J-2	168.00	108.20	16637.11	153.76		4.36
3 区 1 单元	C3-J-3	152.80	113.80	4382.67	38.51	152800.00	3.30
	C3-J-4	152.00	114.40	3801.98	33.23		2.86
3 区 2 单元	C3₂-J-1	175.00	126.50	5955.58	47.08	175000.00	4.49
	C3₂-J-2	173.00	124.30	12058.85	97.01		9.08
3 区 3 单元	C3-J-5	191.40	144.80	8142.74	56.23	191400.00	3.52
	C3-J-6	189.60	142.10	15628.09	109.98		6.75
4 区	C4-J-1	159.20	112.30	18061.20	160.83	159200.00	19.09
	C4-J-2	161.80	125.80	9449.29	75.11		9.99

续表

项目	充填灌浆检查孔					充填灌浆施工孔	检查孔平均单孔干耗占所在单元比例/%
单元编号 (ZG3.5/S3/01/)	孔号	孔深 /m	段长 /m	单孔干耗量 /kg	单位干耗量 /(kg/m)	单元平均 单孔干耗量 /(kg/孔)	
5 区	C5 – J – 1	194.20	161.20	3094.50	19.20	194200.00	1.97
	C5 – J – 2	191.70	157.00	5495.97	35.01		3.49
6 区	C6 – J – 1	194.30	147.40	8757.42	59.41	194300.00	3.05
	C6 – J – 2	191.80	145.90	6661.88	45.66		2.32
7 区	C7 – J – 1	193.40	141.10	2787.05	19.75	193400.00	3.31
	C7 – J – 2	190.80	135.30	2522.33	18.64		3.00
8 区 1 单元	CS8$_1$ – J – 1	172.25	126.05	80175.85	636.06	172250.00	63.79
	CS8$_1$ – J – 2	165.00	119.50	24718.52	206.85		19.67
	CS8$_1$ – J – 3	160.40	124.40	3733.95	30.02		2.97
	CS8$_1$ – J – 4	150.40	115.20	48908.04	424.55		38.91
8 区 2 单元	CS8$_2$ – J – 1	154.70	112.70	38708.14	343.46	154700.00	16.37
	CS8$_2$ – J – 2	164.50	119.50	96958.08	811.36		41.00
	CS8$_2$ – J – 3	164.50	121.00	38250.22	316.12		16.18
	CS8$_2$ – J – 4	153.80	108.50	105572.59	973.02		44.65
8 区 3 单元	C8$_3$ – J – 1	164.40	119.80	26487.99	221.10	164400.00	11.24
	C8$_3$ – J – 2	163.30	118.50	28764.25	242.74		12.20
8 区 4 单元	C8$_3$ – J – 3	165.50	121.10	18964.15	156.60	165500.00	9.50
	C8$_3$ – J – 4	169.00	123.30	30277.44	245.56		15.16
8 区 5 单元	C8$_3$ – J – 7	187.36	143.12	6845.91	47.83	187360.00	5.01
	C8$_3$ – J – 8	185.50	131.93	7800.28	59.12		5.71
8 区 6 单元	C8$_3$ – J – 5	215.00	174.00	7319.91	42.07	215000.00	6.50
	C8$_3$ – J – 6	213.00	172.00	5438.78	31.62		4.83
9 区	C9 – J – 1	135.90	87.25	3185.23	36.51	135900.00	2.23
	C9 – J – 2	134.40	91.00	3742.59	41.13		2.62
10 区	C10 – J – 1	137.40	89.50	2754.07	30.77	137400.00	1.93
	C10 – J – 2	137.20	89.80	2837.33	31.60		1.99
11 区	C11 – J – 1	168.60	116.10	4763.62	41.03	168600.00	2.26
	C11 – J – 2	172.70	124.20	4670.54	37.60		2.21
12 区	C12 – J – 1	202.20	155.00	16679.53	107.61	202200.00	13.30
	C12 – J – 2	207.10	159.70	4696.39	29.41		3.74

从表 5.5-9 可以看出，充填灌浆质量检查孔压浆检查干耗量：最大值为 113.8t，最小值为 2.5t，平均值为 15.2t，除个别检查孔压浆检查干耗量偏大外，检查孔普遍偏小，说明灌浆效果较好。充填灌浆施工孔单位注浆量与检查孔单位注浆量综合对比，检查孔递减效果明显，说明灌浆效果较好。

b. CT 质量检测与分析。钻孔弹性波 CT 测试表明，采空区所在区域地层岩体弹性波速度偏低，在高程 65.00～80.00m 附近以下岩体弹性波速度有所提高。波速呈现随钻孔深度增加而提高的渐变趋势。岩体弹性波速度大部分在 2600m/s 以上，与补充试验区充填灌浆前弹性波 CT 测试结果对比，显示裂隙充填基本密实，未发现有空腔现象，充填灌浆效果较好。

c. 检查孔及钻孔取芯成果与分析。采空区加固处理帷幕与充填灌浆各单元工程施工结束 14d 后，布置检查孔进行钻孔取芯检查，选取具有代表性的检查孔及充填灌浆前取芯孔岩芯采取率进行了分析，详见表 5.5-10 和表 5.5-11，浆液结石情况见图 5.5-5。

表 5.5-10　　　　　　　　　　　　检查孔钻孔取芯成果表

孔号	孔深/m	黄土层厚/m	卵石层厚/m	基岩段长/m	采取率/%
C1-J-1	166.2	18.6	34.7	112.9	55.9
C1-J-2	164.5	18.5	35.5	110.5	60.5
C2-J-1	169.3	18.3	35.7	115.3	60.5
C2-J-2	168.0	18.6	36.2	113.2	58.0
C3$_2$-J-1	175.0	14.5	29.0	131.5	65.5
C3$_2$-J-2	173.0	14.4	29.3	129.3	65.5
C3-J-3	152.8	27.0	7.0	118.8	66.8
C3-J-4	152.0	22.0	10.6	119.4	65.3
C3-J-5	191.4	15.1	26.5	149.8	56.5
C3-J-6	189.3	14.9	27.3	147.1	63.5
C4-J-1	159.2	36.5	5.4	117.3	60.0
C4-J-2	161.8	28.0	13.0	120.8	60.1
C5-J-1	194.2	26.3	1.7	166.2	67.7
C5-J-2	191.7	27.0	13.0	161.7	66.2
C6-J-1	194.3	25.8	16.1	152.4	63.5
C6-J-2	191.8	25.8	5.1	150.9	64.9
C7-J-1	193.4	42.5	4.8	146.1	74.3
C7-J-2	190.8	45.0	5.5	140.3	64.8
CS8$_1$-J-1	172.25	28.2	11.3	132.75	62.5
CS8$_1$-J-2	165.0	29.0	10.8	125.2	63.5

孔号	孔深/m	黄土层厚/m	卵石层厚/m	基岩段长/m	采取率/%
CS8₁ - J - 3	160.4	23.0	12.5	124.9	62.0
CS8₁ - J - 4	150.5	25.2	13.4	111.9	63.0
CS8₂ - J - 1	154.7	28.0	9.0	117.7	61.5
CS8₂ - J - 2	164.5	30.0	10.0	124.5	62.5
CS8₂ - J - 3	162.0	25.0	11.0	126.0	66.5
CS8₂ - J - 4	153.8	24.4	15.9	113.5	66.0
C8₃ - J - 1	164.4	28.5	11.1	124.8	63.1
C8₃ - J - 2	163.3	28.2	11.6	123.5	60.5
C8₃ - J - 3	165.5	28.7	11.2	125.6	65.5
C8₃ - J - 4	161.7	29.2	11.5	121.0	65.5
C8₃ - J - 5	215.0	26.0	10.0	179.0	60.0
C8₃ - J - 6	213.0	26.0	10.0	177.0	59.6
C8₃ - J - 7	187.36	32.8	6.44	148.12	58.9
C8₃ - J - 8	185.5	32.5	6.07	146.93	58.5
C9 - J - 1	135.9	34.0	8.15	92.25	73.3
C9 - J - 2	134.4	34.8	8.6	91.0	62.6
C10 - J - 1	137.4	34.0	8.9	94.5	53.0
C10 - J - 2	137.2	33.8	8.6	94.8	62.6
C11 - J - 1	168.6	28.3	19.2	121.1	63.1
C11 - J - 2	172.7	28.0	15.5	129.2	68.1
C12 - J - 1	202.2	34.4	7.8	160.0	61.5
C12 - J - 2	207.1	34.5	7.9	159.8	63.5
Cg - J - 1	185.5	28.0	12.0	145.5	64.0
Cg - J - 2	187.2	27.0	12.0	148.2	61.0
Cg - J - 3	213.8	26.0	10.0	177.8	58.1
Cg - J - 4	220.7	26.0	10.6	184.1	64.5
Cg - J - 5	206.5	27.4	9.0	170.1	68.3
Cg - J - 6	204.3	31.0	9.9	163.4	55.9
Cg - J - 7	185.1	29.5	12.7	142.9	57.7
Cg - J - 8	187.9	29.2	12.6	146.1	56.5
Cg - J - 9	182.7	18.3	15.9	138.5	58.0

续表

孔号	孔深/m	黄土层厚/m	卵石层厚/m	基岩段长/m	采取率/%
Cg-J-10	184.4	18.6	15.3	140.5	39.2
Cg-J-11	215.8	25.0	10.5	180.3	69.1
Cg-J-12	221.4	25.0	10.8	185.6	61.8
Cg-J-13	217.6	27.0	14.0	176.6	53.9
Cg-J-14	215.8	25.0	16.0	174.8	59.4
Cg-J-15	212.1	27.7	11.7	172.7	58.4
Cg-J-16	217.3	25.9	5.1	176.3	57.6
Cg-J-17	207.0	32.0	8.0	167.0	57.6
Cg-J-18	206.1	31.0	7.6	167.5	64.1
Cg_1-J-1	245.8	19.5	6.2	220.1	61.5
Cg_1-J-2	240.2	19.5	8.0	212.7	58.5
合计	11370.31	1663.9	810.76	8859.25	61.8

表 5.5-11　　　　　　　　充填灌浆前取芯孔岩芯采取率统计表

孔号	孔深/m	黄土层厚/m	卵石层厚/m	基岩段长/m	采取率/%
Cg-QX-1	220.5	28.03	12.66	187.81	63.5
Cg-QX-2	242.35	23.0	9.0	210.35	54.0
Cg-QX-3	227.2	20.0	7.5	199.7	62.5
Cg-QX-4	218.0	20.0	12.65	184.3	50.7
Cg-QX-5	210.6	18.5	15.5	176.6	61.4
Cg-QX-6	223.49	29.9	11.0	182.59	58.5
Cg-QX-7	202.2	28.0	10.0	164.2	53.5
C2-QX-1	178.3	21.2	37.8	119.3	55.2
C3-QX-1	160.7	28.0	11.5	121.2	60.0
C3-QX-2	213.3	20.5	2.5	190.8	58.8
C4-QX-1	191.3	38.0	11.0	142.3	67.1
C5-QX-1	209.2	24.0	2.8	182.4	69.4
C7-QX-1	218.8	28.5	12.5	177.8	57.7
C8-QX-1	196.5	25.5	11.5	159.5	62.7
C8-QX-2	213.5	26.0	11.0	176.5	61.5
C8-QX-3	243.2	39.6	15.2	188.4	57.6

孔号	孔深/m	黄土层厚/m	卵石层厚/m	基岩段长/m	采取率/%
C9 – QX – 1	175.8	27.0	17.0	131.8	63.5
C10 – QX – 1	175.8	24.0	22.1	129.7	68.2
C12 – QX – 1	210.6	28.0	6.0	176.6	62.5
C1 – 3 – I – 4	176.5	21.7	42.2	112.6	64.0
C3_2 – 2 – I – 3	157.0	21.1	10.0	125.9	63.5
CS8_2 – 2 – I – 4	152.8	26.0	13.0	113.8	63.5
CS8_2 – 4 – I – 3	167.3	24.0	13.6	129.7	62.0
CS8_2 – 6 – I – 2	168.2	26.0	10.5	131.7	56.0
CS8_1 – 3 – I – 7	153.3	29.0	6.0	118.3	53.0
CS8_1 – 6 – I – 1	163.7	28.0	14.9	120.8	57.5
C11 – 1 – I – 5	167.0	27.0	13.0	127.0	60.5
Cg_1 – 2 – I – 3	247.36	29.6	3.0	214.76	60.0
合计	5484.5	730.13	365.41	4396.41	60.3

(a)

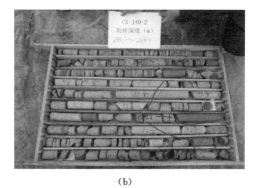

(b)

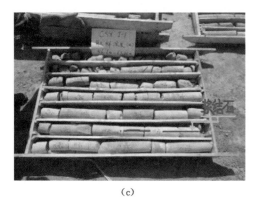

(c)

(d)

图 5.5 – 5 部分浆液结石照片

由表 5.5-10 和表 5.5-11 可以看出，灌浆前钻孔平均岩芯采取率为 60.3%，灌后质量检查孔平均岩芯采取率为 61.8%，表明经灌浆处理后岩芯采取率提高 1.5%。钻孔采取率普遍较小，且灌前、灌后岩芯采取率提高较小，其原因为：①煤系地层主要为泥岩、炭质页岩，岩芯偏软，遇水极易软化，导致岩芯采取率普遍较低。②采空区灌浆主要以充填采空部分、垮落带、断裂带的空腔、孔隙为主，对裂隙尤其是细微裂隙充填较差，岩体较破碎。另外，灌浆采用水泥粉煤灰浆液，浆液结石体强度较低，在提高岩体的整体性、抗变形能力、防渗能力方面较差。因此，灌后岩芯采取率提高较小，这也符合煤矿采空区"三带"型发育的特点。

d. 结石获得情况分析。充填灌浆主要材料为水泥、粉煤灰，粉煤灰掺量高达 85%，属高掺粉煤灰范畴，这样的浆液形成的结石体的强度较小，而且浆液凝结时间较长，一般大于 90d，因此，钻孔取出的结石较少。

第6章

采空区变形监测

实施采空区变形监测是一种连续且有效了解地表有无沉降的方法，不同阶段的监测可以解决不同的问题，注浆处理前进行观测，可以了解采空区注浆治理前的沉降和变形趋势；注浆过程中，可以通过监测评价采空区的治理效果；注浆后及工程运行期，可以评价采空区治理后的稳定性。

6.1 监测网布设

6.1.1 监测线、监测点的布点原则

结合总干渠渠道的工程布置，考虑矿层走向、开采方法及上覆地层产状，监测线采用平行和垂直煤层走向呈直线布置，其长度超过地表移动变形的范围。其中垂直矿层走向的观测线，设置在移动盆地的倾斜主断面上，监测线的条数根据实际情况确定。

根据禹州矿区渠段的煤层开采深度，结合总干渠工程特点，参考同类工程经验，监测线上观测点的间距大致相等，监测点间距为100~200m；在监测地表变形的同时，监测地表裂缝、陷坑等的变形情况。

岩体内部的变形监测布置在采空区埋深较浅且形成时间相对较短的代表性渠段。埋设位置结合渠道工程兼顾矿层走向、采空区的分布，并考虑到不影响渠道建筑物施工，有利于观测和保护等因素，多点位移计、测斜仪埋设在梁北镇工贸煤矿采空区、郭村煤矿采空区渠道左侧红线附近，共埋设3个钻孔多点位移计和1个钻孔测斜仪。禹州矿区变形监测网点布置见图6.1-1。

6.1.2 监测网设计精度

本工程变形监测网平面位移监测等级为三等，垂直位移监测等级为二等，主要技术要求见表6.1-1。

表6.1-1   变形监测网主要精度指标

水平位移监测网			垂直位移监测网	
相邻基准点点位中误差/mm	平均边长/m	边长相对中误差	相邻基准点高差中误差/mm	每站高差中误差/mm
6.0	≤350	≤1/80000	1.0	0.3

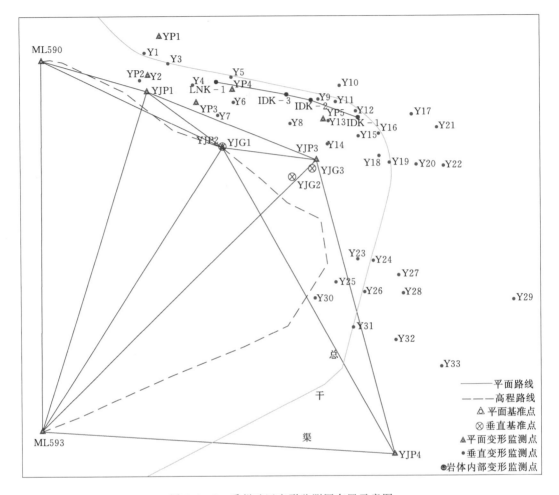

图 6.1 - 1　禹州矿区变形监测网布置示意图

上述三等水平监测网相当于《全球定位系统（GPS）测量规范》（GB/T 18314—2009）C 级精度，二等垂直监测网相当于《国家一、二等水准测量规范》（GB/T 12897—2006）二等水准精度。

6.1.3　监测点的埋设

变形监测网点分为基准网和变形监测网，呈两级布设，基准点选在变形影响区域之外，稳定可靠的位置，变形监测点选择在变化幅度及变形速率大并具有代表性的部位。平面位移点使用带强制归心装置的观测装置，标型结构参见图 6.1 - 2～图6.1 - 5。

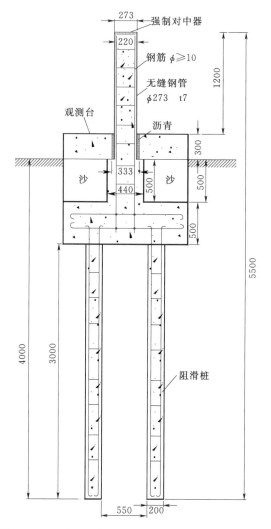

图 6.1-2 平面位移监测基准点剖面图（单位：mm）

注：图中 t7 指壁厚 7mm。

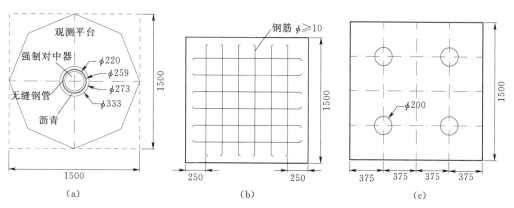

图 6.1-3 观测墩平面图、底盘配筋图、阻滑桩
位置示意图（单位：mm）

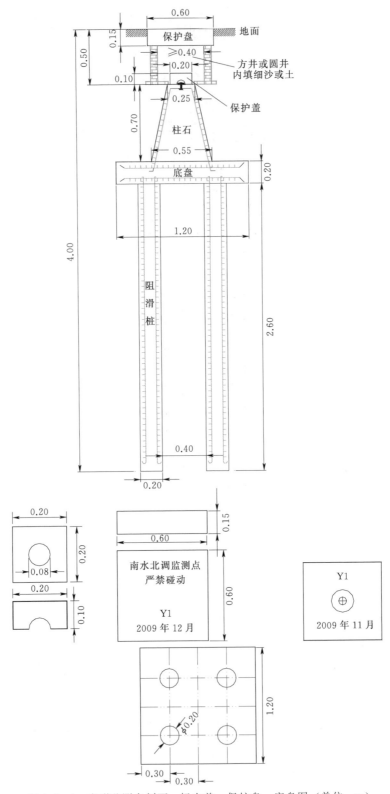

图 6.1-4　变形监测点剖面、标志盖、保护盘、底盘图（单位：m）

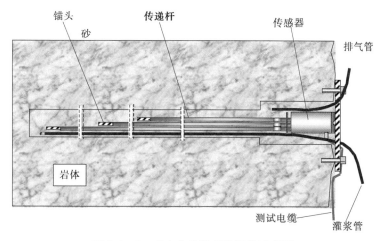

图 6.1 - 5　多点位移计安装埋设示意图

6.2　变形监测成果

由于变形监测中的变形量本身较小，邻近于测量误差边缘，为了区分变形与误差，提取变性特征，必须设法消除较大的误差，即超限误差，提高测量精度，从而尽可能地减少观测误差对变形分析的影响。

（1）外业数据检核。根据《全球定位系统（GPS）测量规范》（GB/T 18314—2009）要求的限差，对各观测数据进行检核。检核的内容包括：使用的仪器是否合格、仪器是否在鉴定期内有效，人员配置是否合理、观测路线是否符合技术要求，GPS 观测的复测基线长度差、水准观测的闭合差、两次读数差等是否符合技术要求等。

（2）内业数据检核。内业数据检核主要包括：①检核各项原始记录和变形值的计算是否有误，可通过不同的方法验算和不同人员的重复计算来消除监测原始资料中可能带有的粗差；②原始资料的逻辑分析，从本次观测与前几次观测的变化关系，推测其一致性，一般通过绘制时间-变形量过程线判别。也可以通过对临近点的变形监测值比较，看是否符合它们之间的力学关系，推测其相关性。

6.2.1　基准网稳定性分析

作为定义参考系的基准点的稳定性非常重要。由于基准点的稳定性对变形监测点的位移变化影响较大，对基准点进行定期观测并检查其是否稳定，避免将不稳定的点作为参考点而影响成果的真实性，同时影响对变形点的错误分析和判断；另外基准点虽然埋设于煤矿区外相对稳定的地方，但由于整个监测时间段较长，环境情况比较复杂，因此需要对其进行定期观测，以确保其相对稳定性，必要时还可以使用一定的技术手段如国际普遍通行的平均间隙法，对其进行整体检验，挑出不稳定的点。

1. 水平基准网稳定性监测

YJP1 和 YJP4 距离采空区较远，地质环境相对也最稳定，因而基准网复测采用相对稳定的 YJP1 和 YJP4 作为起始点参与平差，其结果见图 6.2 - 1。

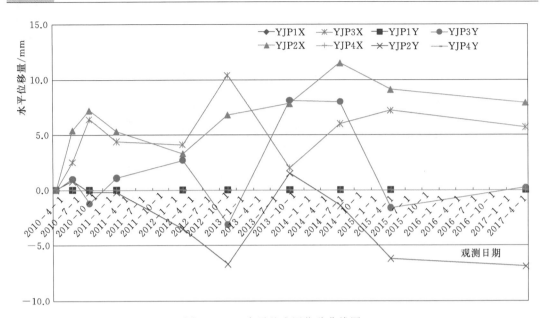

图 6.2 - 1　水平基准网位移曲线图

(图中：$\Delta X > 0$ 向北移，$\Delta X < 0$ 向南移；$\Delta Y > 0$ 向东移，$\Delta Y < 0$ 向西移)

从图 6.2 - 1 中可见，在固定 YJP1 和 YJP4 时，其他点的位移量均小于允许精度的 3 倍中误差，证明基准点是相对稳定的，可以作为其他监测点的参考点。

2. 垂直基准网稳定性监测

基准网复测采用距离采空区相对较远的 YJG1 为起始点参与平差，复测结果见图 6.2 - 2。

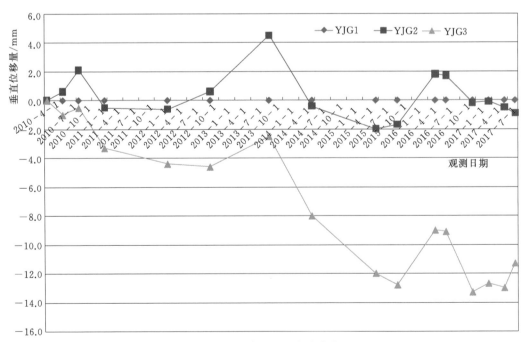

图 6.2 - 2　垂直基准网位移曲线图

图 6.2 - 2 可见，垂直基准点 YJG1 和 YJG2 在 6 年的监测中，数据相差较近，证明基准点是相对稳定的，可以作为其他监测点的参考点。而 YJG3 距矿区较近且附近有厂房，其检测结果表现为南水北调施工及通水期内上下跳跃，但后期趋于稳定。

6.2.2 水平位移

平面位移监测共布置 9 个监测点，监测结果表明平面坐标差值均小于设计精度的 ±17 mm。图 6.2 - 3 是 YP1 和 YP4 监测点的水平位移历时曲线图，均在允许限差之内（即 2 倍中误差 ±17.0mm）。水平位移曲线分析表明，各平面监测点无明显变形。

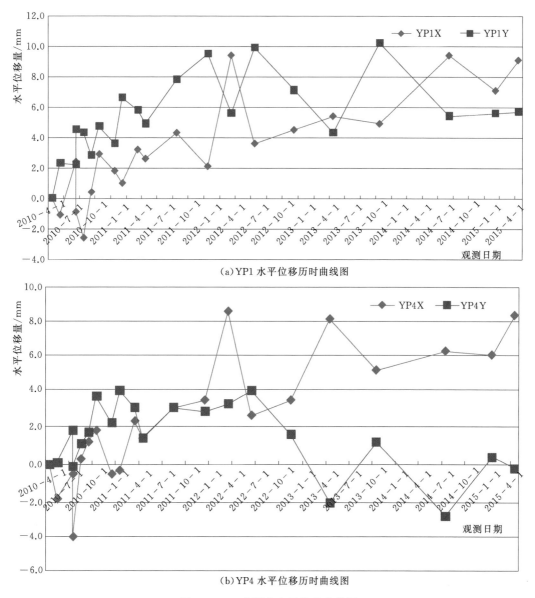

(a)YP1 水平位移历时曲线图

(b)YP4 水平位移历时曲线图

图 6.2 - 3 监测点水平位移曲线图

（图中：$\Delta X > 0$ 向北移，$\Delta X < 0$ 向南移；$\Delta Y > 0$ 向东移，$\Delta Y < 0$ 向西移）

6.2.3　垂直位移

1. 原新峰煤矿采空区

原新峰煤矿采空区监测点位置见图 6.2 - 4，变形监测点垂直位移曲线图见图 6.2 - 5 和图 6.2 - 6。

原新峰煤矿采空区有 11 个监测点，其中 Y24、Y26、Y31 位于总干渠开挖范围内，在 2011 年施工开挖被破坏之前一直是稳定的；Y23、Y25 点在灌浆施工区影响范围内，施工前变形稳定，在灌浆施工期监测也是稳定的。

图 6.2 - 4　原新峰煤矿采空区监测点位置示意图

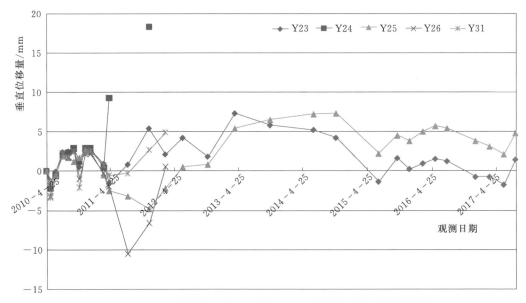

图 6.2 - 5　原新峰煤矿采空区注浆施工区范围内垂直位移量曲线

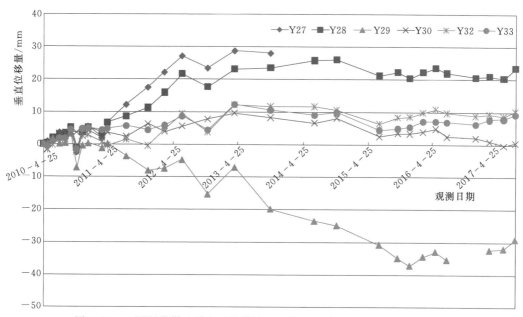

图 6.2-6　原新峰煤矿采空区注浆施工区范围之外监测点垂直位移量曲线

工程区以外的对比点有 6 个，即 Y27、Y28、Y29、Y30、Y32、Y33，均距灌浆施工区较远，基本不受注浆施工影响，在施工前监测是稳定的，但在 2011 年之后，Y27、Y28、Y32、Y33 点监测数据反映上升趋势明显，最大累计上升 28.7mm，特别是 Y27、Y28 点在村庄内台地上，跟人类活动有关；远离工程区的 1.2km 的 Y29 点反映有下沉趋势，最大下沉值 35.5mm。

2. 梁北镇郭村煤矿采空区

梁北镇郭村煤矿采空区监测点位置见图 6.2-7，变形监测点垂直位移曲线图见图 6.2-8～图 6.2-10。

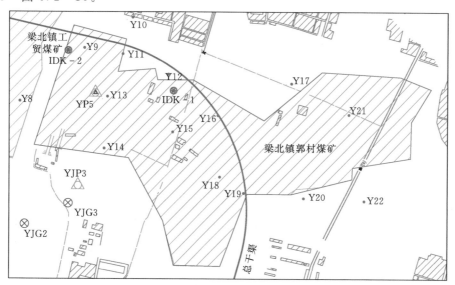

图 6.2-7　梁北镇郭村煤矿采空区监测点位置示意图

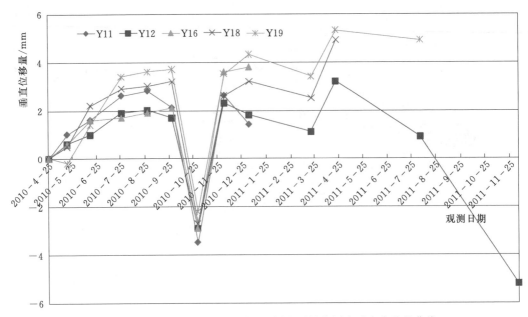

图 6.2-8 梁北镇郭村煤矿采空区渠段开挖范围内垂直位移量曲线

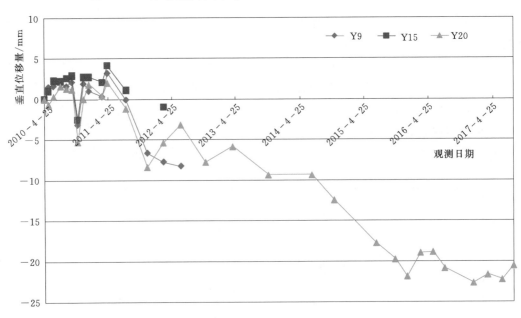

图 6.2-9 梁北镇郭村煤矿注浆施工区范围内垂直位移量曲线

梁北镇郭村煤矿采空区有 14 个监测点，其中 Y11、Y12、Y16、Y18、Y19 位于总干渠开挖范围内，在 2011 年施工被破坏之前一直是稳定的。

Y9、Y15、Y20 点在灌浆施工区影响范围内，施工前变形稳定，灌浆施工期振荡幅度略有增大，说明与施工期注浆对岩体的应力调整有关，但相对位移量不大，注浆施工结束后恢复稳定。但从 2014 年开始，Y20 点（设计桩号 SH77＋100 右岸红线处）有下沉趋势，累计沉降量 22.7mm，表明总干渠采空区场地经注浆处理后仍有少量剩余变形。

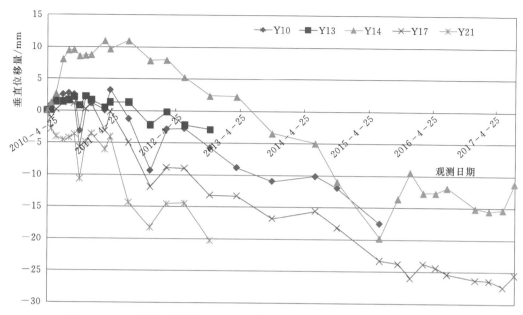

图 6.2 - 10　梁北镇郭村煤矿采空区灌浆处理区之外的监测点垂直位移量曲线

Y10、Y13、Y14、Y17、Y21 点均属工程区以外的对比点，距灌浆施工区较远，不受注浆影响，Y10、Y13、Y14 点处于稳定状态，但远离工程区的 Y17、Y21、Y22 点自 2011 年 4 月开始下沉，到 2011 年 12 月下沉趋势明显，累计沉降 26mm。

Y21、Y22 点位于采空区的边缘，在总干渠的安全保护边界以外。经实地查勘调查，2011 年 5 月，Y21 点附近施工了一口民井，施工和抽水影响到附近的 Y21 点出现了下沉现象。Y22 点位于郭村新矿的西南角，邻近新增了排水井，附近地面有下沉迹象，Y22 点的保护井有明显下陷迹象。2015 年之后，下沉现象有逐渐趋缓的迹象。

3. 梁北镇工贸煤矿采空区

梁北镇工贸煤矿采空区监测点位置见图 6.2 - 11，变形监测点垂直位移曲线见图 6.2 - 12。

梁北镇工贸煤矿采空区有 5 个垂直位移监测点，Y5 点在总干渠开挖范围内，在 2011 年施工被破坏之前一直是稳定的。监测数据分析表明：Y4、Y6 点在灌浆施工区内，施工前变形稳定，灌浆施工期振荡幅度略有增大，其中 Y6 点在 2011 年 8 月累计值突然增大到 9mm（抬升），结合施工地质分析，Y6 点南侧地面在 7 月封堵灌浆时，有地面鼓胀裂缝隆起抬升现象，分析位移量上升与灌浆施工孔口压力较大有关系，说明与施工期注浆对岩体的应力调整有关，但相对位移量不大，注浆施工结束后恢复稳定。

Y7、Y8 点为工程区以外的对比点，距灌浆施工区较远，位于地基处理范围区之外，76 个月累计沉降量 10mm 左右，均比较稳定。

4. 梁北镇福利煤矿采空区

梁北镇福利煤矿采空区监测点位置见图 6.2 - 13，变形监测点垂直位移曲线见图 6.2 - 14。

梁北镇福利煤矿采空区范围相对较小，共布设有 3 个垂直位移监测点，随着南水北调

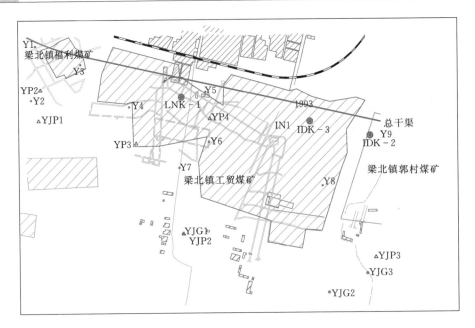

图 6.2 - 11　梁北镇工贸煤矿采空区监测点位置图

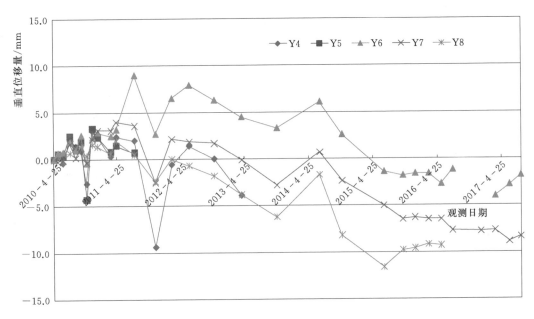

图 6.2 - 12　梁北镇工贸煤矿监测点累计垂直位移量曲线

总干渠施工开挖，Y1、Y3 监测点因在开挖范围内，2011 年施工时被破坏，其服务期限结束。监测数据分析表明：在 2011 年灌浆施工以前，监测点没有变形迹象。在灌浆施工后，Y2 点垂直位移量在灌浆施工期振荡幅度略有增大，这与施工期注浆对岩体的应力调整有关，随着总干渠施工结束，Y2 点恢复正常，监测点 72 个月累计垂直位移在允许误差范围内，变形稳定。

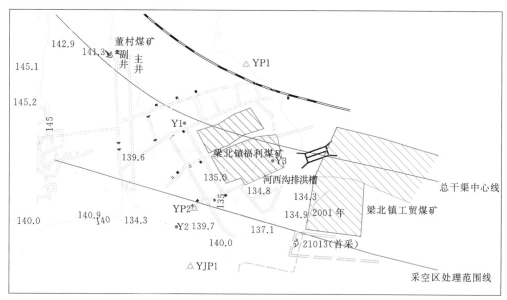

图 6.2-13　梁北镇福利煤矿采空区监测点位置示意图

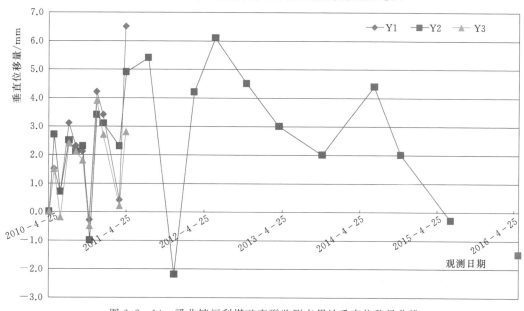

图 6.2-14　梁北镇福利煤矿变形监测点累计垂直位移量曲线

6.2.4　岩土体内部位移

1. IDK-1 多点位移计监测孔

IDK-1 多点位移计监测孔布置在梁北镇郭村煤矿采空区，内置 5 点式多点位移计，观测结果见图 6.2-15。埋深 15m、30m 的 2 个测点下沉位移值基本在 2mm 以内，埋深 50m、60m 的 2 个测点下沉位移值相对较大，在灌浆期间逐渐增大至 5mm 左右，其中埋深 50m 的测点位移最大下沉累计位移量为 5.92mm，2012 年 6 月灌浆结束以后逐渐趋于稳定。IDK-1 多点位移计的位移过程线说明了采空区上覆岩体内仍存在较小的残余变形，

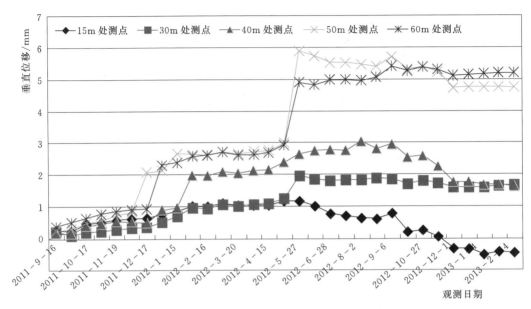

图 6.2-15　多点位移计 IDK-1 垂直位移曲线

具有由深部至浅部逐渐变小的特点。

2. IDK-2 多点位移计监测孔

IDK-2 多点位移计监测孔埋设在梁北镇郭村煤矿采空区，内置 5 点式多点位移计。5 个点的位移过程线显示岩体位移累计最大变化量为 7.8mm，不同埋设深度的位移计历时曲线呈窄幅振荡型，变形速率极小，变形趋势基本稳定，见图 6.2-16。

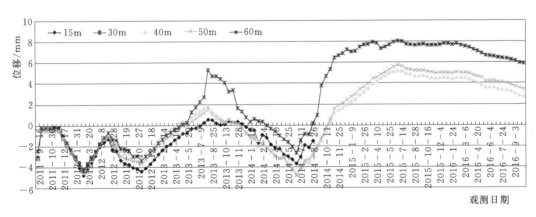

图 6.2-16　IDK-2 孔位移过程线

3. IDK-3 多点位移计监测孔

IDK-3 多点位移计监测孔埋设在梁北镇工贸煤矿采空区，内置 5 点式多点位移计。在 2011 年注浆施工期间，多点位移计记录的位移过程线显示岩体位移略有抬升现象，表明施工期注浆岩体的应力调整有相应的局部变形。2014 年年底总干渠通水以后，累计位移量逐渐增大至 14.6mm，而后又稳定，表明通水后采空区上覆岩体内存在较小的剩余变形，但相对位移量很小，总体趋稳，见图 6.2-17。

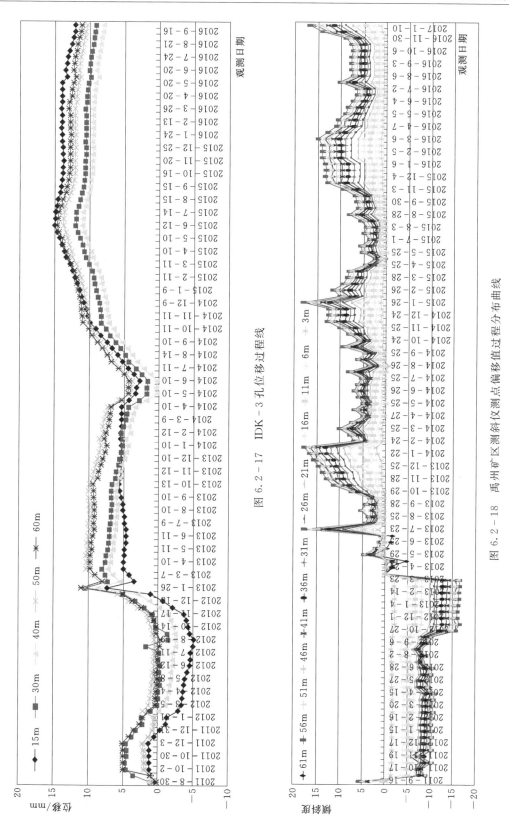

图 6.2-17 IDK-3 孔位移过程线

图 6.2-18 禹州矿区测斜仪测点偏移值过程分布曲线

从数据整理分析和施工环境的实际情况来看，禹州矿区段安装的3个孔15套多点位移计测值都属于正常变化范围之内，采空区上覆岩体的剩余变形量较小。

4. LNK-1测斜孔

LNK-1测斜孔布置在梁北镇工贸煤矿采空区。测斜仪位移过程线显示最大偏移量为16.5mm，见图6.2-18，表明施工期注浆岩体的应力调整、渠道左堤碾压施工的扰动有相应的局部变形，但相对位移量不大，总体趋势稳定。

6.3 运行期稳定性评价

6.3.1 变形监测结论

综合地表变形水平位移、垂直位移监测和岩土体内部变形监测成果，得出结论如下：

（1）平面位移监测点数据均在限差之内（±17.0mm）。水平位移曲线分析表明，各平面监测点没有出现水平变形现象。

（2）禹州矿区采空区渠段在注浆施工期间，部分监测点垂直位移量在灌浆施工期振荡幅度略有增大，经分析与施工期注浆对岩体的应力调整有关，但相对位移量不大，总体仍属稳定，并且在注浆施工结束后的2013年度没发现有变形。

（3）工程区以外的采空区地表监测点，位于地基治理范围以外，在监测期间有部分监测点有不同程度的剩余变形。梁北镇郭村煤矿采空区远离总干渠工程区的Y17、Y21、Y22点有下沉现象，原新峰煤矿采空区远离总干渠工程区的Y27、Y28、Y32、Y33点监测数据反映上升趋势明显，最大累计上升28.7mm，特别是Y27、Y28点上升明显，其原因是离村庄和公路较近，与人类工程活动有关。而远离工程区1.2km的Y29点累计下沉值37.3mm。这些现象说明没有注浆治理的采空区场地仍存在少量的剩余变形。

（4）禹州矿区岩土体内部埋设多点位移计和测斜仪，仪器安装及观测期间该渠断正在进行采空区灌浆施工，特别是在距离多点位移计埋设点很近的地方进行灌浆施工，应力调整影响岩土体内部的变形。从观测变化过程线图中反映，由于灌浆作用，部分观测点出现上下位移，说明不同位置的锚头有升、降现象，但位移量很小，观测结果和实际施工现场情况比较吻合。除IDK-1多点位移计的位移过程线说明了采空区上覆岩体内仍存在较小的残余变形外，其余孔的多点位移计均处于稳定状态；测斜仪监测结果亦表明禹州矿区岩土体横向位移处于基本稳定状态。

（5）监测成果结合地表巡视结果表明，在总干渠渠段安全保护煤柱范围内注浆施工区的地表变形和地基岩土体的变形基本是稳定的。总干渠通水两年以来，大多数监测点未发现有明显的变形，但郭村采空区Y20点累计沉降22.7mm，说明经灌浆处理后的采空区场地局部仍有剩余沉降变形现象，但剩余变形量不大。

（6）总干渠渠段安全保护煤柱范围（地基处理范围）内场地剩余变形量较小，总体稳定。而总干渠工程区以外的采空区地表出现有明显的变形，证明注浆施工处理对消除采空区岩土体的剩余变形是有效的。

6.3.2 采空区残余变形预测与评价

禹州段渠道场地下伏的采空区有：原新峰煤矿采空区、郭村煤矿采空区、梁北镇工贸煤矿采空区、梁北镇福利煤矿采空区，见图6.3-1。

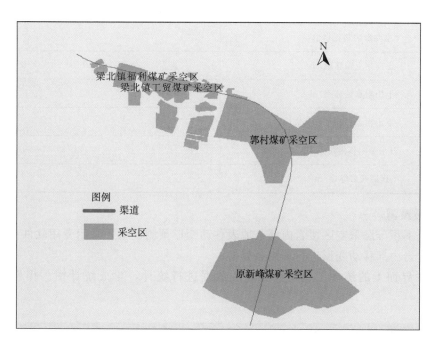

图6.3-1 禹州采空区示意图

1. 预测参数选取

采用概率积分法进行预测，主要预测参数有煤层厚度、下沉系数、水平移动系数、主要影响角正切值、走向拐点偏移距、上山拐点偏移距、下山拐点偏移距以及开采影响传播角系数。

由于本次预测的是采空区残余移动变形，且对采空区进行了注浆治理，因此下沉系数取值较小，该下沉系数是采用以下模型计算所得

$$q_1 = (1-q) \times (1-q_2) \qquad (6.3-1)$$

式中　q_1——注浆后的地表残余下沉系数；

　　　q——正常开采地表下沉系数，本次预测该值取0.88；

　　　q_2——注浆减沉效果。

根据相关文献可知，我国抚顺、大屯、兖州、新汶等矿务局的注浆减沉效果一般都在50%～60%，最大者达82%，最小者为36%。参考这些数值以及实测数据，本次预测取该值为75%。

参考《建筑物、水体、铁路及主要井巷煤柱留设与压煤开采规程》以及实测数据，各参数取值见表6.3-1。

表 6.3-1   采空区沉陷概率积分预测参数

参数名称	参数值
下沉系数	0.03
水平移动系数	0.35
主要影响角正切值	1.8
走向拐点偏移距/m	0
上山拐点偏移距/m	0
下山拐点偏移距/m	0
开采影响传播角系数	0.6
煤层开采厚度/m	2

2. 变形预测

基于概率积分法采空区覆岩内部及地表移动变形预测模型，采用专用软件系统对该区域地表及覆岩内部移动变形进行预测和分析。

通过主界面上的统计工具可以将监测数据进行统计，生成统计图。操作界面见图 6.3-2。

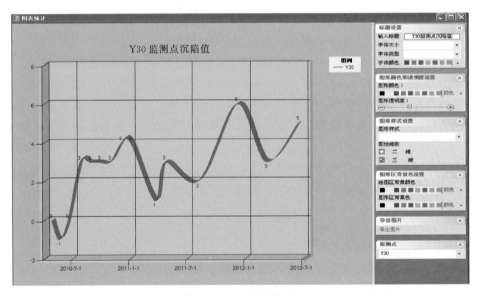

图 6.3-2 图表统计

（1）沿走向方向地表倾斜预测结果。沿走向方向地表倾斜预测结果见图 6.3-3，走向方向上地表最大负倾斜量为 -0.8mm/m，位于郭村煤矿采空区西北角；最大正倾斜量为 0.6mm/m，位于郭村煤矿采空区西南侧、北侧及原新峰煤矿采空区西北侧，即渠道通过处。根据《建筑物、水体、铁路及主要井巷煤柱留设与压煤开采规程》，确定建筑物保护煤柱的允许地表倾斜值为±3mm/m，因此从走向方向上地表的倾斜来看，不会对渠道造成破坏。

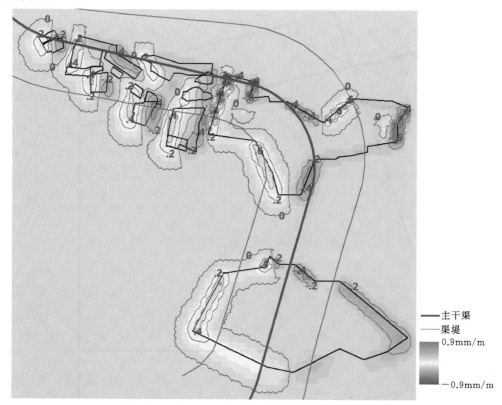

图 6.3-3 沿走向方向地表倾斜分布图

（2）沿走向方向地表曲率预测结果。沿走向方向地表曲率预测结果见图 6.3-4，走向方向上地表最大负曲率为$-0.08mm/m^2$，最大正曲率为$0.08mm/m^2$，均位于郭村煤矿采空区西北角，即渠道通过处。根据《建筑物、水体、铁路及主要井巷煤柱留设与压煤开采规程》，确定建筑物保护煤柱的允许地表曲率值为$±0.2mm/m^2$，因此从走向方向上地表的曲率来看，不会对渠道造成破坏。

（3）沿走向方向地表水平变形预测结果。沿走向方向地表水平变形预测结果见图 6.3-5，沿走向方向上最大负水平变形为$-0.9mm/m$，最大正水平变形为 0.9mm/m，均位于郭村煤矿采空区西北角，即渠道通过处。根据《建筑物、水体、铁路及主要井巷煤柱留设与压煤开采规程》，确定建筑物保护煤柱的允许地表水平变形值为$±2mm/m$，因此从走向方向上地表的倾斜来看，不会对渠道造成破坏。

（4）沿倾向方向地表倾斜预测结果。沿倾向方向地表倾斜预测结果见图 6.3-6，倾向方向上最大负倾斜量为$-0.9mm/m$，位于郭村煤矿采空区西北角；最大正倾斜量为 0.6mm/m，位于郭村煤矿采空区南侧，即渠道通过处。根据《建筑物、水体、铁路及主要井巷煤柱留设与压煤开采规程》，确定建筑物保护煤柱的允许地表倾斜值为$±3mm/m$，因此从倾向方向上地表的倾斜来看，不会对渠道造成破坏。

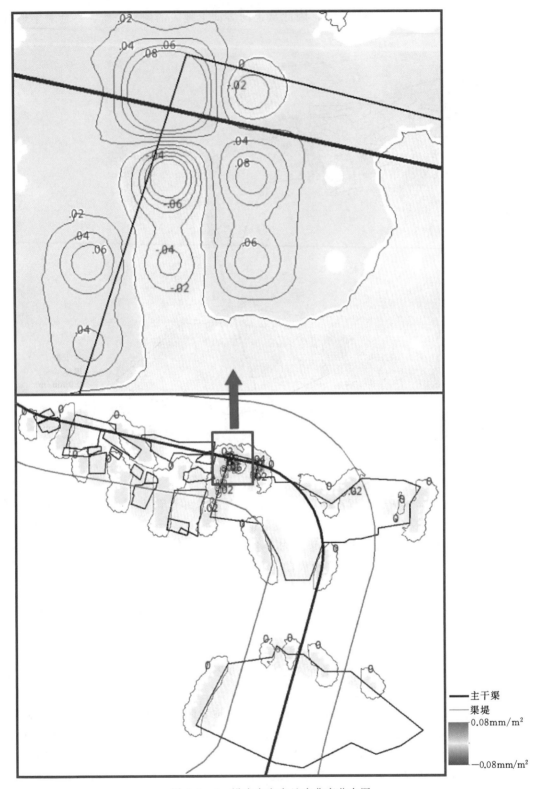

图 6.3 - 4　沿走向方向地表曲率分布图

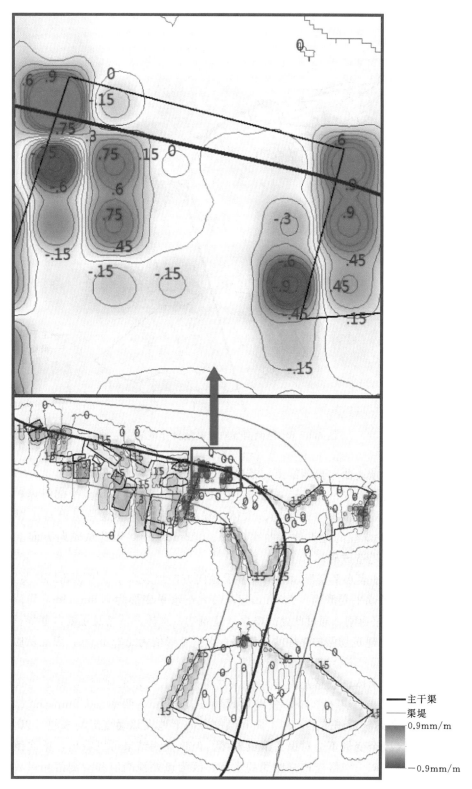

图 6.3 - 5 沿走向方向地表水平变形分布图

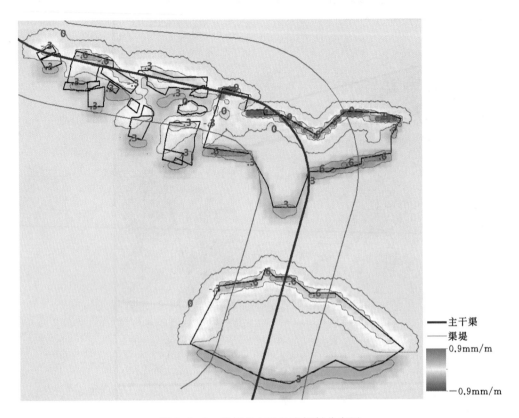

图 6.3 - 6　沿倾向方向地表倾斜分布图

（5）沿倾向方向地表曲率预测结果。沿倾向方向地表曲率预测结果见图 6.3 - 7，走向方向上最大负曲率为 $-0.08\text{mm}/\text{m}^2$，最大正曲率为 $0.08\text{mm}/\text{m}^2$，均位于郭村煤矿采空区西北角，即渠道通过处。根据《建筑物、水体、铁路及主要井巷煤柱留设与压煤开采规程》，确定建筑物保护煤柱的允许地表曲率值为 $\pm0.2\text{mm}/\text{m}^2$，因此从倾向方向上地表的曲率来看，不会对渠道造成破坏。

（6）沿倾向方向地表水平变形预测结果。沿倾向方向地表水平变形预测结果见图 6.3 - 8，走向方向上最大负水平变形为 $-0.8\text{mm}/\text{m}$，最大正水平变形为 $0.8\text{mm}/\text{m}$，均位于郭村煤矿采空区西北角，渠道刚好通过此处。根据《建筑物、水体、铁路及主要井巷煤柱留设与压煤开采规程》，确定建筑物保护煤柱的允许地表水平变形值为 $\pm2\text{mm}/\text{m}$，因此从倾向方向上地表的水平变形来看，不会对渠道造成破坏。

根据《建筑物、水体、铁路及主要井巷煤柱留设与压煤开采规程》，确定建筑物保护煤柱的允许地表变形指标共有 3 个，分别为倾斜 $\pm3\text{mm}/\text{m}$、曲率 $\pm0.2\text{mm}/\text{m}^2$、水平变形 $\pm2\text{mm}/\text{m}$。结合系统预测结果，在走向和倾向方向上地表移动变形均未超过以上指标，说明现阶段采空区残余变形不会对渠道造成破坏，但从预测结果可以看出，梁北镇郭村煤矿采空区和原新峰煤矿采空区应该是监测的重点，因为该处预测值和检测值相对较大，且渠道经过该处或在影响范围之内。

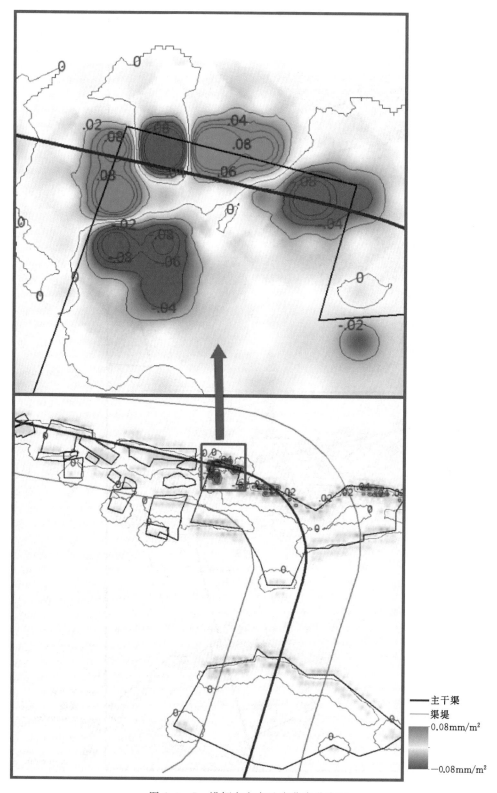

图 6.3-7 沿倾向方向地表曲率分布图

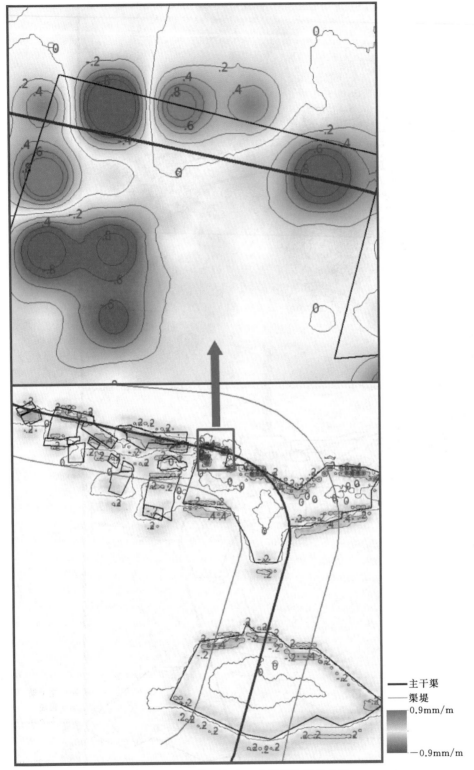

图 6.3 - 8　沿倾向方向地表水平变形分布图

参 考 文 献

［1］ 河南省水利勘测设计研究有限公司. 南水北调中线工程禹州采空区渠道设计［R］. 2009.

［2］ 河南省水利勘测有限公司. 南水北调中线一期工程总干渠禹州矿区段变形监测初步分析报告［R］. 2016.

［3］ 河南省水利勘测有限公司. 南水北调中线工程总干渠禹州矿区段初步设计阶段工程地质勘察报告［R］. 2008.

［4］ 江河水利水电咨询中心. 南水北调中线一期工程禹州段渠道工程采空区注浆优化及现场施工关键技术研究报告［R］. 2013.

［5］ 煤炭工业部武汉设计研究院. 南水北调中线工程通过河南省境内煤矿区有关工程地质问题研究报告［R］. 1996.

［6］ 许昌钧州煤炭咨询设计研究院. 南水北调中线一期工程总干渠禹州煤矿区渠段地下压煤、采空区分布及郑州煤矿区渠段地下压煤核查报告［R］. 2000.

［7］ 黄河勘测规划设计研究有限公司. 南水北调中线工程采空区注浆处理试验检测报告［R］. 2013.

［8］ 黄河勘测规划设计研究有限公司. 南水北调中线一期工程总干渠沙河南—黄河南禹州长葛段第三、第四施工标段采空区充填灌浆补充试验区物探检测成果报告［R］. 2012.

［9］ SL 237—1999 土工试验规程［S］.

［10］ GB 51044—2014 煤矿采空区岩土工程勘察规范［S］.

［11］ GB 51180—2016 煤矿采空区建（构）筑物地基处理技术规范［S］.

［12］ GB/T 12897—2006 国家一、二等水准测量规范［S］.

［13］ GB/T 1596—2005 用于水泥和混凝土中的粉煤灰［S］.

［14］ GB 175—2007 通用硅酸盐水泥［S］.

［15］ GB/T 18314—2009 全球定位系统（GPS）测量规范［S］.

［16］ GB 8076—2008 混凝土外加剂［S］.

［17］ GB 8077—2012 混凝土外加剂匀质性试验方法［S］.

［18］ GB/T 50266—2013 工程岩体试验方法标准［S］.

［19］ GB 50021—2001 岩土工程勘察规范［S］.

［20］ GB 50007—2011 建筑地基基础设计规范［S］.

［21］ TB 10106—2010 铁路工程地基处理技术规程［S］.

［22］ HOULDING S W. 3D geoscience modeling：computer techniuqes of geological characterization［M］. Berlin：Springer‐Verlga，1994.

［23］ MALLET J L. Geo-modeling［M］. New York：Oxford University Press，2002.

［24］ 煤炭工业部. 建筑物、水体、铁路及主要井巷煤柱留设与压煤开采规程［M］. 北京：煤炭工业出版社，2000.

［25］ 《岩土工程手册》编写委员会. 岩土工程手册［M］. 北京. 中国建筑工业出版社，1994.

［26］ JTG C20—2016 公路工程地质勘察规范［S］.

［27］ 中铁第一勘察设计院集团有限公司. TB 10038—2012 铁路工程特殊岩土勘察规程［S］.

［28］ JTG/T D31‐03—2011 采空区公路设计与施工技术细则［S］.

［29］ 山西省交通厅. 高速公路采空区（空洞）勘察设计与施工治理手册［M］. 北京：人民交通出版社，2005.

[30] 铁道部第一勘测设计院. 铁路工程地质手册 [M]. 北京：中国铁道出版社，1999.

[31] 铁三院地路处. 采空区工程地质勘察设计实用手册 [M]. 天津，铁道第三勘察设计院集团有限公司，2004.

[32] 河南高速公路发展有限责任公司. 高速公路下伏采空区治理工程：勘察设计、施工、监理、招投标 [M]. 北京：人民交通出版社，2008.

[33] 田奎生. 河南省煤矿采空区塌陷灾害治理方法研究 [M]. 郑州：黄河水利出版社，2010.

[34] 何修仁. 注浆加固与堵水 [M]. 沈阳：东北工学院出版社，1990.

[35] 梁炯鋈. 锚固与注浆技术手册 [M]. 北京：中国电力出版社，2003.

[36] 王国际. 注浆技术理论与实践 [M]. 徐州：中国矿业大学出版社，2000.

[37] 王星华. 黏土固化浆液在地下工程中的应用 [M]. 北京：铁道出版社，1998.

[38] 张景秀. 坝基防渗与灌浆技术 [M]. 2 版. 北京：中国水利水电出版社，2002.

[39] 陈金祥，陈明祥. 高压下水泥灌浆材料的性能研究 [J]. 武汉：武汉理工大学学报，2004，26 (6)：11-14.

[40] 陈丽华. 微隙地层注浆技术及适用浆材的试验研究 [D]. 淮南：安徽理工大学，2012.

[41] 陈昌彦，张菊明，杜永廉，等. 边坡工程地质信息的三维可视化及其在三峡船闸边坡工程中的应用 [J]. 岩土工程学报，1998，20 (4)：1-6.

[42] 程鹏达. 孔隙地层中黏性时变注浆浆液流动特性研究 [D]. 上海：上海大学，2011.

[43] 冯鸿干. 高速铁路隧道岩溶涌水区地表注浆加固施工关键技术 [J]. 铁路建筑技术，2013 (7)：32-36.

[44] 冯涛. 南水北调中线工程采空区注浆处理试验研究 [J]. 人民黄河，2012，34 (8)：131-133.

[45] 龚习炜. 铜锣山隧道岩溶浅埋段地表注浆试验研究 [D]. 成都：成都理工大学，2007.

[46] 管学茂. 超细高性能灌浆水泥研究 [D]. 武汉：武汉理工大学，2002.

[47] 胡安兵. 新型注浆材料及灌注工艺的试验研究 [D]. 长春：吉林大学，2004.

[48] 胡军，赵少军. 南水北调中线工程采空区灌浆钻孔技术应用研究 [J]. 人民长江，2014，45 (10)：52-55.

[49] 蒋硕忠. 灌浆材料与灌浆工艺研究 [J]. 水利水电技术，2001，9 (32).

[50] 蒋永惠，阎春霞. 粉煤灰颗粒分布对水泥强度影响的灰色度系统研究 [J]. 硅酸盐学报，1998，26 (10)：68-73.

[51] 刘国龙，刘晓琴，张明恩. 南水北调中线矿区段采空区帷幕注浆试验研究 [J]. 人民长江，2013，44 (16)：73-76.

[52] 刘嘉材，裂缝灌浆扩散半径研究 [J]，中国水利水电科学院科学研究论文集，北京：水利出版社，1982：186-195.

[53] 刘强. 阳翼高速公路采空区注浆浆液扩散规律研究 [D]. 西安：西安科技大学，2013.

[54] 刘人太. 水泥基速凝浆液地下工程动水注浆扩散封堵机理及应用研究 [D]. 山东大学，2012.

[55] 龙世宗，罗吉祥，柳学忠. 用粉煤灰配制复合高标号水泥试验研究 [J]. 粉煤灰综合利用，2001，4：13-14.

[56] 路阳，何小芳，吴永豪. 煤矿井下新型水泥基注浆材料的应用研究进展 [J]. 硅酸盐通报，2014：33 (1) 97-103.

[57] 罗平平，王兰甫，范波，等. 基于 MBM 随机隙宽单裂隙浆液渗透规律的模拟研究 [J]. 岩土工程学报，2012，34 (2)：309-316.

[58] 潘家铮，包银鸿. 中国坝工灌浆的成就 [C] // 国际岩土锚固与灌浆新进展. 北京：中国建筑工业出版社，1996.

[59] 彭永良. 铁路路基下伏多层大型采空区治理关键技术研究 [D]. 成都：西南交通大学，2013.

[60] 任文峰. 应力场-位移场-渗流场耦合理论及注浆防水研究 [D]. 长沙：中南大学，2013.

[61] 阮文军. 注浆扩散与浆液若干基本性能研究 [J]. 岩土工程学报，2005，27 (1)：69-73.

［62］ 宋雪飞. 粉煤灰改性水泥-水玻璃双液注浆性能试验研究［J］. 煤炭科学技术，2014：42（1）142-145.

［63］ 孙斌堂，凌贤长，凌晨，等. 渗透注浆浆液扩散与注浆压力分布数值模拟［J］. 水利学报，2007，37（11）：1402-1407.

［64］ 孙怀凤. 隧道含水构造三维瞬变电磁场响应特征及突水灾害源预报研究［D］. 济南：山东大学，2013.

［65］ 孙家学，吴理云. 影响注浆结石体强度的因素分析［J］. 金属矿山，1992，12（9）：31-34.

［66］ 涂鹏. 注浆结石体耐久性试验及评估理论研究［D］. 长沙：中南大学，2012.

［67］ 王红喜. 高性能水玻璃悬浊型双液灌浆材料研究与应用［D］. 武汉：武汉理工大学，2007.

［68］ 王凯，马保国，李立玲. 复合外加剂对活性煤矸石粉注浆材料耐久性能的影响［J］. 新型建筑材料，2006（10）：6-8.

［69］ 王万顺，耿玉玲，范运岭. 三维渗流模型模拟采空区注浆治理过程的研究［J］. 中国煤田地质，2005，17（1）：22-25.

［70］ 王晓玲，王青松. 南水北调工程采空区三维宾汉姆流体紊流模拟［J］. 水利学报，2013，44（11）：1295-1302.

［71］ 武强，徐华. 三维地质建模与可视化方法研究［J］. 中国科学：地球科学，2004，34（1）：54-60.

［72］ 闫常赫，向可明，邱延峻. 基于不同扩散方式的路基渗透注浆模拟［J］. 铁道建筑，2008（11）：40-42.

［73］ 杨俊志，冯杨文. GIN法灌浆技术分析及其应用［J］. 水电站设计，2006，22（2）：108-111.

［74］ 杨米加，陈明雄，等. 注浆理论的研究现状及发展方向［J］. 岩石力学与工程学报，2001，20（6）：839-841.

［75］ 杨米加，贺永年，陈明雄. 裂隙岩体网络注浆渗流规律［J］. 水利学报，2001：（7）41-46.

［76］ 湛铠瑜，隋旺华，高岳. 单一裂隙动水注浆扩散模型［J］. 岩土力学，2011，32（6）：1659-1663.

［77］ 张金娟. 黏土固化浆液渗透注浆理论与数值模拟在砾砂、卵石土层中的应用研究［D］. 大连海事大学，2009.

［78］ 张淑坤. 高速公路下伏采空区探测及稳定性研究［D］. 阜新：辽宁工程技术大学，2015.

［79］ 张向东，金银龙，张传军. 高压充填注浆控制岩层移动［J］. 中国矿业，1998（7）.

［80］ 张向东，刘清文. 新型充填注浆材料的试验研究［J］. 中国矿业大学学报，1998.

［81］ 张彦宾，李德海. 采空区变形对渠体影响分析［J］. 煤矿现代化，2006（3）：64-67.

［82］ 张占斌. 复杂断裂带对上覆岩体破坏规律及突水灾害预测的研究［D］. 北京：北方工业大学，2013.

［83］ 郑玉辉. 裂隙岩体注浆浆液与注浆控制方法的研究［D］. 长春：吉林大学，2005.

［84］ 钟登华，张晓昕，敖雪菲. 复杂渠道工程三维渗流应力耦合分析与研究［J］. 中国科学，2013，43（11）：1993-1201.

［85］ 周晓泉. 复杂边界条件下的三维紊流数值模拟研究［D］. 成都：四川大学，2003.